高等学校计算机软件技术基础课程系列教材

计算机软件开发技术与应用

Jisuanji Ruanjian Kaifa Jishu yu Yingyong

丛培盛　龚沛曾　主编
高　枚　王睿智　编

内容提要

本书是在原"计算机软件技术基础"课程教学内容的基础上,为适应社会发展和软件开发教学的需要,经过三年实际教学实践,逐步调整、编排而成的。全书分为基础篇、软件工程与设计篇、开发实例与实验篇3个部分,主要内容包括C#.NET程序设计基础、数据结构、软件工程、数据库技术、软件开发实例与实验等。

本书层次清晰、由浅到深、环环相扣,在内容的选择和编排上,既考虑了对当今软件业中应用比较广泛的概念如 UML 建模、多层构架的介绍,又考虑了各部分之间的相互贯通及学生的基础和接受能力。

本书可作为高等学校非计算机类专业本科生的"计算机软件开发技术与应用"课程的教材,也可作为软件应用工程师的入门参考书。

图书在版编目(CIP)数据

计算机软件开发技术与应用/丛培盛,龚沛曾主编;高枚,王睿智编.—北京:高等教育出版社,2012.2(2014.12重印)

ISBN 978-7-04-034163-8

Ⅰ.①计… Ⅱ.①丛…②龚…③高…④王… Ⅲ.①软件开发-高等学校-教材 Ⅳ.①TP311.52

中国版本图书馆 CIP 数据核字(2011)第 279872 号

| 策划编辑 | 饶卉萍 | 责任编辑 | 饶卉萍 | 封面设计 | 于文燕 | 版式设计 | 杜微言 |
| 插图绘制 | 尹 莉 | 责任校对 | 刘 莉 | 责任印制 | 张福涛 | | |

出版发行	高等教育出版社	咨询电话	400-810-0598
社　　址	北京市西城区德外大街4号	网　　址	http://www.hep.edu.cn
邮政编码	100120		http://www.hep.com.cn
印　　刷	北京市鑫霸印务有限公司	网上订购	http://www.landraco.com
开　　本	787mm×1092mm 1/16		http://www.landraco.com.cn
印　　张	21.25	版　　次	2012年2月第1版
字　　数	470 千字	印　　次	2014年12月第2次印刷
购书热线	010-58581118	定　　价	29.00元

本书如有缺页、倒页、脱页等质量问题,请到所购图书销售部门联系调换
版权所有 侵权必究
物 料 号 34163-00

前言

"计算机软件开发技术与应用"课程由"计算机软件技术基础"课程逐步演化而来,是"C/C++程序设计语言"课程的后续课程,学习对象为非计算机专业的学生。已有的"计算机软件技术基础"课程的相关教材在内容的设置上雷同,基本以 Visual C++6.0 为教学开发环境并由传统的 5 大部分如软件工程、数据结构、数据库、操作系统等组成,现代化的软件设计概念却比较单薄,不够实用。

Visual C++6.0 作为教学语言是合适的,但随着新一代开发环境如 Visual Studio. NET、IBM WSAD 的兴起,Visual C++6.0 已不是当前应用软件的主流开发环境。因此,迫切需要一本能把握当前主流技术并强调实用的教材以满足目前的教学需要。

为此,在了解目前软件建设中企业采用的主流技术,包括分析设计方法、软件构架、规范、开发环境等后,在参考其他同类教材并在强调实用性的基础上,同济大学"计算机软件开发技术与应用"课程教学团队重新编排了课程内容,并将课程命名为"计算机软件开发技术与应用"。希望通过对本课程的学习,使学习者能把握较前沿的技术并在此基础上掌握软件设计与实现的技巧。

通过新的安排,课程内容编排如下。

(1) C#. NET 程序设计基础:这部分内容着重介绍面向对象的基本知识、C#的基本语法、Windows 简单程序的编写及控件的使用。

(2) 数据结构:用 C#实现常见的数据结构,并增加对 C#. NET 中一些实用类知识的介绍。

(3) 软件工程:采用面向对象的分析设计方法,讲解软件设计的方法学。这部分内容的编排,尽量避免过多地讲解 UML 的相关概念和理论,仅抽取其扼要的用例及用例中的类分析、类划分等内容进行讲解,辅以具体的小例子,并在后续的实例中采用相应的方法进行分析设计,使读者容易理解。

(4) 数据库:主要讲解关系模式设计,与软件工程用例的实体类分析形成对照,为后续的开发实例做准备。

(5) 开发实例与实验:把面向对象分析设计中的一些概念进行具体的应用,将软件逻辑多层

构架技术融入到实例中,结合数据库设计、数据结构知识,形成知识的综合应用实验,提高学生软件制作的水平。

本书共5章,第1章由龚沛曾编写,第2章由高枚、丛培盛编写,第3章由丛培盛编写,第4章由王睿智、丛培盛编写,第5章、第6章由丛培盛、龚沛曾编写。在教材编写过程中,得到了同济大学各位领导和同事的悉心指导与帮助,在此表示衷心的感谢。

虽然本书的编写花费了很长的时间,且在教学试用过程中进行了反复的整理和修改,但仍难免有错,恳请广大读者批评指正。

编 者
2011 年 9 月

目录

第 1 部分 基 础 篇

第 1 章 C#.NET 程序设计基础 3
1.1 C#.NET 概述 4
　1.1.1 C#和.NET 简介 4
　1.1.2 Visual Studio .NET 集成开发
　　　　环境 6
　1.1.3 C#Windows 应用程序开发
　　　　过程 10
1.2 C#可视化界面 12
　1.2.1 控件基本概念 12
　1.2.2 窗体 15
　1.2.3 常用控件 16
1.3 C#基本语法 20
　1.3.1 C#数据类型、表达式 20
　1.3.2 控制结构 23
　1.3.3 数组 26
1.4 C#面向对象程序设计 27
　1.4.1 面向对象编程基本概念 27
　1.4.2 类定义 28
　1.4.3 继承 36
　1.4.4 文本文件读写 40
1.5 程序调试 44
　1.5.1 错误类型 44
　1.5.2 程序的跟踪调试 45
　1.5.3 异常处理 48
思考题 50

第 2 章 数据结构 51
2.1 数据结构概述 52
　2.1.1 数据结构的概念 52
　2.1.2 数据的逻辑结构 53
　2.1.3 数据的物理结构 53
　2.1.4 数据结构的运算 55
2.2 线性表 56
　2.2.1 线性表基本概念 56
　2.2.2 顺序表 57
　2.2.3 链表 67
2.3 堆栈和队列 79
　2.3.1 堆栈 80
　2.3.2 队列 85
2.4 树型结构 91
　2.4.1 树的定义和基本概念 92
　2.4.2 二叉树 93
*2.5 图 102
　2.5.1 图的定义和基本概念 102
　2.5.2 图的存储结构 102
　2.5.3 图的遍历 103
2.6 查找 108

2.6.1 顺序查找 …………………… 108
2.6.2 对半查找法 ………………… 109
2.6.3 二叉排序树及其查找 ……… 110
2.7 排序 ……………………………… 113
2.7.1 选择排序 …………………… 114
2.7.2 交换排序 …………………… 117
2.7.3 归并排序 …………………… 121
2.8 .NET 中 C#实用类 ……………… 124
2.8.1 C#常见数据结构 …………… 124
2.8.2 实用类 ArrayList 及 List …… 125
2.8.3 哈希表 Hashtable ………… 127
思考题 ………………………………… 129

第 2 部分　软件工程与设计篇

第 3 章　软件工程 …………………… 133
3.1 概述 ……………………………… 134
　3.1.1 软件工程的形成与发展 …… 134
　3.1.2 软件工程定义 ……………… 134
3.2 软件项目管理概述 ……………… 136
　3.2.1 软件项目管理的内容 ……… 136
　3.2.2 软件项目管理过程 ………… 137
　3.2.3 影响软件项目成功的因素 … 138
3.3 软件工程范型 …………………… 139
　3.3.1 瀑布模型 …………………… 140
　3.3.2 快速原型模型 ……………… 141
　3.3.3 螺旋模型 …………………… 142
　3.3.4 快速应用开发模型 ………… 143
3.4 系统分析 ………………………… 144
　3.4.1 需求的确定 ………………… 144
　3.4.2 需求的组织 ………………… 144
　3.4.3 分析类 ……………………… 146
3.5 系统设计 ………………………… 149
　3.5.1 类及构件设计 ……………… 150
　3.5.2 体系结构设计 ……………… 152
　3.5.3 人机界面设计 ……………… 155
3.6 详细设计 ………………………… 155
　3.6.1 详细设计的任务 …………… 156
　3.6.2 详细设计的描述工具 ……… 156
3.7 编码 ……………………………… 162
　3.7.1 命名规范 …………………… 162
　3.7.2 编码风格 …………………… 163
思考题 ………………………………… 165

第 4 章　数据库技术 ………………… 166
4.1 概念数据建模 …………………… 167
　4.1.1 概念数据建模过程 ………… 167
　4.1.2 UML 数据建模 …………… 167
　4.1.3 E-R 数据建模 …………… 171
4.2 关系数据模型 …………………… 172
　4.2.1 基本概念 …………………… 173
　4.2.2 关系的规范化 ……………… 175
　4.2.3 概念数据模型到关系模型的
　　　　转化 ………………………… 178
4.3 物理数据库设计 ………………… 180
　4.3.1 数据类型 …………………… 180
　4.3.2 数据的完整性 ……………… 183
　4.3.3 管理索引 …………………… 186
　4.3.4 数据库实施 ………………… 186
4.4 结构化查询语言 ………………… 195
　4.4.1 结构化查询语言基础 ……… 196
　4.4.2 SQL 数据检索语句 ………… 197
　4.4.3 SQL 数据更新语句 ………… 203
　4.4.4 SQL 的定义语句 …………… 205
4.5 数据库访问 ……………………… 206
　4.5.1 ADO.NET 核心组件 ……… 207
　4.5.2 数据库联接与管理 ………… 210
　4.5.3 数据库访问 ………………… 211
思考题 ………………………………… 220

第3部分 开发实例与实验篇

第5章 软件开发实例 ······ 225
5.1 系统的需求分析 ······ 226
5.1.1 系统的需求简述 ······ 226
5.1.2 系统的用例图 ······ 226
5.1.3 数据分析 ······ 228
5.1.4 关系数据库设计 ······ 232
5.2 系统设计 ······ 235
5.2.1 模块的划分及主窗体 ······ 235
5.2.2 项目目录管理 ······ 236
5.2.3 命名规则 ······ 237
5.2.4 软件的层次构架 ······ 238
5.2.5 数据准备 ······ 243
5.3 编码实现 ······ 246
5.3.1 学生输入 ······ 246
5.3.2 学生查询 ······ 254
5.3.3 课程查询 ······ 260
5.3.4 用户登录及身份认证 ······ 264
5.3.5 开课查询 ······ 270
5.3.6 学生选课 ······ 273
5.4 程序最终部署 ······ 281
思考题 ······ 282

第6章 实验 ······ 283
- 实验 1 窗体设计 ······ 283
- 实验 2 面向对象的程序设计及调试 ······ 285
- 实验 3 顺序表及链表 ······ 290
- 实验 4 堆栈的操作 ······ 296
- 实验 5 队列 ······ 297
- 实验 6 二叉树 ······ 299
- 实验 7 数据库操作 ······ 300
- 实验 8 SQL 语句操作 ······ 307
- 实验 9 数据库联接测试 ······ 312
- 实验 10 读 XML 文件 ······ 317
- 实验 11 代码复用 ······ 320
- 实验 12 登录及身份认证 ······ 325

参考文献 ······ 329

第 1 部分
基 础 篇

C#.NET 程序设计基础

第 1 章

自从计算机高级语言成为大学教学的必备内容后,我们已经经历了 Basic、FORTRAN、Cobol、Pascal、C/C++、Java、C#等多种语言。20 世纪 80 年代开始是软件开发工具大发展的时期,如面向桌面数据库的 FoxPro 曾流行一时,随着数据库服务器的完善,出现了大量的可视化的、基于各种语言的软件开发工具,如 Visual Basic(VB)、PowerBuilder、Delphi、C++Builder、JBuilder 等,由于开发效率大大提高,这些工具获得了快速应用开发(Rapid Application Development,RAD)的美誉。20 世纪后期,面向对象的分析设计工具逐步在软件开发中取得了统治地位,更加促使了面向对象软件开发工具的发展。到目前为止,Visual Studio.NET 平台是熟练使用 VB、C++、C#等语言开发者最普遍使用的高效开发平台,Eclipse、IntelliJ IDEA 则是 Java 语言开发者经常使用的开发环境。当然,目前非常流行的智能手机操作系统如 Android、Windows phone 7 等开发平台及应用软件,也是发展的一个重要方向。

本书中后续的数据结构和应用开发章节使用的开发环境是.NET 平台,采用的语言是 C#,本章简要介绍 C#.NET 环境、常用控件和基本语法,为后续内容打好基础。另外,由于 C#是一种完全面向对象的程序设计语言,既使是编写一个最简单的程序,也需要从一个类开始,所以本章中也简单介绍了类、对象的基本概念。已经熟悉 C#编程的读者,可以跳过本章。

1.1 C#.NET 概述

1.1.1 C#和.NET 简介

1. C#语言简介

C#语言是 Microsoft 公司推出.NET 平台时开发的一种面向对象的新语言,由 Turbo Pascal、Delphi、Visual J++的首席设计师 Anders Hejlsberg 用 3 年时间设计而成,语法结构特征与 C++、Java 非常类似,所有的语言元素都是真正的对象,同时结合了 VB 的可视化编程特征,可以说该语言集 C++的计算效率、Java 的安全性和 VB 可视化为一身。

C#源于 C/C++,但消除了 C/C++中一些复杂的特性,如多重继承、指针,使语法更加简洁,是.NET 平台上使用最普遍的开发工具之一,广泛应用于 Internet Web 及 Windows 应用程序的开发上。

2. .NET 开发平台

(1) .NET 开发平台的组成

.NET 开发平台主要由.NET 框架(.NET Framework)、.NET 开发技术及开发工具等组成,如图 1.1.1 所示。.NET 框架是开发平台的基础,包括公共语言运行时库(Common Language Runtime,CLR)和基础类库;.NET 开发技术则包含数据库访问组件 ADO.NET 和 XML,使得操作数据非常方便,也使在 Internet 上交换数据变得简单易行;.NET 开发工具中,Microsoft 公司的 Visual Studio.NET 是使用最广泛的,它集成了 VB、Visual C++、Visual C#和 Visual J#语言。

(2) .NET 开发平台的特点

① 支持多语言开发。程序员可以使用自己熟悉的语言进行开发,也可以在一个应用程序中使用多种语言,不同语言编写的模块也容易实现整合。

② 开发多种应用程序。在 Visual Studio.NET 的支持下,程序员可以使用任何一种语言开发多种应用程序,主要包括 Windows 应用程序和 Web 应用程序(ASP.NET)。

③ 各种语言工具使用同一个类库。传统的开发环境中,不同的语言使用不同的函数库且调用方式各异,它们是不能通用的。而.NET 开发环境中,不管使用何种语言,都使用同一个基础类库。

④ 公共语言运行时库。公共语言运行时库提供了执行程序服务,与 CPU 特性无关。.NET 程序需要经过两次编译才能在 CPU 上运行,第一次是被编译成与 CPU 无关的中间语言(MSIL),在 CLR 的支

1.1　C#.NET 概述

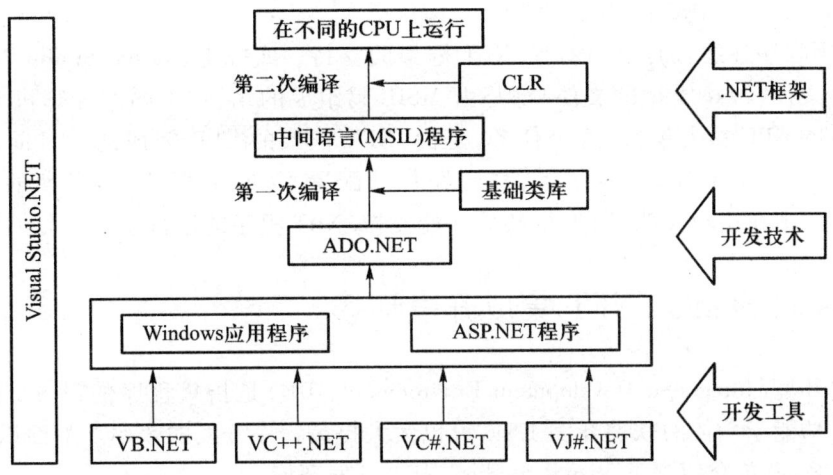

图 1.1.1　.NET 开发平台结构

持下，中间语言被编译成由本地 CPU 指令集组成的程序，实现了.NET 跨硬件平台的目标。

如图 1.1.2 所示，Visual Studio.NET 依赖于.NET 框架提供的服务，包括 Microsoft 公司第三方提供的编译器等。

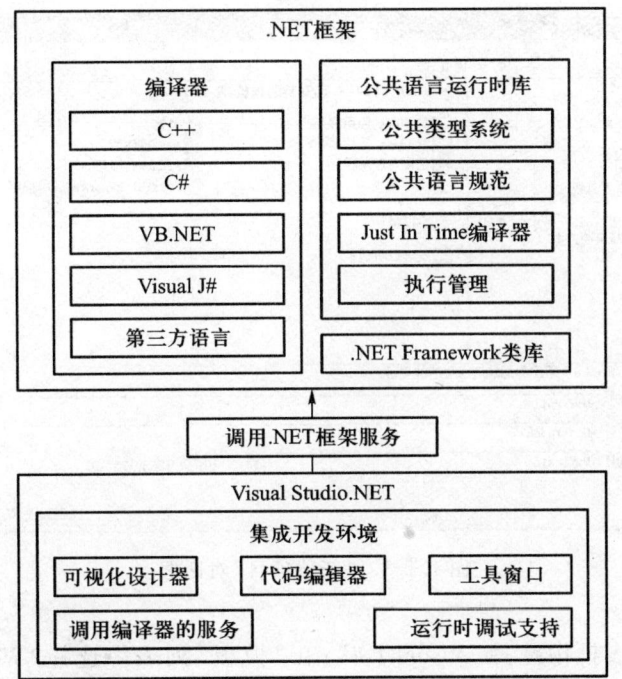

图 1.1.2　Visual Studio.NET 和.NET 框架关系

（3）Visual Studio．NET 和．NET 框架

．NET 应用程序在运行时都必须有．NET 框架的支持。实际上，Visual Studio．NET 生成的可执行应用程序文件（.exe 类型的文件）都是由 MSIL 码组成的，它在不同的计算机上运行时依赖于本地计算机的 CPU 指令集，而这个任务，是由．NET 框架的 CLR 完成的。目前，较新的 Windows 操作系统，如 Vista、Windows 7 等，都已经自动配置了．NET 框架，而早期的操作系统，如 Windows XP 等，则在用户安装．NET 框架后才能支持．NET 程序的运行。

1.1.2　Visual Studio．NET 集成开发环境

集成开发环境（Integrated Development Environment, IDE）是指集程序的设计、编辑、运行、调试以及部署等功能于一体的软件开发工具，可以大大提高程序开发的效率。下面以 Visual Studio．NET 2005 为例，简单介绍一下 Visual Studio．NET 开发环境。

1. 进入 Visual Studio．NET 2005

Visual Studio．NET 以项目为单位进行应用程序的开发。启动 Visual Studio．NET 后，进入起始页，用户可以打开以前创建的项目，也可以创建新项目。这里以创建新项目为例，选择"文件"→"新建"→"项目"命令，打开"新建项目"对话框，如图 1.1.3 所示。

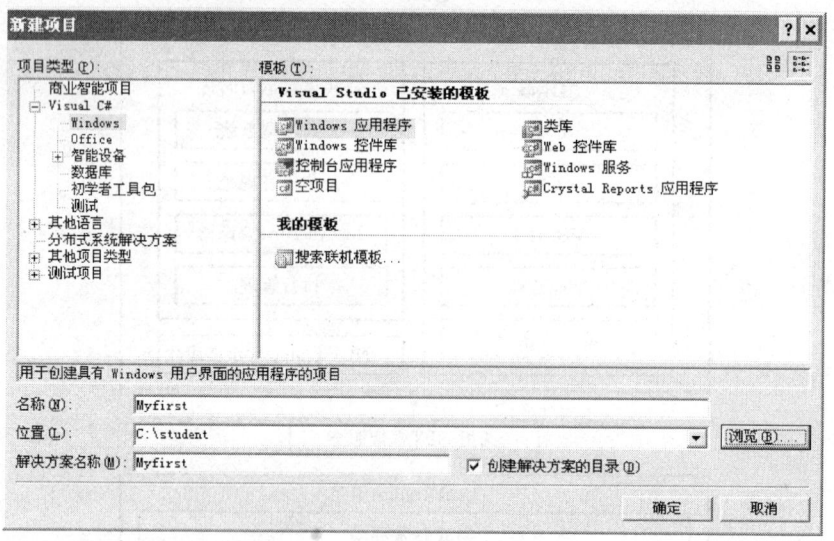

图 1.1.3　"新建项目"对话框

在"项目类型"列表框中选择"Visual C#"；在"模板"列表中选择"Windows 应用程序"；在"名称"文本框中输入项目名称；在"位置"下拉列表中选择项目存放的文件夹。本例中，项目命名为"MyFirst"，位置存放在"C:\student"。"解决方案名称"文本框会被系统自动命名为与"名

称"文本框同样的内容,如果感觉不妥可以进行修改。

在以上信息确定后,单击"确定"按钮进入 C#.NET 程序设计环境,如图 1.1.4 所示。

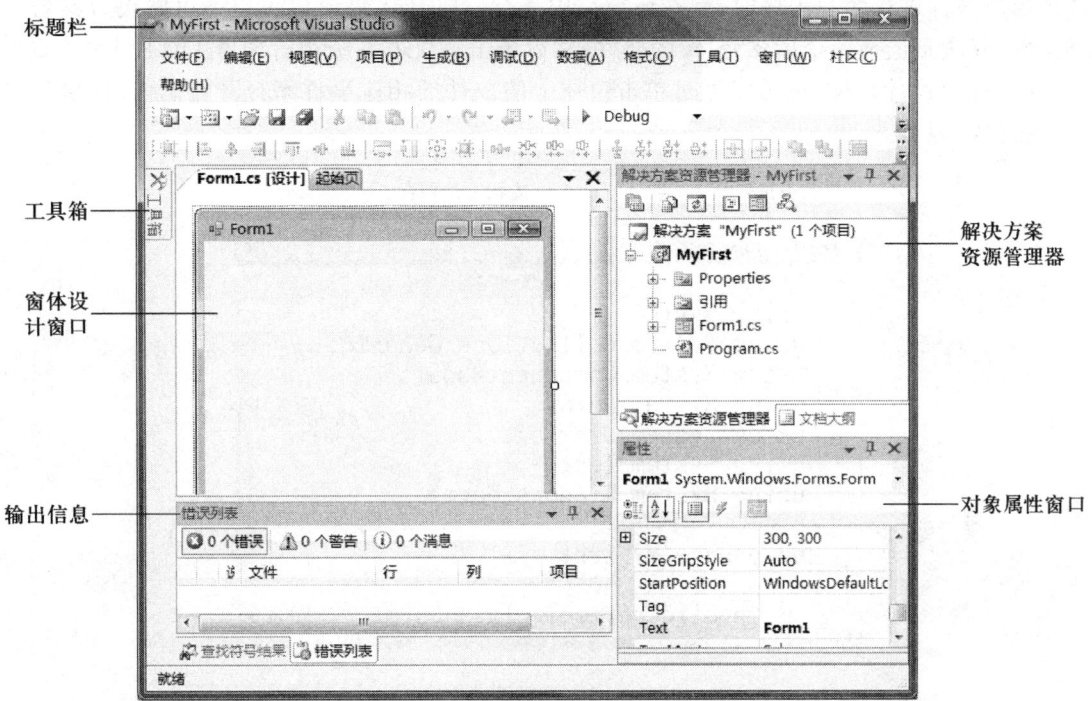

图 1.1.4 .NET C#开发集成环境

.NET C#集成开发环境由多窗体组成,这些窗口被分成两大类,一类是位置相对固定的,如窗体设计窗口和代码窗口;另一类是可以浮动、隐藏、停靠的其他窗口,如对象属性窗口等,这类窗体的位置可以调整,用户也可以通过"视图"菜单决定它们是否显示。

2. 主要窗口简介

（1）主窗口

主窗口位于集成开发环境的顶部,图 1.1.4 中标题栏为"MyFirst–Microsoft Visual Studio"的窗口就是主窗体。主窗体关闭后,就退出了集成开发环境。

（2）窗体设计窗口

窗体设计窗口是 C#Windows 应用程序运行时显示的窗口,也是操作者和程序交互的接口。在设计的过程中,设计者一般会从工具箱中选择一些控件放置在设计窗体上,通过这些控件查看程序运行的结果或接受用户的输入。一个应用程序可以由多个窗体组成,通过选择"项目"→"添加 Windows 窗体"命令可以为应用程序添加新窗体。

（3）代码设计窗口

代码设计窗口是设计者实现程序逻辑的地方，如图 1.1.5 所示。设计者在项目中设计类、针对窗体控件事件进行编写程序时，都在该窗口中进行。打开代码窗口可以通过解决方案资源管理器完成，方法是选择一个后缀是 cs 的文件，然后单击解决方案资源管理器工具栏上的"查看代码"按钮。针对设计窗体，也可以通过单击窗体上的控件的相应事件来打开代码窗口，例如窗体上的按钮控件等。

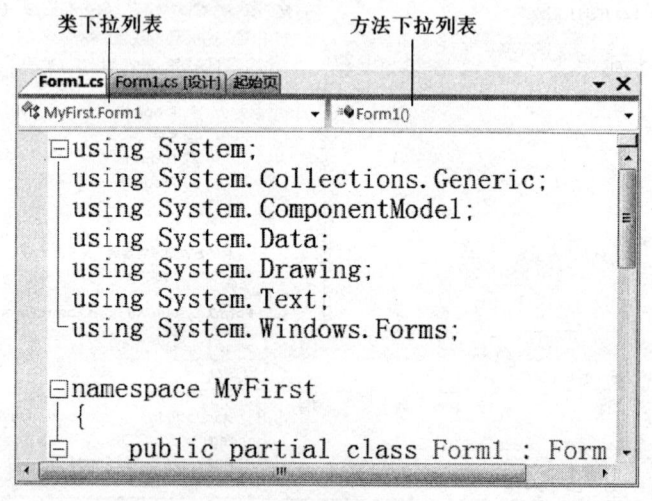

图 1.1.5　代码设计窗口

代码窗口有如下内容。

① 类下拉列表。该下拉列表只显示当前设计者操作的类。

② 方法下拉列表。显示设计者操作类的当前操作的方法，通过它选择类的不同的方法，可以快速地进入指定方法的代码进行查看或编辑。

代码窗口中的代码会被系统标记为不同的颜色，蓝色为关键字，黑色为常规代码，绿色为注释。如果代码中有错误，错误处会以红色的波浪线标识，当设计者将鼠标移动到这些地方时，系统会自动提示错误的原因，以便设计者在编译代码前就能及时发现错误。

在新建一个 C#Windows 应用程序后，系统会自动生成一个默认名为 Form1 的窗体，在Form1.cs 文件中可以看到如下代码：

public partial class Form1 : Form

从语法定义中可以知道，C#把窗体定义成一个类，它继承自 Form 类，Form 类在这里为缩写，它实质上是 System.Windows.Forms.Form 类。

在代码窗口中，设计者可以看到很多"+""-"号，通过它们，程序员可以将代码进行折叠或展开。

（4）对象属性窗口

属性窗口用于帮助程序员设置可视化窗体中控件对象的属性。如图1.1.6所示，它由以下3部分组成。

图1.1.6　对象属性窗口

① 对象下拉列表：单击其右边的下拉按钮，可以看到当前选定的设计窗体中的所有对象以及这些对象的类型。

② 属性显示排序方式：有两种排序方式，即按字母顺序排序和按分类顺序排序。

③ 属性列表：列出所选对象在设计模式下可编辑的属性及其默认值。

（5）解决方案资源管理器

一个.NET应用程序由多个文件共同组成，这些文件共同组成了项目的解决方案，并以树状结构图显示，如图1.1.7所示。一个解决方案主要包含以下类型的文件。

① 代码文件(.cs文件)：.cs文件是程序源码文件。

② 项目文件(.csproj文件)：每个C#项目对应一个项目文件。本例中的项目名为MyFirst，其对应的项目文件名为MyFirst.csproj。项目通常由引用文件和代码模块文件组成。

③ 引用文件：每个C#项目都会自动引用系统定义的类库文件，如System.Data。程序员也可以定义自己的类库，生成DLL文件后，在新的项目中加以引用，或引用成熟的第三方的类库。

④ 解决方案文件(.sln文件)：在建立一个项目时，系统定义解决方案文件名与项目文件名相同，仅扩展名不同。

（6）工具箱窗口

工具箱窗口包括C#项目开发时需要经常使用的工具条目，以目录树方式分类组织，如图1.1.8所示。工具箱窗口由9个目录组成，常用的目录如下。

① 所有Windows窗体：存放了所有的窗体设计时所需的控件，是下面所有分支的总和。

② 公共控件：包含了所有运行时可视化的控件。

③ 容器：可视化的容器控件作为容器，可以在其内放置其他的控件，如 GroupBox、Panel 控件。

④ 菜单和工具栏：窗体中的主菜单、工具栏和弹出式菜单。

⑤ 数据：与数据库相关的控件。.NET 2005 中，与数据库相关的控件不是默认显示的，在程序员需要的情况下，可以通过选择"工具"→"选择工具箱项"命令将其选择到工具箱中。

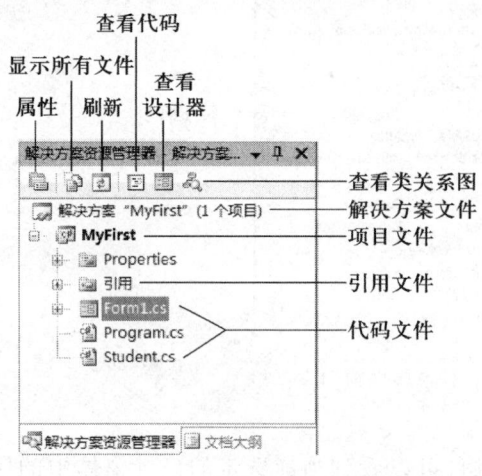

图 1.1.7 解决方案资源管理器

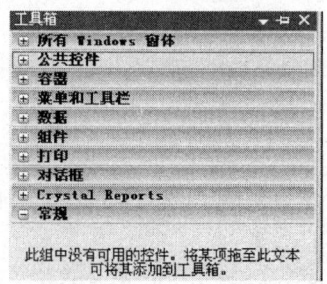

图 1.1.8 工具箱

1.1.3 C#Windows 应用程序开发过程

下面以一个简单的 C#Windows 小程序为例，向读者介绍程序开发过程，以便读者能快速地了解 C#的编程环境。建立和运行一个 C#Windows 应用程序的步骤如下。

① 建立一个新项目。
② 设计程序运行界面，向界面中添加控件对象。
③ 设置对象属性。
④ 针对对象事件进行编程。
⑤ 保存、调试、运行程序。

例 1.1 设计一个如图 1.1.9 所示的程序界面。在程序运行启动后，单击"显示"按钮，显示"Welcome to c#"，如图 1.1.10 所示。

1. 建立一个新项目

启动 Visual Studio .NET 后，通过选择"文件"→"新建"→"项目"命令，建立一个新项目，项目命名为"HelloCS"。

2. 设计程序运行界面

从工具箱中向设计窗体中分别拖动一个 Label 控件和 Button 控件,如图 1.1.9 所示。这两个控件对象被系统默认命名为 label1 和 button1。

3. 设置对象属性

选择设计窗体(在设计窗体的任意空白位置单击),然后在属性窗口中找到其 Text 属性,将其值设置为"初学 C#"。然后再选择按钮控件,将其 Text 属性值设置为"显示"。label1 对象的属性不用设置。

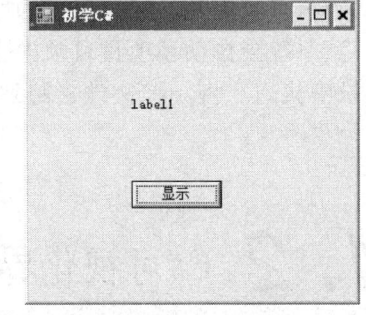

图 1.1.9 例 1.1 界面设计

4. 对象事件编程

按本例的要求,在用户单击"显示"按钮后,窗体中将显示"Welcome to C#",这说明程序运行时,需要用户对"显示"按钮的单击事件进行响应,这是典型的事件驱动的程序。

在设计窗体中用鼠标双击"显示"按钮,进入代码窗口,系统会自动产生 button1_Click 方法,在 button1_Click 方法中(在{}中间)添加一行代码:

```
private void button1_Click(object sender, System.EventArgs e)
{
    label1.Text = "Welcome to C#";    //用户添加行
}
```

从上面代码中可以看出,程序对用户鼠标事件的反应是将 label1 对象的 Text 属性值进行更改,从而达到了显示"Welcome to C#"的目的。

5. 运行和调试程序

程序设计完毕后,单击工具栏里的"运行"按钮▶,运行程序。

C#程序首先经过编译器检查有无语法错误,如果有,则在输出窗口逐条显示错误,提示错误原因并要求用户进行修改。如果没有错误,则自动生成可执行程序并执行,显示程序主窗体。

在出现程序的界面后,单击"显示"按钮,界面上就会出现"Welcome to C#",如图 1.1.10 所示。

图 1.1.10 例 1.1 运行效果

6. 保存程序

在建立一个项目时，Visual Studio．NET 会自动用项目名创建一个文件夹，通过保存该文件夹，用户可以完整的保存项目的所有组成文件，以便下次继续编写或调试。在程序被成功编译执行后，系统会自动在项目目录中生成 bin 目录和 obj 目录，生成的．exe 可执行程序可以在这两个目录中找到。将．exe 文件复制到装有．NET 框架的计算机中，可以直接执行。

1.2 C#可视化界面

Visual Studio．NET 为所有的开发工具提供了可视化程序设计界面，通过工具箱中提供的控件类快速生成控件对象，然后通过控制这些对象达到控制程序逻辑的目的。由于控件很多，无法逐一介绍，本书仅将后续内容中使用到的控件加以介绍。

1.2.1 控件基本概念

1. 控件对象和类

工具箱中的控件是 Visual Studio．NET 开发环境中提供的可辅助程序快速实现的类。控件分为可视化和非可视化两类。可视化控件在程序的运行过程中可以在窗体界面上显示。当程序员从工具箱向设计窗体中拖动一个控件时，C#就定义了一个具体的控件对象。编程时通过控件对象可以快速实现数据操纵、界面显示的目的。如图 1.2.1 所示，工具箱 TextBox 控件是类的图形化表示，设计窗体中的 textBox1 和 textBox2 是 TextBox 类的两个具体的对象，它们拥有 TextBox 类的特征，也可以根据需要修改各自的属性值，如文本框的大小、字体、颜色等。

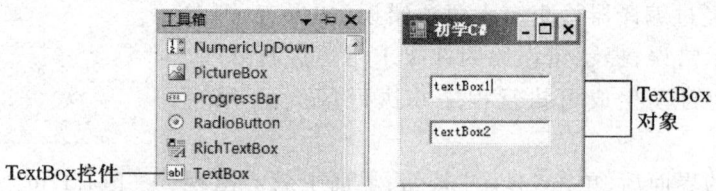

图 1.2.1 控件类与对象

2. 控件对象的属性、方法和事件

控件对象具有自己的属性、方法和事件,是程序设计人员最关注的内容。分别用于控制控件对象的状态、行为和对外响应。

(1) 属性

属性主要用于设置对象的状态,如可视化控件对象都有文本(Text)、大小(Size)属性等。属性值可以通过属性窗口直接设置,也可以通过程序代码更改,格式为:

对象名.属性名=值;

如例1.1中:

label1.Text="Welcome to C#";

(2) 方法

方法是对象的行为特征,它是对象本身内含的函数,供程序员调用,给编程带来了很大的方便。如可视化控件基本都有Show方法。方法调用的格式为:

对象名.方法(实参列表);

例如:

TextBox1.Focus( );

(3) 事件

事件又称为事件方法,它是对象的一类特殊的方法,用于对程序运行过程中发生的指定事件进行响应,做出应答。常见的事件如单击(Click)、键盘按下(KeyPress)。控件的事件与方法有所不同。控件的方法程序是系统已经编写完成的,程序员只需要调用即可,而事件则需要程序员进行编码,系统只会自动生成事件方法头。

注意,控件对象的事件方法的模板,是在程序员选择了对象及事件后,系统自动生成的,它有自己内部的实现机制。所以,请初学者不要自己输入这些格式化的内容。

典型的事件方法模板代码如下:

private void button1_Click(object sender, System.EventArgs e)
{

}

针对事件编程时,程序员只需要在{ }内编写程序代码。

3. 控件对象的通用属性

不同的控件对象有不同的属性,也有一些相同的属性。通用属性是指某些控件共有的属性,本节就可视化界面中用到的可视化控件的通用属性进行简单的总结。

(1) Name

所有的控件对象都有Name属性。当程序员向设计窗体上放置一个控件时,C#.NET会自动给控件命名,如TextBox1、TextBox2、button1等。程序员可以根据需要修改对象的名字,最好是改成有意义的名字。在应用程序中,对象的 Name 属性值作为对象的标识(也即变量名)在程序中引用,不会在窗体上显示。

（2）Text

该属性决定控件对象在窗体上显示的文本。在 C#.NET 中,大多数可视化控件都有 Text 属性,如 Button、TextBox、Label 等。TextBox 控件的 Text 属性可以用于获取用户输入的文本。

（3）Font

Font 属性用于控制窗体中控件的 Text 属性值在显示时所使用的字体,一般通过 Font 对话框进行设置,如图 1.2.2 所示。

操作方法为,选择对象,然后在属性窗口中找到其 Font 属性,单击其右侧的"…"按钮,即可出现如图 1.2.2 所示的对话框,程序员可以选择字体信息。

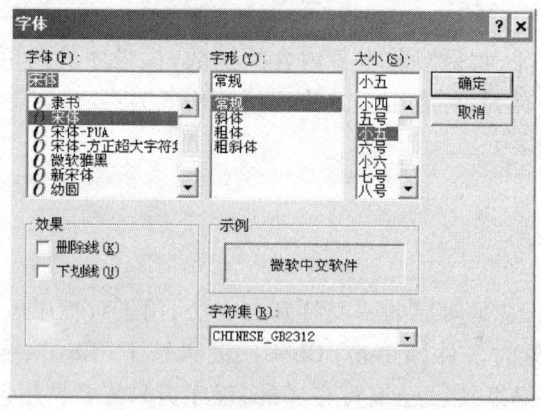

图 1.2.2 Font 选择对话框

Font 属性具有一定的传递作用。容器类对象的 Font 属性,会自动传递到容器内对象的 Font 属性。例如,窗体的 Font 属性设定后,窗体中新建立的控件的 Font 属性就继承了窗体的 Font 属性。当然,可以通过重新设定某对象的 Font 属性,让对象有自己独特的字体。

（4）Enabled

Enabled(使能)属性控制控件是否可以接受用户的响应,例如,窗体中的一个按钮 button1,如果执行了下面的语句：

button1.Enabled = false;

则程序运行期间,该控件虽然可见,但不响应用户对其操作的事件。

（5）Visible

可见属性控制程序运行期间控件是否可见,如果将其设置为 false,则程序运行时将看不到该控件,也就不能响应事件。

1.2.2 窗体

窗体是C#Windows程序的主要组成部分,它是与用户交互的界面,也是控件的容器。程序员可以根据程序的设计意图,从工具箱中选择合适的控件,在窗体上"画"出来,进行可视化的程序设计。程序员可以为一个应用程序创建多个窗体,但只有一个作为主窗体且在程序启动时自动显示。

窗体与其他控件的不同之处在于:

① 除主窗体外,窗体需要通过选择"项目"→"添加 Windows 窗体"命令完成添加,而不能像其他控件一样,从工具箱中得到。

② 每个窗体都是一个类,程序员必须为其生成一个对象,然后通过其 Show( )或 ShowDialog( )方法进行显示。

1. 主要属性

属性决定了窗体的外观及可实现的操作,如图 1.2.3 所示。窗体的属性一般通过属性窗口设置,比较直观。窗体属性中,除了前面提到的通用属性外,还有以下几个经常使用的属性,如 MaximizeBox、MinimizeBox、Icon、BackgroundImage、FormBorderStyle 等。

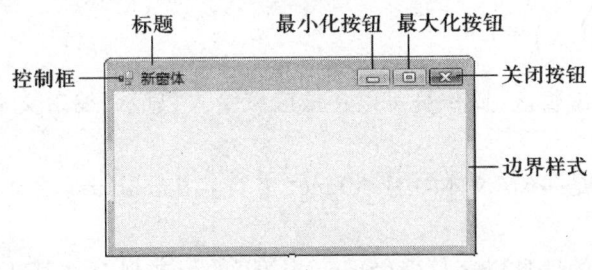

图 1.2.3 窗体外观

2. 常用方法

窗体的主要方法是 Show( )和 ShowDialog( )、Hide( )、Close( )方法等,用于窗体的显示或隐藏,其中,ShowDialog( )方法是以对话框方式显示窗体。

3. 主要事件

窗体的主要作用是向操作者显示必要的信息,因此,在窗体初次显示、大小改变、由不活跃变成活跃时,经常会进行数据的初始化等工作。因此,相关事件就较重要,主要包括 Load、Activated 和 Resize。

1.2.3 常用控件

本节就后续章节中经常用到的可视化控件进行简单介绍。有兴趣的读者可以参阅C#专业书籍,查阅其他控件的介绍和使用方法。

1. 标签(Label)

该控件用于显示文本,其作用是给用户一些提醒,经常与文本框(TextBox)成对使用,提醒用户将要输入的内容。例如,在窗体上放置一个Label,将其Text属性修改为"姓名",则窗体上该对象就显示为"姓名",如果其后再跟上一个TextBox,接受用户的输入内容,则用户就知道这里输入的是一个人的名字,如图1.2.4所示。

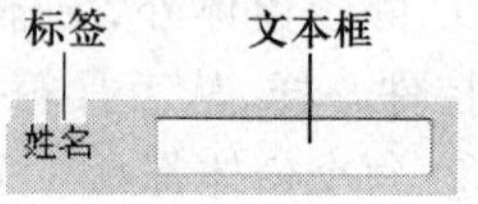

图1.2.4 标签和文本框成对使用

(1) 主要属性

程序员一般只需关注其Text属性,有时也会使用Font属性对字体进行调整。

(2) 主要事件

标签虽然有Click、Change等事件,但由于标签通常仅用于显示文本,起提示作用,因此,一般不需要针对这些事件编程序。

2. 文本框(TextBox)

文本框是一个文本编辑区,操作员可以在该区域输入、显示、编辑文本,主要用于信息采集。

(1) 主要属性

程序员比较关注的是Text(文本)、MultiLine(多行)、ScrollBars(滚动条)、PasswordChar、ReadOnly等。

文本框中用户输入的信息以字符串(String类型)的形式保存在其Text属性中。例如,在窗体设计中有一个文本框对象定义为tbStudentName,当用户输入的内容为"张三"时,则tbStudentName.Text的值为"张三"。

通过PasswordChar属性,可以帮助用户解决输入密码等保密性质数据的显示。例如,将PasswordChar属性的值设置为"*",则输入密码时用户只能看到一串"*",如图1.2.5所示。

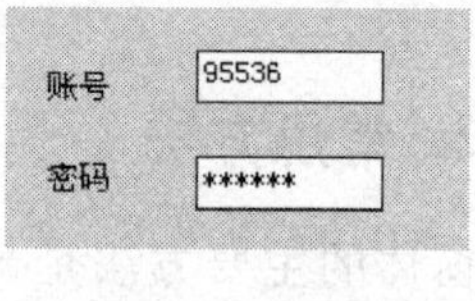

图1.2.5 文本框示例

(2) 主要事件

针对文本框事件的编程也比较少,在作关联输入时,例如,输入商品的单价和数量自动计算总金额时,会使用其TextChanged等事件。

3. 按钮(Button)

(1) 主要属性

程序员设置 Text 属性以明确按钮的任务，Image 和 BackGroundImage 属性用于图形化的提示及美观。

（2）主要事件

最重要的事件是 Click，意义为当用户按下该按钮后，程序将执行什么操作。

4. 单选按钮（RadioButton）、复选框（CheckBox）、组框（GroupBox）

单选框用于多选一的情况，复选框用于罗列可供用户选择的项，GroupBox 属于容器控件，用于将同组信息组合在一起。

（1）主要属性

程序员经常使用以上 3 种控件的 Text 属性，用于提示操作者。CheckBox 的 Checked 属性（布尔型）用于判断检测框是否被选中，一般在程序代码中使用。

（2）主要事件

GroupBox 一般不进行事件编程。RadioButton 和 CheckBox 的主要事件有 Click、CheckedChanged。

5. 列表框（ListBox）、组合框（ComboBox）

（1）列表框

显示一个文本项列表供用户选择。当选项较多不能全部显示出来时，会自动加上滚动条，如图 1.2.6 所示。其特点是用户只能选择，而不能直接修改其内容。列表框中的选项内容通过在设计状态中设置其 Items 属性来实现。

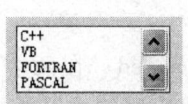
图 1.2.6 列表框示例

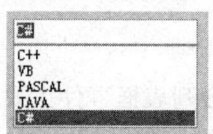
图 1.2.7 组合框示例

（2）组合框

ComboBox 是将文本框和列表框的特性组合在一起的一个控件。在该控件的列表中选择一项后，该项内容会自动装入该控件的文本框中（Text 属性中），所以当输入的内容为多项选择内容之一时，经常使用 ComboBox 控件。例如，在作学生选择课程信息的输入时，对"课程"字段的输入就可以使用该控件。操作者通过选择下拉框中的一项来选择某一门具体课程。如图 1.2.7 所示，选项内容可以通过设置其 Items 属性实现。通过编程取得其 SelectedIndex 属性，可以得到用户选中项的序号（从 0 开始），若当前没有选择任何项，则其值为 -1。通过 Text 属性，可以得到被选择的项的内容。

（3）主要属性

列表框和组合框的主要属性如表 1.2.1 所示。

表 1.2.1 列表框和组合框的主要属性

属性	类型	意义
Items	集合	存储在列表框或组合框中的选项
SelectedIndex	整型	程序运行时操作者选择的项的序号,第一项为 0
Text	字符串	当前被选定项的文本
Count	整型	总项数

（4）主要方法

列表框和组合框的主要方法是通过编程控制表项,如添加或删除表项,主要方法如表 1.2.2 所示。

表 1.2.2 列表框和组合框的主要方法

属性	作用
Items.Add(新选项)	把一个新选项加到选项的最后
Items.Remove(选项)	从列表框或组合框中删除指定项
Items.RemoveAt(Index)	删除 index 指定的选项
Items.Insert(index,新项)	在 index 位置插入新项
Items.Clear()	清空列表框或组合框

（5）主要事件

程序员关注的组合列表框事件主要是 SelectedIndexChanged。在两个关联的组合列表框中,当前面一个组合列表框中项目的变动导致后面一个里面的选项的内容需要变动时,经常使用 SelectedIndexChanged 事件。例如,学生所属院系信息的输入可以用两个组合列表框实现,前面一个是"院",后面是"系",当"院"中的信息变动时,"系"里的内容需要调整,可以用 SelectedIndexChanged 事件来实现。

6. 列表视图(ListView)

ListView 控件可使用多种不同视图显示。有大图标、小图标,详细列表等状态,与 Windows 资源管理器一样,如图 1.2.8 所示。通过此控件,可将表项组成带有列标头的列。该控件经常用来表达表格式的信息。

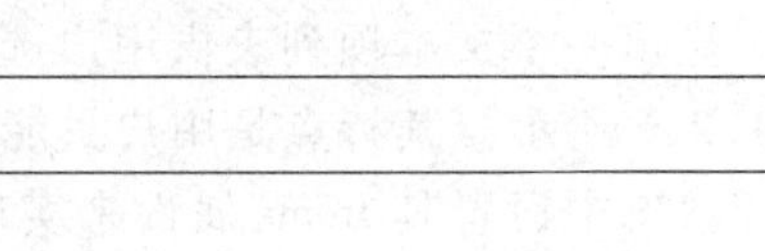

（1）主要属性

实际操作 ListView 控件较为复杂,表 1.2.3 所示是经

图 1.2.8 ListView 控件示例

常用到的属性。

表 1.2.3 ListView 的主要属性

属性	类型	意义
Columns	集合	每列的表头,每列包括列宽、对齐方式、标题
Items	集合	存储在表中的当前表项
SelectedItems	集合	当前表中被选中的表项的集合,可以用 SelectedImems.Count 得到选中的项数。经常使用 SelectedItems[i].SubItems[j].Text 来获得第 i 行第 j 列的值
View	枚举	列表显示方式,大、小图标、详细列表等
GridLines	布尔	是否画线
FullRowSelect	布尔	选取一行时整行标记
MultiSelect	布尔	是否可选多行

(2) 主要方法

列表视图的主要方法是通过编程添加或删除表项,对选中的表项进行操作。其主要方法是围绕 Item 属性操作,与 ComboBox 同名属性相似,主要方法参见表 1.2.2。

(3) 主要事件

列表视图的事件主要有 Click、DoubleClick。关于该控件的具体使用在第 5 章中再做详细介绍。

7. 富文本框(RichTextBox)

富文本框类似 Windows 的写字板程序,支持 RTF 格式的文件,可以对文本中的不同部分进行不同格式的设置,支持 OLE 对象的剪贴板和 OLE 的拖放操作。

(1) 主要属性

除了同样具有 TextBox 的大多数属性,富文本框还有 SelectionFont、SelectionColor 等属性,用于对选中的文本内容进行色彩、字体的设置。即富文本框中的不同文本部分可以有不同的格式。

(2) 主要方法

LoadFile 和 SaveFile 方法,用于从磁盘文件加载内容或保存内容到磁盘文件。默认情况下,读写文件的扩展名为 rtf。在读写时保留原来文本格式。如果要保存为纯文本格式,可在 SaveFile 方法中使用 RichTextBoxStreamType.PlainText 参数。

8. 菜单

C#.NET 2005 提供两种类型的菜单:主菜单(MenuStrip)、弹出式菜单(ContextMenuStrip)。主菜单被放置在窗体的顶部,通过操作者选择某项来控制操作;弹出式菜单是针对某个控件而言的,指用户用鼠标右击了控件对象后弹出的菜单,通过将建立好的弹出式菜单赋给指定对象的

ContextMenuStrip 属性来实现。

（1）菜单建立

通过将 MenuStrip 或 ContextMenuStrip 拖动到窗体上，就可以建立菜单，如图 1.2.9 所示。这时窗体上会自动出现提示操作者输入菜单项的位置，即"请在此处键入"提示的位置。根据位置的不同，菜单项可以分为主菜单项、二级子菜单项及三级子菜单项等。

（2）主要属性

Name：菜单或菜单项的名称，在程序中被引用，如图 1.2.9 中所示的 Load 菜单项的 Name 属性值为 loadToolStripMenuItem。

Text：菜单项显示的文本。

ShortcutKeys：菜单项快捷键。

Checked：菜单文本项前有"√"。

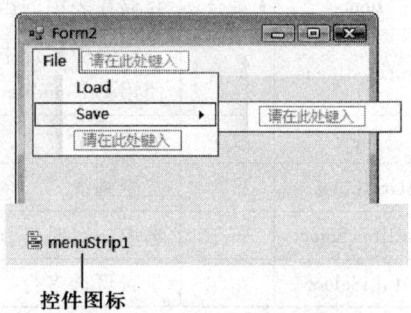

图 1.2.9 菜单建立

（3）菜单项事件

程序员关注的主要是 Click 事件。

1.3 C#基本语法

作为一种较新的计算机语言，C#是对 C/C++的继承，所以有 C/C++基础的读者较容易掌握 C#。本节简单介绍 C#的基本语法，以便读者在需要时查阅。

1.3.1 C#数据类型、表达式

1. 常用数据类型

C#提供的常用标准数据类型如表 1.3.1 所示。

表 1.3.1 C#中常用的标准数据类型

类型	说明	占字节数	取值范围
bool	布尔	2	true、false
byte	无符号整数	1	0～255

续表

类型	说明	占字节数	取值范围
char	unicode 字符	2	0 ~ 65 535
decimal	固定精度浮点数	16	1.0×10^{-28} ~ 7.9×10^{28}
double	双精度浮点数	8	5.0×10^{-324} ~ 1.7×10^{308}
float	单精度浮点数	4	1.5×10^{-45} ~ 3.4×10^{38}
int	有符号整数	4	−2 147 483 648 ~ 2 147 483 647
long	有符号长整数	8	−9 223 372 036 852 775 808 ~ 9 223 372 036 852 775 807
String	字符串		占用 10+2×字符长度个字节,可存放 0 到 20 亿个 unicode 字符

2. 变量

(1) 变量名

变量名是以字母或"_"开头的字母和数字的序列。C#变量名严格区分大小写。为使程序容易阅读,变量命名最好带有实际意义。

(2) 变量定义

变量定义的基本格式为:

类型 变量名[= 初值];

例如:

    int i, j;   //定义了两个整型变量

    double sum = 0.0;   //定义了一个双精度浮点变量,并初始化为 0

(3) 变量的作用域

变量的作用域又称变量的可见性,是指变量的存在范围,只有在这个范围内,程序代码才可以访问它。其次,作用域也决定了变量的生命周期,它是指从一个变量被创建、被分配内存,到这个变量消亡并释放其所占内存的过程。一个变量被定义时,它的作用域就被确定了,不同类型的变量的作用域不同,可以分以下情况。

① 成员变量:在类中声明,作用域是整个类。

② 局部变量:在一个方法的内部或方法内部的一个代码块中声明,方法内声明的变量,作用域是从其定义的地方开始直到方法结束,块内声明的变量,作用域从定义到块结束。

③ 方法形参:作用域为整个方法。

3. 常用函数

.NET 通过基础类库提供了大量的类,这些类按其功能被划分在不同的名字空间(也可以认为是程序包)中,这些类可以帮助用户快速地实现程序逻辑。表 1.3.2 罗列了常用的部分名字

空间及其包含的类。

表1.3.2 常用名字空间及类

类别	名字空间	空间中部分类	说明
基本数据类型	System	Math、String、Console	提供基本的算术函数、字符串处理、输入输出等
用户图形界面	System.Windows.Forms	Button、Form、TextBox	Windows窗口程序中的控件
数据	System.Data.OleDb	OleDbCommand OleDbConnection	ADO.NET连接操作数据库的各种类
集合数据结构	System.Collections	ArrayList、LinkedList	常见数据结构类

C#程序设计离不开基础类库的支持，要使用基础类，首先需要弄清需要的类所在的名字空间，然后引用该名字空间以使用其中的类。名字空间的引用有以下方式：

① 直接引用。

在使用的类的前面，加上名字空间并以"."号连接，例如，计算一个数的平方根：

double d=System.Math.Sqrt(100);

上述语句中，程序员需要使用Sqrt方法，它是Math类的一个方法，而Math类在System名字空间中。

② 通过Using语句。

Using语句的语法格式为：

Using 名字空间；

上述求平方根的例子，可以在程序的开头用Using System;引用名字空间，在接下来的程序代码中就可以直接使用Math类：

double d=Math.Sqrt(100);   //使用Using System语句后就可以直接使用Math类

4. 运算符

C#运算符和C++基本类似，但作了更细致的优先级排序，并且还增加了is、as运算符。表1.3.3罗列了C#的运算符及其优先级，供读者查阅。

表1.3.3 C#运算符

类型	运算符	等级
初级运算符	() x.y f(x) a[x] x++ x-- new typeof sizeof checked unchecked	1
单目运算符	+ - ! ~ ++x --x (T)x	2
乘法运算符	* / %	3

续表

类型	运算符	等级
加减运算符	+ -	4
移位运算符	<< >>	5
关系运算符	< > <= >= is as	6
等式运算符	== !=	7
逻辑与运算符	&	8
逻辑异或运算符	^	9
逻辑或运算符	|	10
条件与运算符	&&	11
条件或运算符	||	12
条件运算符	? :	13
赋值运算符	= += -= *= /= %= <<= >>= &= ^= |=	14

1.3.2 控制结构

控制结构控制程序的流程,主要分为顺序、分支和循环等结构。

1. 顺序结构

顺序结构按语句的先后次序执行语句,C#中以";"作为语句的分隔符,一般一个语句写在一行。遇到长表达式时,一个语句可以写在多行。

2. 选择结构

选择结构根据给定的条件执行多个语句分支中的一个,通过 if 语句和 switch...case 语句实现。

(1) if 语句

if 语句的语法规则是,布尔表达式值为真,则执行 if 后的语句组,否则执行 else 后的语句组,语法格式为:

    if(布尔表达式)   if(布尔表达式)

    {   {

```
        语句组1                              语句组1
    }                                    }
    else                                 else if(布尔表达式2)
    {                                    {
        语句组2                              语句组2
    }                                    }
                                         else
                                         {
                                             语句组3
                                         }
```

例如,下面语句为求 x、y 中的最大值。

```
    if ( x > y )
    {
        max = x;
    }
    else
    {
        max = y;
    }
```

(2) switch... case 语句

switch 语句被称为多路分支,用于条件值分很多情况下的选择,其语法格式为:

```
    switch (表达式)
    {
        case 常量表达式1:
            语句组1
            break;
        ...
        case 常量表达式n:
            语句组n
            break;
        default:
            语句组
            break;
    }
```

switch 后的"表达式"可以是整数类型或字符串类型。每个 case 后面的常量表达式,都是

switch 后"表达式"可能的取值,如果一次执行过程中,没有一个条件符合,且语句中存在 default 语句(default 语句是可省略的),则会执行 default 中的语句组。

3. 循环结构

循环由循环控制变量和循环体组成,C#主要有以下几种循环。

(1) for 循环

for 的语法格式为:

  for([循环控制变量=初值];[条件];[步长增量])
  {
    语句组
  }

(2) foreach 循环

C#中,foreach 经常用来遍历数组或集合类对象。但与 for 不同的是,foreach 不需要程序员显式的编程考虑数组或集合中元素的个数。

foreach 循环的格式为:

  foreach(元素类型 变量名 in 数组或集合对象)
  {
    语句组
  }

如下列的程序段,用 foreach 遍历一个整数数组:

  int[ ] data = new int[3] {1, 10, 20};
  foreach (int i in data)
  {
    Console.WriteLine(i);
  }

(3) while 循环

while 循环是先判断后执行型循环,其格式为:

  while(条件)
  {
    语句组
  }

while 循环只有在条件为 true 时才执行循环体,因此循环可能一次也不执行。

(4) do while 循环

do while 循环属于先执行后判断型循环,其格式为:

  do

{

    语句组

  } while（条件）

1.3.3 数组

  数组是同类型的变量的集合，在内存中连续存放，可以通过下标访问数组中指定的元素，C#数组每维的下标索引从 0 到 $n-1$，n 为某维数组元素的个数。

  (1) 一维数组

一维数组的定义格式为：

  类型[ ] 数组名；

例如：

  int [ ] num1;　　　　//num1 是整型数组

  string [ ] book;　　　//book 是字符串数组，每个元素是一个字符串

  (2) 多维数组

多维数组的定义格式为：

  类型[, [,]] 数组名；

[ ]中出现一个","定义为二维数组，两个","就是三维数组，依次类推。

例如：

  int [,] num2;　　　　//定义一个二维数组

  (3) 数组的初始化

上面定义的各个数组，系统并不知道其中有多少个元素。使用之前，必须为其申请内存，使用 new 运算符来动态确定数组的大小，并按类型初始化各元素的初值。对数值型数组，每个元素初始化为 0，字符串初始化为空串，对象数组则初始化为 null。例如：

  double [ ] d = new double [10];　　　//定义一个有 10 个元素的浮点型数组，每个元素

                目前值为 0

  int [,] num3 = new int [6,6];　　　　//num3 是 6 行 6 列的二维整型数组

  int [, ,] num4 = new int [6,6,5];　　　//num4 是一个三维整型数组

数组也可以在定义时直接初始化，例如：

  int [,] num2 = { {1,2,3}, {4,5,6}, {7,8,9} };　　//定义 3 行 3 列的数组，并赋予值

1.4 C#面向对象程序设计

C#是完全面向对象的程序设计语言,即使是编写一个最简单的程序,也要从一个类开始入手。本节首先介绍类与对象的基本概念,然后逐步介绍C#中类的实现及其使用方法。

1.4.1 面向对象编程基本概念

面向对象编程(Object-Oriented Programming,OOP)技术是目前占主导地位的程序设计方法,采用对现实世界直接模拟的方法实现软件系统,使程序的可控性大大提高,有利于程序的维护升级。面向对象编程有以下主要的概念。

1. 对象

真实世界里的很多事物都是对象,对象具有属性和行为,它们是紧密联系在一起的。属性用来描述一个对象的静态特征,而行为则描述一个对象的动作。例如,一部手机就是一个对象,它有自己独特的外形尺寸、色彩、键盘排列等属性,这是它的静态特征,也有拨号、读取电话号码本和存储电话号码等行为。

2. 类

现实世界中的各种事物,都可以经过归纳而抽取其共性,形成各种类别。类和对象是有区别的,类是一类对象共性的抽象,而对象则是某类中的一个个体。例如,某同学购买的一部Nokia 6220c手机,就是一个具体的对象,而Nokia 6220c则是一类手机。Nokia手机是一个更高抽象的类,而手机则是更大的一个类,涵盖了所有厂商生产的手机。

3. 抽象

抽象是采用一般的观点来看待一类事物的共同特征,抽象出某类事物的共同的属性和行为。抽象是设计面向对象程序中类的基本方法。

4. 封装

对象有属性和方法,把这些属性和方法归纳到一个整体中,形成一个完整意义上的对象,就是封装。通俗一点讲,可以把对象看成一个被包起来的盒子,盒子里有一些外面看不到的内容,

但也可以通过盒子上开放的一些口子(开放的属性、方法等)来访问盒子里的内容或执行一个功能。例如,每个手机都有键盘,通过键盘,可以让手机拨打另一个电话,而手机的用户无需知道这是如何实现的。

5. 继承

通过继承父类来实现子类,使得子类获得父类中已经定义的可被继承的内容,增强代码的可重用性,提高开发效率。继承也是实现多态的关键。

6. 多态

多态,是一般类中定义的方法,被具体派生类继承之后,拥有不同的行为。面向对象的程序设计允许以一个抽象的基础类来定义一个对象,而以一个派生类来具体地生成一个对象。例如,可以定义两个手机对象,但具体生成对象时,可以用 Nokia 6220c 生成另一个对象;再以一个 Motorola 2880 生成另一个对象;这时,调用这两个对象的具体键盘布局时,就可以分别得到它们各自具体的布局,虽然它们同是手机对象。

1.4.2 类定义

1. 名字空间

不管是 C#提供的基础类库,或是用户自己编写的类,都必须定义在特定的名字空间中。命名空间通常用来把为完成某一目的而定义的类组织在一起,它可以有效避免定义同名的类。例如,C#中将所有窗体控件类都定义在 System.Windows.Forms 名字空间中,而将各种集合数据结构如线性表、堆栈、队列等定义在 System.Collections 名字空间中,对数据库的访问操作类,被放进 System.Data 名字空间中。当编写程序过程中需要对应的类时,就可在程序中引用相应的名字空间。

在 C#中,所有的程序代码,必须包含在某个命名空间中,以关键字 namespace 和一对{}括起来。新建一个 C#项目时,系统会自动为用户定义一个与工程名同名的名字空间。一个名字空间中可以包含多个类,这些类可以包含在多个磁盘文件中。

C#中定义命名空间的格式如下:

```
namespace 名字空间名
{
    class A
    {
    }
    class B
```

                }
            }
        }

其意义为在定义的名字空间中定义了 A 和 B 两个类。

2. 类的定义

在确定了名字空间后,定义一个类的基本语法格式为:
　　［访问修饰符］［类修饰符］class　ClassName［:SuperClass］
　　{
　　　　属性定义　　　　　　　　//格式:［访问修饰符］［修饰符］类型　变量名
　　　　构造方法定义　　　　　　//格式:［访问修饰符］［修饰符］类名(形式参数列表)
　　　　　　　　　　　　　　　　{函数体}
　　　　　　　　　　　　　　　　//构造方法的名字必须与类的名字一样
　　　　其他方法的定义　　　　　//格式:［访问修饰符］［修饰符］返回值类型　函数名
　　　　　　　　　　　　　　　　(形式参数列表){函数体}
　　}

访问修饰符,控制类可被访问的范围,常用的是 public、internal、private。类修饰符说明类的类型,用得较多的有 abstract 和 static。访问修饰符可以和类修饰符组合在一起,如 public abstract。

(1) 访问修饰符

① publi:它定义的类是公共类,公共类在当前程序集(名字空间)及引用该程序集的程序中可以被调用。

② internal:是类的访问属性的默认值,即如果一个类定义时没有特别指定其访问属性,则它是 internal。internal 类只能在当前程序集中被调用,C#生成类的模板中,采用的就是 internal。

③ private:定义的是私有类,私有类被定义在一个类的内部,只能被定义该类的类调用。

(2) 类修饰符

① abstract:抽象类。抽象类讲的是概念,而不是具体的内容,它用来描述某类事物抽象后的形式化上的共同特征。抽象类不能用来生成对象,只能用来作为基础类而被派生类继承。

② static:静态类。静态类是一种只有静态属性和静态方法的类。静态类不必生成对象,直接使用该类的名字即可调用。

3. 类成员

类成员是指通过抽象得到的同类对象的共同的属性和行为。

(1) 访问修饰符

访问修饰符控制成员可被访问的范围。

① public：定义的成员为公共成员，它在类内外均可被访问。
② private：定义的是私有成员，只能在类内被访问。一个成员，如果不加任何访问修饰，访问属性默认为私有。
③ protected：定义的成员为受保护的成员，在类内及该类的派生类中可被访问。

（2）修饰符

成员修饰符修饰成员的类型，主要有以下几种。

① abstract：只修饰成员方法，称为抽象方法，定义在抽象类中。抽象方法必须在可以实例化的派生类中实现，继承实现时方法前必须使用 override 关键字。

② static：修饰的属性或方法，称为静态成员（否则称为实例成员）。静态成员只属于类，即使一个类生成多个实例，但每个实例用的是同一个静态成员。

③ virtual：只修饰成员方法，称为虚方法。虚方法有自己的函数体，但也允许在派生类中被覆盖，覆盖时方法前必须使用 override 关键字。

④ override：修饰的方法，称为方法覆盖，其目的是将基础类中的 abstract 或 virtual 方法重写覆盖。abstract 方法和 virtual 方法的区别是：abstract 函数没有函数体，仅需要形式声明（函数头），其实现要在派生类中完成；而 virtual 方法可通过基础类中的函数实现。

（3）构造方法

方法也称为函数，方法的定义与 C/C++ 类似。构造方法是类的一个比较特殊的方法，用来生成类的一个对象。构造方法的定义格式为：

　　［修饰符］类名（形式参数列表）｛函数体｝

C#构造方法的定义有以下特殊的规定。

① 构造方法必须与类名相同（大小写严格一致）。
② 一个类的构造方法可以重载（即定义多个构造方法），但参数必须不同。
③ 如果不定义类的构造函数，则系统会自动定义一个访问类型为 public、无参数的构造方法，即：类名（）。
④ 不能限定构造方法的返回值类型。

（4）成员方法

① 成员方法的定义。

成员方法的定义格式为：

　　［修饰符］返回值类型　函数名（形式参数列表）｛函数体｝

读者可以认真比较普通的成员方法与构造方法定义的差异，即成员方法有返回值类型。

② 参数传递。

C#源于 C++，在 C/C++ 中，函数的参数传递遵循传值方式。如果不加特指，函数的形式参数是没有能力将形式参数的值返回给调用函数的。C#中没有指针，它采用了一种新的方式来实现函数参数值返回给调用函数，所使用的关键字就是 out 和 ref。函数中的某个形式参数前冠以 out，代表该参数是将值返回给调用函数，其对应的实参仅需要定义一个类型，不需要任何的初始化。形式参数前冠以 ref,其对应的实际参数要有具体的引用,即其对应的实际参数必须初始化。对应于 out 和 ref 形式参数的实际参数也必须冠以 out 和 ref 关键字。例如:

```
public class MathCalc
{
   public static factor(int n, out int[ ] data, ref double fac)
   {
   //该方法计算 1…n 的阶乘,fac 里保存阶乘的值,数组 data 里记录 1,2,3,…,n
     double tt = 1;
     data = new int[n];
     for (int i = 0; i<n; i++)
     {
        data[i] = i + 1;
        tt * = i;
     }
     fac = tt;
   }
   public static void main( )
   {
     int[ ] dataList;     //dataList 只是定义了类型,没有为其具体的元素分配内存
     double fac = 0;      //fac 对应的形式参数由 ref 修饰,所以必须初始化,虽然该值无意义
     factor(10, out dataList, ref fac);  //实参 dataList 和 fac 前面有与形参对应的关键字
     //执行函数后,dataList 引用了一个有 10 个整数的数组,fac 是阶乘值
   }
}
```

需要注意的是,对应于形式参数中的 out 和 ref 关键字,在调用对应的方法时,实际参数的前面也必须冠以关键字 out 和 ref。

例 1.2 定义 Circle 类

```
    public static class ConstantClass           //定义了一个静态类
    {
        public static double pi = 3.1415926;    //静态属性
    }
    public class Circle
    {
        double r;                               //r 无访问修饰,默认为 private
        public Circle(double r)                 //构造方法,与类同名
```

```
            this.r = r;                        //this.r 代表被操作对象的属性 r
        }
        public double getArea()
        {
            return ConstantClass.pi * r * r;
        }
    }
```

上例中定义了两个类，ConstantClass 类被定义为静态类，内部只定义了一个静态属性 pi，此例仅用于说明静态类的定义及使用。语法规定，静态类中只允许有静态成员。另一个是一个简单的 Circle 类，它有一个私有成员半径 r，一个构造函数和一个可以计算圆面积的方法 getArea()。在 getArea() 方法中，调用了静态类 ConstantClass 的成员 pi，其调用语法为：

  类.成员

4. 类的使用

C#中除静态类以及类的静态成员外，类的属性和方法的调用，都必须通过生成对象来完成。
(1) 对象生成
C#使用 new 运算符生成类的对象，语法格式为：

  类名 对象名 = new 类的构造函数(实参列表);

以上面定义的类 Circle 为例，要生成一个半径为 2.1 的具体 Circle 对象，可以用下面的语句完成：

  Circle circle = new Circle(2.1);

(2) 对象的使用
对象生成后，可以按如下的格式来调用对象的实例属性和方法：

  对象名.属性名
  对象名.方法名(实参列表)

用上一节定义的类 Circle 生成对象并计算得到圆的面积的方法如下：

  Circle circle = new Circle(2.1);
  double area = circle.getArea();

5. 类静态成员的调用方法

静态成员经常用来表达一些常数、基础函数等，例如圆周率 PI = 3.14。C#不支持 C 语言中的全局的变量定义方法，所有变量的定义必须在类内完成，因此可以使用静态成员表达。还有一些基础数学函数，例如开根函数 Sqrt，只与传递给它的一个实数有关，没有什么需要和它绑定的数据，也很适合定义成静态方法，例如 C#中的定义 Math.Sqrt()。

类的静态成员是冠以关键字 static 的属性或方法。静态类中只能有静态成员。非静态类中也可以有静态成员。静态成员不属于类的任何实例对象，所以又被称为类成员（与实例成员相对应）。

C#规定，对类的静态成员调用采用如下的格式：

　　类名. 静态成员

对比非静态成员的调用格式：

　　类对象. 成员

可以发现，其差别在于，静态成员的调用直接使用类名，例如 ConstantClass. pi, 就调用了 ConstantClass 类的静态成员 pi。而非静态成员则需要使用对象名，如 circle. getArea( )。

6. this 对象

this 对象是指对象本身，在用一个类生成一个具体的对象时，this 就是对象本身。this 经常在实现类的成员函数时使用，用来特指引用类本身的成员。回顾一下前面章节中类 Circle 构造函数的实现语句如下：

```
public Circle( double r)
{
    this. r = r ;
}
```

在 Circle 的构造函数里，使用了语句 this. r = r, 这如何解释呢？r 表示构造函数形参表里的 r, 而 this. r 则代表类中定义的属性 r。这样，通过使用 this 对象，使得变量被明确的区分开来。

那么使用 this 对象有没有什么限制呢？前面提到，静态成员不属于类的某个对象，而是属于类，在没有用类生成对象时，类静态成员也是存在的，但这时类的非静态成员存在吗？非静态成员必须在类的对象生成后才能被具体化。按这样的分析，可以得出如下的结论：在类的非静态成员函数里，可以使用 this, 通过 this 来调用其他的成员。但在静态成员函数里，不能使用 this。原因很简单，静态成员函数是可以直接被调用的，而这时对象都没有生成, this 指向谁呢？

例 1.3　设计一个程序，其运行界面如图 1.4.1 所示。它通过输入一个圆的半径，生成例 1.2 中定义的 Circle 类的一个对象，并通过对象调用计算圆周长和面积，并显示在界面上。

分析：这是一个需要用户自己设计类并调用的项目，较前面的例子复杂，需要分以下几步完成：

① 设计主窗体类。
② 设计一个圆类，编写类的代码。
③ 编写相应的窗体事件，生成圆对象并完成对圆类中相应方法的调用。

具体操作步骤如下：

① 设计主窗体类。选择 "文件"→"新建"→"项

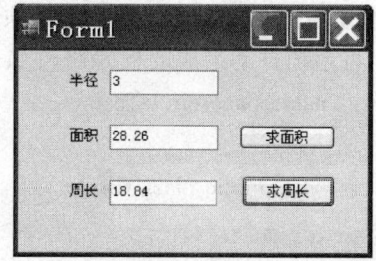

图 1.4.1　例 1.3 的主界面

目"→"Visual C#"→"Windows 应用程序"命令,输入应用程序的名称"circleTest"。进入系统的窗体设计界面。

按程序要求,在主窗体的适当位置上放置 3 个标签,将其 Text 属性分别修改为"半径"、"面积"、"周长",对应这 3 个标签,再放置 3 个文本框和两个按钮,将其 Name 属性和 Text 属性按表 1.4.1 所示进行修改。

表 1.4.1 例 1.3 控件属性设置

控件	Name 属性	Text 属性
Label	label1	半径
Label	label2	面积
Label	label2	周长
TextBox	tbRadius	清空
TextBox	tbLength	清空
TextBox	tbArea	清空
Button	btnGetArea	求面积
Button	btnGetLength	求周长

② 设计圆类。选择"项目"→"添加类"命令,将类的名字定义为"Circle",在程序中添加一个名为 Circle 的类,系统自动生成类的框架代码如下:

```
namespace circleTest    //系统会自动将类定义在项目的名字空间里
{
    class Circle    //系统自动生成的类的框架,class 前没有显式的定义访问控制修
                    饰符
    {
    }
}
```

系统生成的类,会自动定义在项目的名字空间里,类采用默认的访问属性(没指定访问属性)。将系统自动生成的代码修改如下:

```
namespace circleTest
{
    public class Circle          //前面加了 public
    {
        double r;                //r 无访问修饰,默认为 private
        public Circle(double r)  //定义构造函数
```

this.r=r;
        }
        public double getArea()   //求面积
        {
            return 3.14 * r * r;
        }
        public double getLength()   //求周长
        {
            return 3.14 * 2 * r;
        }
    }

③ 编写事件代码。回到设计窗体，分别编写"求面积"和"求周长"两个按钮的单击事件（在对应按钮上双击，即进入事件代码编写），代码如下：

    private void btnGetArea _Click(object sender, EventArgs e)   //"求面积"按钮的Click事件
    {
        double r=double.Parse(tbRadius.Text);   //将以文本方式输入的半径转换为实数
        Circle circle=new Circle(r);   //生成圆对象
        tbArea.Text=""+circle.getArea();   //计算圆面积并转为文本显示
    }
    private void btnGetLength _Click(object sender, EventArgs e) //"求周长"按钮的Click事件
    {
        double r=double.Parse(tbRadius.Text);
        Circle circle=new Circle(r);
        tbLength.Text=""+circle.getLength();
    }

以上需要说明的是，表达式 double.Parse(tbRadius.Text) 的作用是将字符串转换为实数。在C#中，可以使用 int 或 double 类的 Parse 方法将字符串转换为数值，以便在计算中使用。使用时根据目标类型决定使用 int 还是 double 的 Parse 方法，而将需要转换的字符串作为 Parse 方法的一个参数。

因为 TextBox 对象的 Text 属性类型是字符串 string，所以程序段中调用了 double.Parse(tbRadius.Text)，将以字符串形式输入到文本框 tbRadius 中的数据转换为 double 类型，并将其作为圆的半径生成一个 Circle 类的对象 circle。使用语句"tbArea.Text=""+circle.getArea()"的原因是

因为 TextBox 对象的 Text 属性是 string 类型,而圆的面积是 double 类型,通过将浮点数与空字符串""运算将其转化为字符串,然后进行显示。

1.4.3 继承

继承是面向对象编程(Object-Oriented Programming,OOP)的重要特征,一个类一旦继承了另一个类,就拥有了其基础类的所有可被继承的成员,如基础类的 public、protected 成员。需要注意的是,C#采用了和 Java 一样的继承策略,即一个类只能继承一个父类。

1. 定义

C#中类的继承语法为:

[访问修饰符][类修饰符] class ClassName [:SuperClass]

其中,父类 SuperClass 不能是密封类。

例如:

public class classB:ClassA{类体}

上面代码定义了一个新类 ClassB,它继承自 ClassA,且自动继承基础类中的 pubic 和 protected 成员。这里 ClassA 称为基础类,ClassB 则称为派生类。

C#中类继承的实现要遵守以下原则。

① 如果基类定义了构造函数,则派生类构造函数实现中必须对其进行调用,格式为:

派生类构造函数(形式参数表):base(参数)。

② 如果基类是抽象类,而派生类是可实例化的类,则派生类中必须对基础类中的抽象方法予以实现,且必须是冠以 public override 关键字。

③ 派生类可以对基础类中已有的方法重新编写(称为覆盖),但基础类中的方法必须冠以 virtual 关键字(称为虚函数),派生类的同名方法则必须冠以关键字 override。

④ 派生类覆盖的方法,不能修改基础类同名的方法的访问属性。即如果基础类的方法定义为 public,则派生类中的方法也必须是 public。

⑤ 派生类可以直接调用基础类中继承过来的成员,如果成员被覆盖,则自动调用派生类中的方法,但也可以调用基础类中被覆盖的方法,格式为:

base.方法名(参数列表)。

2. 多态

多态是面向对象程序设计的一个重要特征,它通过高度的抽象规范派生类的行为规范,使得所有派生类的行为保持一致。例如,一组数据 a1,a2,…,an 可以用数组存储,也可以用动态申请内存的方式存储,但不管如何存储,都存在插入、删除、查询等方法,只是程序代码实现的方式不一样。通过抽象这些方法,规定派生类必须按统一的接口方式来实现这些方法,则后续的程序调用中,不管是数组存储还是动态存储,代码都是一样的,极大地简化了程序的实现,这就是多态的目的。

多态是通过继承来实现的。面向对象的程序设计中,允许以基础类定义一个对象,而用派生类的构造方法来生成这个对象,以实现多态,从而达到简化程序设计的目的。

多态的程序设计要遵循以下的原则。

① 基础类中定义抽象的方法,在不同的派生类中实现。

② 用基础类定义对象类型,而用派生类的构造方法实例化。

③ 只能使用基础类中定义的方法,派生类中新增加的方法不能调用,因为它是派生类的特殊成员,不能抽象到基础类中。

下面通过分析猫科动物,用面向对象的程序设计方法,来讨论继承和多态的实现。

首先分析猫科动物的共同特征,达到抽象泛化的目的。猫科动物简单的共同特点是有四肢、都会发出叫声、可以奔跑。有了这些共同的特征,就能定义描述这些共性的一个通用类。很明显,用这样的类来生成一个具体的对象会让人莫名其妙,因为不知道这将生成一个什么样的猫科动物对象,狮子还是老虎?所以,定义这种一般化的类,一般用抽象类,定义如下:

```
public abstract class CatlikeAnimal
{
    public string name;              //动物的名字,可以被继承
    protected string animalClass;    //动物类别,到派生类中去赋予具体的值,可以被继承
    public abstract string cry( );   //抽象方法,等待派生类具体实现
    public CatlikeAnimal( string name )
    {
        this. name = name;
    }
    public string getAnimalClass( )   //可以被继承
    {
        return animalClass;
    }
}
```

上面有两处使用了关键词 abstract,第一个出现在 class 关键词的前面,说明这个类是一个抽象类,抽象类是不能用 new 运算符生成对象的。第二个出现在 cry 方法的前面,表明该方法在该类中没有具体的实现方法,这是因为不同的猫科动物的叫声是不一样的,无法具体化,所以也需要在后续类中具体实现。

另外,上面程序段还有一处使用了 protected 关键字,它是用来保证该变量会被自动继承到该类的派生类中。

定义了 CatlikeAnimal 后,可以通过继承定义具体的派生类,例如猫和狮子,定义如下:

```
public class Cat：CatlikeAnimal    //CatlikeAnimal 继承
{
    public Cat(string name):base(name)    //调用父类的构造函数
    {
        animalClass=" Cat ";    //animalClass 在基础类中定义
    }
    public override string cry()    //覆盖基础类中的方法,override 关键字
    {
        return " miao!!! ";
    }
    public void climbTree()    //派生类中的新方法
    {
        Console.writeln("I am a cat,I can climb a tree");//Console.writeln 表示在
                                                         DOS 窗口中显示字
                                                         符串
    }
}
```

上面 Cat 类的定义中,通过 public class Cat：CatlikeAnimal 语句继承 CatlikeAnimal 类,通过 base(name) 语句调用了父类的构造函数以初始化父类。请对照基础类中的 public abstract string cry() 语句和派生类 Cat 中的 public override string cry() 语句,子类对父类中定义的抽象方法进行了具体的实现,因为现在定义的是 Cat 类,其叫声是可以被具体化的。

同样的道理,可以定义狮子类 Lion 如下：

```
public class Lion：CatlikeAnimal
{
    public Lion(string name)：base(name)    //调用父类的构造函数
    {
        animalClass=" Lion ";
    }
    public override string cry()
    {
        return " Hoo!!! ";                  //狮子的叫声
    }
}
```

在基础类和派生类定义完毕后,可以通过如下的程序代码来阐述多态。多态是指一种事物的多种形态,即一般类猫科动物到具体化时,可以是猫,也可以是狮子,但到底是猫还是狮子,则

要看它是由谁生出来的。

```
public class CatlikeAnimalTest
{
    public static void Main()
    {
        CatlikeAnimal animal1 = new Cat("Miqi");//由猫生成的猫科动物,animal1 是猫
        CatlikeAnimal animal2 = new Lion("MuFaSo"); //animal2 是狮子
        string animal1Desc = animal1.getAnimalClass() + ",Its name is " + animal1.name
            +",Its cry is " + animal1.cry();
        string animal2Desc = animal2.getAnimalClass() + ",Its name is " + animal2.name
            +",Its cry is " + animal2.cry();
        Cat Mimi = new Cat("MiMi");//定义猫
        Mimi.climbTree();   //Mimi 是猫,所以可以爬树,animal1 也是猫,但不能调
                            用 climbTree 方法
    }
}
```

上述程序代码中,通过定义基础类对象而使用派生类构造函数的形式,达到对象多态的目的。animal1Desc 字符串的值为 " Cat,Its name is Miqi,Its cry is miao!!! ",animal2Desc 字符串的值为 " Lion,Its name is MuFaSo,Its cry is Hoo!!! ",正是需要的结果。

注意,基础类中 name 被定义为 public,所以派生类中直接对其进行了调用,如 animal2.name,而 animalClass 定义为 protected,所以通过继承自基础类中定义的 getAnimalClass() 方法实现访问。另外,Cat 类中又新定义了一个 climbTree() 方法。即后续的派生类中,可以有自己的特征,但通过泛化的形式调用的话,就不能使用子类的 climbTree 方法,即上述程序段中,不能通过 animal1 对象来调用 climbTree() 方法。

3. 超类 Object

C#中所有的类,包括用户自己定义的类(即使没有父类),都默认派生自 Object 类。按多态的理论,可以将任何一个对象赋给 Object 类的对象,然后根据需要再转化成原来的对象类型,这在定义方法接口时非常有用。将一个对象赋给 Object 对象的过程称为"装箱",而将 Object 对象再转换为原来对象的过程称为"拆箱"。为了增加程序的适应性,C#很多数据结构都是用了 Object 超类作为形式参数。"装箱"和"拆箱"要求程序设计者能牢记"装在箱子里的东西"到底是什么类型。

下面以 C#实用类 ArrayList 及借用前面定义的动物类来举例说明。

ArrayList 类的 Add 方法定义为:public void Add(Object o);而其取出一个元素则以数组形式[]来进行,例如,定义 al 是 ArrayList 的一个对象,则 al[0]取出的是第一个元素,其类型是 Object。

```
public class CatlikeAnimalTest
{
    public static void main()
    {
        CatlikeAnimal animal2 = new Lion("MuFaSo");    //狮子
        Cat    Mimi = new Cat("MiMi");                 //定义猫
        ArrayList al = new ArrayList();
        al.Add(animal1);                                //装箱操作
        al.Add(Mimi);                                   //装箱操作
        CatlikeAnimal animal = (CatlikeAnimal)al[0]
        //拆箱,程序员知道前面装入箱子里的是 CatlikeAnimal
        //al[0]返回的是 Object 类型,强制转换为目标类型
        Cat cat = (Cat)al[1]    //拆箱,前面装入箱子里的第二个对象是 Cat
    }
}
```

上面例子中,把 anaimal1 和 Mimi 两个对象都放进 al 中,它们都被装箱变成了 Object 对象,但编程者知道,al 的第一个元素 al[0]是 CatlikeAnimal 类对象装箱的结果,而第二个元素 al[2],是 Cat 类对象装箱形成的。因此在将其取出后,要进行相应类型的转换,才能进行相应的操作。

1.4.4 文本文件读写

实际科学工作中产生的数据,如建筑物、桥梁的钢结构力学计算,各种钢材测量数据,环境监测中的污染物质仪器测量数据,都以文件的方式存储。这些数据在进行科研计算时,都需要从磁盘中读入内存然后进行计算。因此,学会文件读写操作有重要的实际意义。下面以读写一个文本文件为例,简单讲解 C#中文件的读写操作步骤。

1. 读文本文件

文本文件读操作,由以下步骤组成。
① 根据给定的文件形成数据流:StreamReader sr = new StreamReader(path)。
② 判断读文件是否结束:while (sr.Peek() > 0)。
③ 读文件:line = sr.ReadLine();。
④ 关闭文件:sr.Close();。

设有一个文本文件,存储在 D:\data.txt 位置。其格式为:每行有相同个数的整数,同一行的整数间以空格作间隔,示例如下:
1 2 3 4 5 6 7
3 0 9 1 3 1 9
设想将上述文件中的每一行,根据数据的个数,形成一个动态数组返回,则可用如下的程序段实现:(请在编写该类时,引用 Sysem.IO 名字空间,即 using System.IO;)

```
public class FileReadWrite
{
    private static int[] splitLineToData(string line, char[] delimiters)  //静态方法,将一行分割成数据
    {
        string[] unit = line.Split(delimiters);     //用 delimiters 将一行分割成一个字符串数组
        int[] data = new int[unit.Length];          //将来形成的整数存储在数组 data 里
        for (int i = 0; i < data.Length; i++)
        {
            data[i] = int.Parse(unit[i]);           //将每个字符串转换为整数
        }
        return data;
    }
    public static int[,] readData(string path)
    //静态方法根据给定的文件 path,将数据文件形成一个二维数组
    {
        char[] delimiters = new char[] {" "};       //D:\data.txt 文件里,分隔符为空格
        StreamReader sr = new StreamReader(path);   //将提供的路径和文件名,生成数据流
        ArrayList alData = new ArrayList();         //所有的数据被存储在 alData 线性表中
        try
        {
            while (sr.Peek() > 0)                   //没有到文件结束
            {
                string line = sr.ReadLine();        //从流中读一行
                int[] data = splitLineToData(line, delimiters);  //调用前面定义的方法
                //按分隔符将行中的数字分割,形成整数数组
                alData.Add(data);                   //将得到的一行数据,增加到 alDada 表中
```

```
        }
        catch(Exception e)
        {
            MessageBox.Show(e.Message);
        }
        finally
        {
            sr.Close();         //关闭数据流
        }
        if (alData.Count = = 0)  //如果一行数据也没读到
            return null;
        else
        {
            int[] temp = (int[])alData[0];  //读取到的第一行数据
            int[,] data = new int[alData.Count, temp.Length];  //确定最终的数组行数和
                                                                 列数
            for (int i = 0; i < alData.Count; i++)
            {
                temp = (int[])alData[i];    //取原来的保存的第 i 行数据
                for (int j = 0; j<temp.Length; j++)
                {
                    data[i,j] = temp[j];     //保存得到的数据进数组中
                }
            }
            return data;        //返回得到的数组
        }
    }
```

有了上面的 FileReadWrite 类后,在调用函数里,可以用下面的代码,读取文本文件里的内容:

```
        int[,] data = FileReadWrite.readData("D:\\data.txt");   //获得数据
```

总之,文本文件的读操作,与文本文件的格式有密切的关系。一般情况下,需要针对特有的文本文件格式进行特定的编程。

2. 写文本文件

与读文件相反,程序经常需要写文件,例如,将科研计算得到的结果保存到磁盘文件中。文本文件的写操作遵循以下步骤。

① 创建文本文件,形成数据流,如果是创建新文件,则用 using(StreamWriter sw = File. CreateText(destPath),如果是向现有文件里追加,则用 using(StreamWriter sw = File. AppendText(destPath)。

② 向文件中写数据:sw. Write。

③ 关闭文件:sw. Close()。

下面以写文本文件为例,介绍文件的写操作。

为写而打开文件有两种方式,一种是追加,即原来文件里的内容不变,在尾部继续写数据;另一种是创建新文件再写,C#中用两个方法来实现这些任务。

为追加数据而打开文件,采用 AppendText() 方法:

    using(StreamWriter sw = File. AppendText(destPath))
    {
    }

覆盖或创建新文件,采用 CreateText 方法:

    using(StreamWriter sw = File. CreateText(destPath))
    {
    }

CreateText(path) 方法,首先检查字符串 path 代表的磁盘文件,如果不存在,则创建之,如果存在,再将文件里的内容全部删除。

假设现在有一个二维整数数组 data[,],需要将其写到一个磁盘文件中,要求磁盘文件的格式为:数组的一行,写到文本文件的一行中,一行中的数字间以 Tab 键间隔,则可以用如下的代码实现(仍然作为前一节中 FileReadWrite 类的方法):

```
public static void writeData(int[,] data, string path)   //给定二维数组,将其数据写入
                                                          path 指定的文件
{
    using(StreamWriter sw = File.CreateText(path))   //创建 path 代表的磁盘文件
    {
        for(int i = 0; i<data.GetLength(0); i++)   //取二维数组的行数
        {
            for(int j = 0; j<data.GetLength(1); j++)   //取二维数组的列
            {
                sw.Write(data[i,j] + "\t");   //写一个数据后,后面跟\t
            }
            sw.WriteLine();   //一行写完毕后,换行
        }
```

```
        sw.Close();
    }
}
```

在准备好了一个二维数组 data 后,调用上面的方法将数据写进一个磁盘文件的代码如下:
    FileReadWrite.writeData(data,"D:\\mydata.txt");

上面语句中,设 data 是一个二维数组,该语句将数组中的数据,写到了 D 盘的 mydata.txt 文件中。

1.5 程序调试

编写程序,不可避免地会遇到错误,初涉编程者往往对程序中出现的错误感到迷茫。其实这只是个过程,遇到错误时,只要用心去理解,就很容易掌握,毕竟错误的种类有限。而且,C#.NET 的 IDE 提供了良好的错误预报能力和强大的调试手段,为程序员调试排错带来了极大的方便。

1.5.1 错误类型

计算机程序设计语言的错误可以分为三大类:语法错误、逻辑错误和运行时错误。

1. 语法错误

语法错误是写程序时遇到的最多的错误。书写程序时不小心漏掉";"、变量名字写错、关键字写错、大括号不成对匹配、表达式类型不匹配等,都会造成语法错误。在程序员输入程序代码时,C#会自动检查一些明显的错误,在错误出现的地方,以红色波浪号显示。也有一些语法错,需要编译时才能查找出来。当编译程序找到错误时,会报告错误原因并在错误列表中罗列错误所在行,用鼠标双击,就可以将光标跳到指定的位置,如图 1.5.1 所示。程序编译时发现 label2 不存在,也就是程序中没有定义该变量对象。实际上,该对象的名字为 label1,程序员只要把 label2 修改成 label1 就可以了。

2. 逻辑错

程序可以编译通过且可以正常运行,但运行结果不对,这种错误被称为逻辑错。造成这种错误的原因也多种多样。问题分析思路不正确、书写程序时疏忽是造成该类错误的主要原因。例如,表达式中应该用变量 A,却写成了变量 B,应该用"*"却用了"/",等等。由于编译程序无法

1.5 程序调试   45

图 1.5.1　编译程序找到的错误列表

判断用户程序逻辑正确与否,所以不会给予错误提示,这类错误较难排除。实际中,这类错误可以通过程序跟踪、检查变量过程中值的变化、仔细阅读思考程序等手段来排除。

3. 运行时错误

运行时错误是指程序运行过程中,执行了非法操作而造成的错误,如数据类型不匹配、数组下标越界、读不存在的文件、或文件格式不匹配等。遇到这种错误时程序会自动中断,并给出有关的错误信息。

如图 1.4.1 所示对话框,为保证程序的正常运行,圆的半径必须输入数字,但如果用户由于输入法的原因,不小心输入了"2。1",程序就会出现错误。

1.5.2　程序的跟踪调试

C#开发环境提供了强大的调试跟踪功能,为应用程序的跟踪调试提供了极大的方便,它主要通过设置断点和逐句执行程序、跟踪变量的值等手段帮助程序员快速地解决问题。

1. 设置断点和逐句执行

要设置程序中的断点,首先要找到程序中有逻辑错误的一段代码(不能执行得到正确结果或运行时出错的地方),在这段代码的起始行位置的左侧单击,所选行会变成紫红色,如图 1.5.2 所示。程序执行时,遇到断点位置会停止执行,等待用户的指令,这时可以按 F10 键、F11 键或单击工具栏上的"运行"按钮▶继续执行程序。

C#中调试跟踪程序,需要注意以下细节技巧。

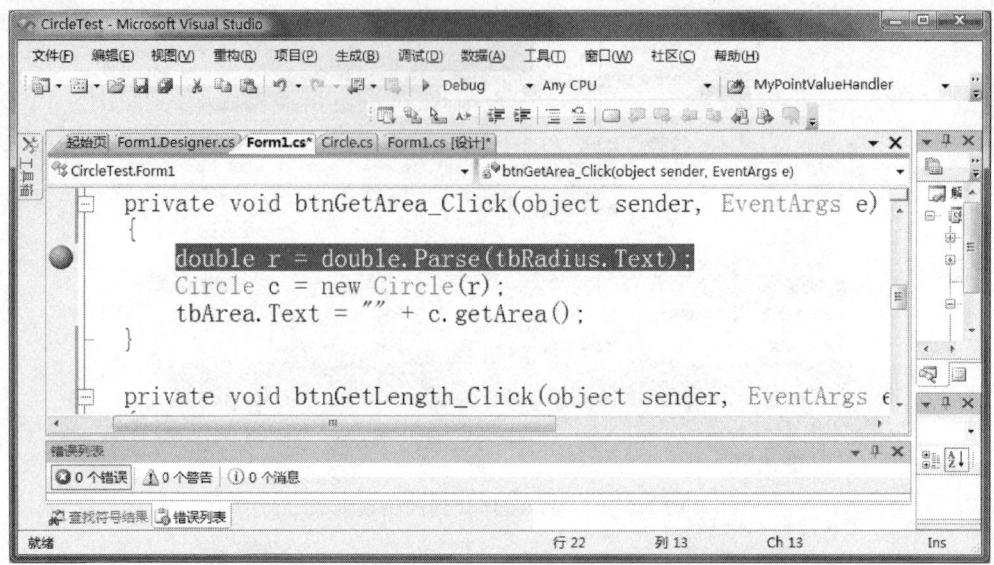

图 1.5.2　设置断点

① 程序中可以设置多个断点,如果认为两个断点之间的语句都是正确的,可以通过单击工具栏上的"运行"按钮▶一次将断点间的语句执行完毕,光标停留在第二个断点处。

② 遇到断点后,可以按 F11 键逐条语句地执行程序。

③ 由于程序语句组成中可能会出现调用对象的方法(函数),而方法是由一组语句组成的,如果这时继续按 F11 键,则将进入方法体。如果确保方法是正确的,这样的跟踪将是很烦琐且浪费时间的。在这样的情况下,可以按 F10 键,将方法一步执行完毕。

④ 要去掉一个断点时,在断点的左边空白栏的圆点上再次单击即可。

2. 跟踪变量的值

有多种方法跟踪程序调试时变量的值。

① 用鼠标直接指向想查看的对象或变量,在弹出的内容中,通过展开目录树的形式,查看具体的内容,如图 1.5.3 所示。

② 通过局部变量窗口:程序处于调试状态时,通过选择"调试"→"窗口"→"局部变量"命令打开该窗口,窗口中会罗列当前每个局部变量的取值,如图 1.5.3 所示。

③ 通过输出窗口:程序处于调试状态时,通过选择"调试"→"窗口"→"输出"命令打开该窗口,用户想查看任何变量的值,只需要用"? 变量名"语句即可查看。

下面以例 1.3 中 Circle 类的应用程序为例,简单的介绍程序跟踪调试的过程。

在设计界面(Form1)上双击"求面积"按钮,进入代码区,在代码区最左边的空白列上,找到想跟踪代码的起始语句(必须是可执行语句)并单击,所选行会变成紫红色,如图 1.5.2 所示。

1.5 程序调试

现在把断点定义好了,启动程序,输入圆的半径后,单击"求面积",程序会停留在跟踪行上。

接下来,请记住 F10 键和 F11 键,F10 将一次使当前行的代码执行完毕,即使该行是调用函数也一次执行完毕。而 F11 则针对具体情况而定,如果当前行是一个简单的语句,则 F11 也是执行完当前行,如果是一个函数,则进入函数体,再一次一行的执行函数体里的语句,所以实际跟踪过程中,可以轮流使用 F10 键来或 F11 键来跟踪程序。

按 F10 键 2 次,当 tbArea…行变成黄色后,将鼠标停留在 c 对象上,系统弹出 c 对象的具体内容,用鼠标展开对象,可以看到对象的各属性值,如果输入圆的半径为 3,则可以看到如图 1.5.3 所示的窗口。

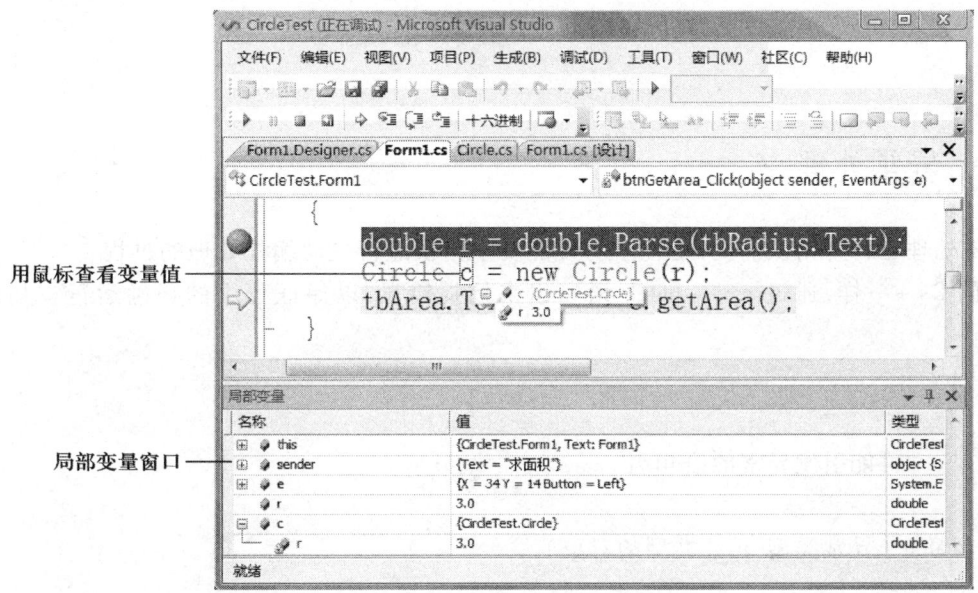

图 1.5.3 查看变量的具体值

程序的调试跟踪在程序出现错误时,特别是逻辑错误和运行时错误时,非常有效。当跟踪完毕后,可以通过选择"调试"→"停止调试"命令来结束调试工作。

可通过下面的跟踪过程比较 F10 键和 F11 键的区别。

先结束程序的调试,然后再次运行程序,输入圆的半径后,进入断点,按 F10 键,在程序执行到"Circle c = new Circle(r)"一行时,按 F11 键,进入如图 1.5.4 所示的窗口,可以看到现在程序的跟踪进入了对类 Circle 的定义,开始执行 Circle 的构造函数,此时可以继续按 F11 键逐句执行程序。

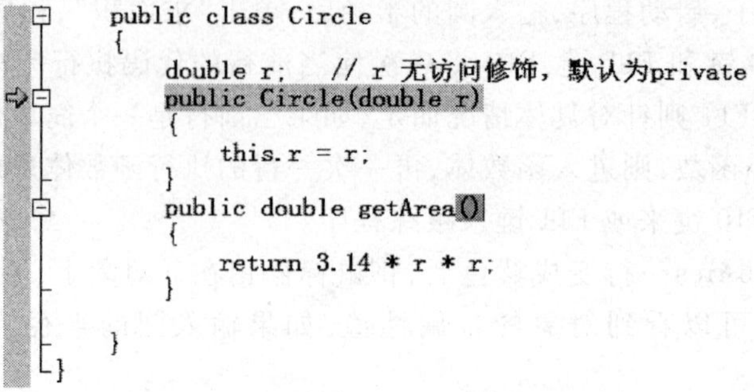

```
public class Circle
{
    double r;    // r 无访问修饰,默认为private
    public Circle(double r)
    {
        this.r = r;
    }
    public double getArea()
    {
        return 3.14 * r * r;
    }
}
```

图 1.5.4　按 F11 键跟踪进入函数体

1.5.3　异常处理

异常处理也称为错误捕捉,是程序对可能发生错误进行主动编程处理的过程。

C#同 C++一样,通过 try...catch 语句组来捕捉错误,以保证程序的正确运行。其语法格式为:

```
try
{
    可能引发异常的语句组
}
catch(异常类型 异常类型的对象)
{
    处理异常的语句组
}
[
finally
{
    善后处理
}
]
```

try...catch 的执行逻辑是:先执行 try{ }程序块中的代码,在遇到第一个出错语句时就转移到 catch{ }程序块中,这就导致 try{ }块中出错语句后面的代码全部被跳过,如果被跳过的语句中有关键代码,例如有关资源的回收代码,就会造成后续程序执行的障碍,这种情况将交给 finally 块来处理。进入 catch 块后,错误自动被保存到 catch 后面的( )中的"异常类型的对象"中,在

catch 后面的{}中处理语句中,可以向操作者通报错误原因。异常的类型很多,都继承自 Exception 类,在程序员明确异常产生的原因时,可以指定异常类,如"catch(IOException ex)",将输入输出异常捕捉到 ex 对象中。通常可以用超类 Exception 类,如"catch(Exceptio ex)"。

finally 的意思是,不管 try...catch 的执行结果如何,finally 块中的代码都必须被执行,所以可以用 finally 来解决资源的回收问题,如文件的关闭、数据库联接的关闭等。

考虑前面对 Circle 调用的程序界面,在输入圆的半径时,如果用户输入的不是数字,无法将输入转换成 double 类型的值,因此,这段代码是容易出现运行时错误的地方。

为此,将程序作如下简单的修改,将其放进 try...catch 块中(请与前面的程序段比较)。

```
private void btnGetArea _Click (object sender, EventArgs e)
{
    try
    {
        double r = Double.Parse(textBox1.Text);  //将输入的字符串转换为实数,获取
                                                  半径数据
        Circle circle = new Circle(r);    //生成圆对象
        textBox2.Text = " " + circle.getArea();  //获得圆的面积,将其转化为字符串
                                                  显示
    }
    catch (Exception err)
    {
        MessageBox.Show(err.Message, "Error", MessageBoxButtons.OK, MessageBoxIcon.Error);
    }
}
```

上面程序段中,将最容易出错的语句"double r = Double.Parse(textBox1.Text)"放到 try 语句中,如果用户输入正确,程序能正常的转换,则程序会正常运行,如果用户输入错误,则程序逻辑会转移到 catch 块中。其中 Exception 类是系统定义的程序运行异常的超类,除非特别需要,用户可以定义自己的异常类,一般情况下,用户直接使用该类就可以。程序发生的错误信息被保存在 err.Message 中。

通过以上的修改,再执行该程序,在半径输入框位置,输入"abcd",然后单击"求面积"按钮,会弹出如图 1.5.5 所示的窗口。这个窗口,是用 MessageBox.Show 方法生成的,说明 catch 语句捕捉到了异常。通过这样的处理,程序仍然不会崩溃,操作者可以重新输入圆的半径进行计算。

图 1.5.5 圆半径输入"abcd"后捕捉到的异常

思 考 题

1. 类和对象有什么区别？理解在 C#中生成对象和调用对象成员的语法。
2. 类访问修饰符 public、protected、private 之间有什么区别？
3. 类修饰 abstract、static、sealed 的作用是什么？
4. 类成员访问修饰符的作用是什么？public、private、protected 三者间的区别是什么？
5. 类成员修饰符 abstract、static、virtual 和 override 的作用分别是什么？
6. 对象的实例成员和静态成员有什么区别？调用的语法有什么不同？
7. C#类继承有什么限制？语法格式是什么？
8. 对象多态的语法有什么特点？
9. out 和 ref 关键字各有什么作用？其对应的实际参数各有什么要求？
10. 编写程序实现类 Circle，并用 F10 键、F11 键、F5 键来跟踪调试。

数据结构

第 2 章

计算机应用已经渗入到各个领域,几乎所有企业都有自己的管理信息系统,它强调的是如何为辅助决策而实现快速的查询和统计。为了提高查询统计的效率,数据的组织就变得尤为重要。因此,讨论数据元素之间的逻辑关系、数据元素在计算机中的存储方式以及在数据元素集合上能够进行的运算,是研究数据结构的基础。本章首先介绍数据结构的有关概念,然后重点讨论线性结构、二叉树和图这3类数据结构,介绍数据结构中两种重要的运算——查找和排序,最后介绍.NET开发环境里提供的常用数据结构——线性表 ArrayList 和稀疏表 Hashtable。

2.1 数据结构概述

在计算机发明的初期,计算机主要用于处理数值问题,解决人们用手工难于胜任的数值计算,所涉及的操作对象比较简单。随着计算机应用领域的扩大和深入,解决非数值问题越来越引起人们的关注。此类问题所涉及的数据也更复杂,数据元素之间的关系已不能用数学方程式来描述,计算机应用的发展逐步变成对数据进行非数值的加工处理为主,其特点是数据量大,但计算量可能很小。

例如,一个人大学毕业多年后返回母校查询当年的成绩、网上购买图书而对图书进行的出版社、作者、书名的检索等,都要进行大量的比对工作。可以想象,如果数据排放是杂乱无章的,检索工作效率会非常低。因此,计算机完成这类工作的效率和被处理数据的组织形式有密切的关系,这就是需要研究数据结构的原因。

学习数据结构既为进一步学习其他软件课程提供必备的准备知识,又能理清数据内在关系,这有助于提高软件设计和程序编写的水平。

2.1.1 数据结构的概念

随着越来越多的非数值型数据需要处理,计算机中数据的概念被扩大了。抽象地说,数据是一些可以被计算机接收和处理的描述客观事物的符号。这些符号可以是数字、字符、图形、声音。计算机按照需要对这些数据进行存储、加工和输出。

数据是一个集合的概念,如整数、实数、字符串、声音、图像都是数据。一组数据中的每个个体称为数据元素(Data Element),它是数据的基本单位。在某些情况下,数据元素也称记录(Record)。一个数据元素可以由若干数据项(Data Item)组成。例如,在一个班级中,一个学生是一个数据元素,其姓名、性别、生日、所在院系等就是数据项,这些数据项是数据的最小的完整单位。

一般情况下,一组数据元素具有某种结构形式,它是指数据元素之间的关系。例如,同一个年级同一个专业的同学组成一个班级,同学在名单表的次序是按学号顺序排列,这就是元素之间的一种关系。

数据元素彼此间一般都存在一些逻辑上的关系,这种关系需要在对数据进行存储和加工时反映出来。因此,数据结构包括3个方面的内容。

① 数据元素之间的逻辑关系,也称逻辑结构。
② 数据元素在计算机中的存储方式,也称为物理结构。

③ 在这些数据元素上定义的运算集合。

2.1.2 数据的逻辑结构

数据的逻辑结构有时也直接称为数据结构,它反映的是数据元素之间的逻辑关系,而不管其在计算机中的存储方式,也就是说它是独立于计算机的。

这就如同大学里的一门公共课程,任课教师关心的是按学号排序的学生名单,而并不关心这些学生在教室里具体座在哪个座位上。

根据数据元素的逻辑关系,数据的逻辑结构有两种基本类型。

1. 线性结构

数据元素之间的逻辑关系可以用一个线性序列简单地表示出来,就称之为线性结构。线性表是典型的线性结构,它的数据元素只按先后次序连接。

2. 非线性结构

如果数据元素之间的逻辑关系不能用线性表达则称为非线性结构。树、图等都是非线性结构,树中的数据元素是分层次的纵向连接,而图中的数据元素则有各种各样的复杂连接。

2.1.3 数据的物理结构

将一组数据采用能表达其数据逻辑结构关系的存储方式,存储到计算机的内存中,这种存储方式就称为数据的物理结构(又称为存储结构)。

为了表示一个逻辑结构,数据的存储应考虑数据元素自身和数据元素之间的关系两个方面。因此,数据的物理结构,按其节点各域的性质可以分为两大类:一类是存放自身值的域;另一类是存放该节点与其他节点的关系的域。

实现数据逻辑结构的计算机存储有多种不同的方式,最常用的两种方式是顺序存储结构和链式存储结构。

1. 顺序存储结构

数组的每个元素在计算机内存中是顺序存储的,因此,如果用数组来存储一组数据的逻辑结构,就可以实现将数据元素依次存放在计算机存储器的连续存储单元中,元素之间的关系由数组元素的邻接关系来体现,通过数组的下标 i,就可以访问数据元素 i。由于数组元素之间的连续性,所以顺序存储结构非常适合于存储线性数据结构。

顺序存储结构的主要特点是:

① 节点(每个数组元素)中只有自身信息域,没有连接信息域。因此存储密度大,存储空间

利用率高。

② 通过数组下标 i，即可以对第 i 个数据元素进行随机存取。

③ 插入、删除运算会引起大量元素的移动。

④ 要求存储在一片地址连续的存储单元中。

顺序存储方式主要用于线性结构。当然，某些非线性结构也可以采用这种方式存储，但复杂度可能反而增加，故使用较少，例如用顺序方式存储二叉树就很不直观。

图 2.1.1 所示以学生名单表为例，说明了线性表的顺序存储结构中逻辑结构和物理结构的关系。可以发现，逻辑上相邻的元素，在物理存储中也是相邻的。

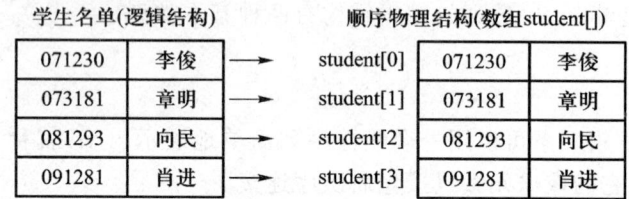

图 2.1.1 顺序存储线性表，逻辑结构和物理结构的关系

2. 链式存储结构

在链式存储结构中，每个节点由数据域和指针域两部分组成。数据域存放元素本身的数据，而指针域存放与其相邻的元素的地址。

线性链式存储结构如图 2.1.2 所示。

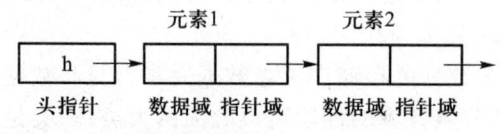

图 2.1.2 线性结构的链式存储结构示意

采用这种存储结构，可以把逻辑上相邻的两个元素存放在物理上不相邻的存储单元。链式存储结构的主要特点有如下。

① 节点除数据元素信息外，还有表示连接信息的指针域，因此存储的密度小。

② 逻辑上相邻的节点在物理上不必邻接，可方便用于线性表、树、图等多种逻辑结构的表示。

③ 插入、删除运算灵活方便，只需改变对应的指针域值即可。

④ 程序实现复杂度较高，除了要管理数据元素，还要管理元素之间的关系。

虽然链式存储程序实现的复杂度较高，但有些数据结构，如二叉树，非常适合链式存储。

图 2.1.3 所示以学生名单为例,说明了链式存储结构中逻辑结构和物理结构的关系,在逻辑结构中,李俊排列在第一位,但在内存中,他被保存在"216a73"为首地址的内存单元中;"章明"在逻辑结构中,排在第二位,但却被存放在内存首地址为"212a23",即地址更小的存储单元中。"李俊"和"章明"对应的两个存储单元,通过一个指针域连接起来。从图中可以理解,逻辑中相邻的元素,物理结构中并不一定相邻。

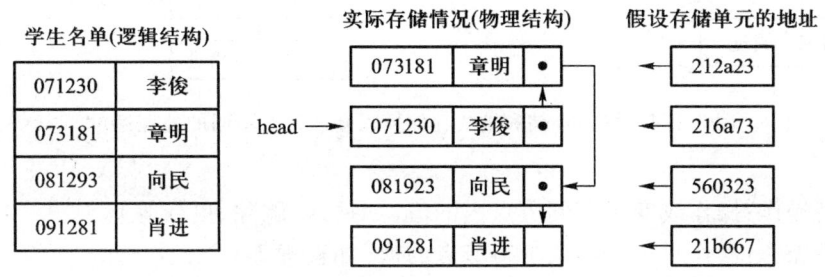

图 2.1.3 链式存储方式中逻辑结构和物理结构的关系

从顺序存储结构和链式存储结构的描述中可以总结出:物理结构是逻辑结构的存储方式,无论采用何种物理结构,最终都是以表达逻辑结构的关系为目的。顺序存储结构通过访问数组每个元素表达逻辑关系,而链式存储结构通过节点的连接关系表达数据的逻辑结构,即从表头开始,依次访问每个节点,就能得到数据的逻辑结构。

2.1.4 数据结构的运算

数据结构的运算是指对数据结构中的元素进行操作处理。常用的运算有以下几种:
① 插入:在数据结构的指定位置插入新的数据元素。
② 删除:根据一定的条件,将某个元素从数据结构中删除。
③ 更新:更新数据结构中某个指定元素的值。
④ 检索:在给定的数据结构中,找出满足一定条件的节点。
⑤ 排序:根据给定的条件,将数据结构中的所有元素重新排列顺序。

数据结构的运算算法与逻辑结构和物理结构都有关系。考虑一门课程结束,任课教师计算成绩时,从学生名单表(逻辑结构)可以决定当前计算哪个学生的成绩,而从数据存储的位置(物理结构)取得计算所用的数据。如果采用顺序存储,直接访问数组元素即可;如果采用链式存储,算法实现就需要访问链表的每个节点。因此,程序的复杂程度是有区别的。

图 2.1.4 示意了插入算法实现时,采用顺序存储和链式存储时处理逻辑的不同。采用顺序存储时,插入一个新学生,会导致大量节点的向后移动。而采用链式存储方式时,只需要修改相应节点的指针。类似的操作在删除节点时也会发生。

从操作的特性来看,数据结构的运算操作可以分为两类:

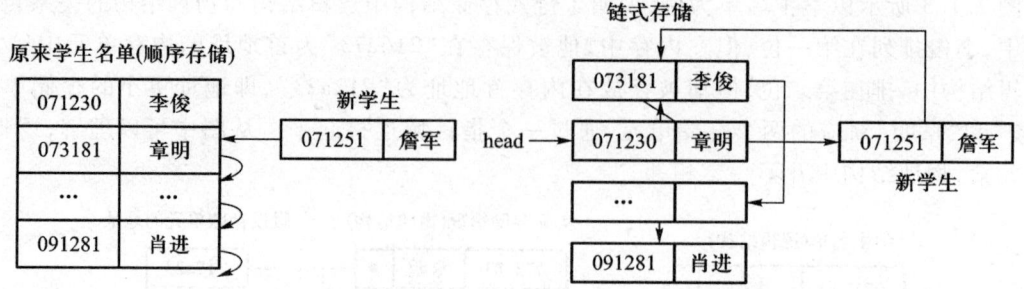

图 2.1.4　顺序存储和链式存储插入新元素时不同的处理逻辑

① 加工型操作：操作改变了存储节点内的值（如插入、删除、更新等）。
② 引用型操作：操作只是查询或求得节点的值（如检索等）。

2.2 线性表

线性表是最简单也是最基本的一种数据结构，之所以把它称之为线性表，是因为这种结构中数据元素之间在逻辑上有着线性关系。

2.2.1 线性表基本概念

线性表是指表中的每个元素，除第一个元素外都有一个前趋（Predecessor），同时，除了最后一个元素外都有一个后继（Successor）。对表中数据元素 a_i 来说，排在它前面的一定是 a_{i-1}，称为其前趋。排在它后面的一定是 a_{i+1}，称为它的后继。按上面的规则由数据元素组成的一个有穷序列称为一个线性表。

1. 线性表的逻辑结构

线性表 L 用符号表示为：$L=(a_1,a_2,\cdots,a_{i-1},a_i,a_{i+1},\cdots,a_n)$

其中，a_i 表示 L 中第 i 个数据元素，n 为表中元素的个数，定义为表的当前长度。当 $n=0$ 时，表示线性表为空，用（ ）表示。

线性表元素间的逻辑关系很简单，a_{i-1} 和 a_i 给出了元素的一种先后的次序，即 a_{i-1} 在 a_i 之前。a_1 称为表的起始节点，a_n 称为终端节点。

2. 线性表的存储结构

线性表的存储结构有两种,即顺序存储结构和链式存储结构。

(1) 顺序存储结构

采用顺序存储结构的线性表称为顺序表,即用一维数组存储线性表。这样,数组元素之间的相邻关系就反映了数据元素之间逻辑上的线性关系。当线性表采用顺序存储结构时,存取操作比较容易实现。

(2) 链式存储结构

采用链式存储结构的线性表称为链表。链表是用一组任意的存储单元来存储线性表中的数据,这组存储单元可以是连续的,也可以是不连续的。在链式存储结构中,数据元素在内存中的映像称为节点。它由数据域和指针域两部分组成,数据域中存储数据元素,指针域存储数据元素之间的逻辑关系。常用的链表有单向链表、循环链表和双向链表。

3. 线性表的基本运算

线性表的常用运算有插入、删除、取值、检索和排序等。还可以对线性表进行一些更为复杂的操作,例如:将两个或两个以上的具有相同性质数据元素的线性表合并成一个线性表,将一个线性表拆分为若干个线性表;复制一个线性表等。这些较为复杂的操作都可以利用上述的几种常用运算方法来实现。在具体实现过程中所采用的算法依赖于线性表所采用的存储结构。

2.2.2 顺序表

1. 顺序表类分析及定义

顺序表中的元素通过一维数组来存储,数组的大小决定了顺序表中最多可以存放元素的数量,即顺序表的容量。顺序表要记录当前表中元素的数量。因此,可以抽象出一个顺序表有以下 3 个属性。

① 存储数据元素集合的数组 data。
② 当前表中数据元素的个数 length。
③ 能容纳的最大的数据元素个数 volume。

顺序表的常用运算方法主要包括:

① 插入:在一个已排序好的顺序表中插入一个新元素,插入后顺序表仍然有序。
② 追加:在顺序表的最后增加一个新元素。
③ 删除:将线性表中给定位置的元素删除,或将特定值的元素删除。
④ 取值:取出给定位置的元素的值。
⑤ 检索:给定一个关键值,从线性表中查询其所在位置。

⑥ 更新:将给定位置的关键字值用新的值替换。
⑦ 排序:按某个数据项的值对顺序表进行由大到小或由小到大的排序。
⑧ 取有效元素个数:获得线性表的有效长度。

例 2.1 数据元素定义实例。

后续章节中将以学生成绩表为例来讲解线性表。假设学期末学生参加了数学、外语、计算机 3 门功课的考试,需要计算每门课的平均成绩、每个学生 3 门课的总成绩,并实现按学号、总成绩排序等功能。

为此,先定义表中数据元素,即一个关于学生成绩的类如下:

```
public class Student
{
    public String no, name;
    public int math, english, computer, total;    // total 为 3 门课总成绩
    public Student( String no, String name, int math, int english, int computer )
    {
        this. no = no;
        this. name = name;
        this. math = math;
        this. english = english;
        this. computer = computer;
        total = math + english + computer;    //计算得到总成绩
    }
}
```

类定义中,所有属性都采用了 public 访问方式,这样仅把学生类当做一个数据类,使接下来的线性表的程序实现较为容易。

例 2.2 顺序表类属性及方法接口定义。

通过上面对顺序表类的分析,在例 2.1 定义的学生类的基础上,按 C#定义类的语法,可以设计如下的 ArrayList 类,为后续的具体编码的实现打下基础。

```
public class ArrayList
{
    Student [ ] data;          // 把每个学生当做线性表的一个元素,组成线性表的数据
    int volume;                // 线性表能容纳的总元素个数
    int length;                // 线性表当前的元素的个数
    public ArrayList( int n )  //构造方法,定义最多可以容纳 n 个元素的顺序表
    {代码实现 }
    public bool insert( Student  newStudent )   //顺序插入数据 newStudent
```

{代码实现}
public bool delete(Student newStudent)　　//删除指定的学生,成功返回true
{代码实现}
public Student getValue(int index)　　//获取index位置的元素的值
{代码实现}
public int search(Student keyStudent)　　//查找keyStudent的位置并返回
{代码实现}
public bool update(int index,Student newStudent)
//用值newStudent替换index位置元素的值,成功返回true
{代码实现}
public void sort()　　　　　　　　　　// 按学号从小到大的顺序排列线性表
{代码实现}
public bool append(Student newStudent)　　// 将newStudent作为新元素添加到表的最后
{代码实现}
public int getLength()　　　　　　　　// 获取顺序表的有效长度
{代码实现}
public Student getMax()　　　　　　　　//获取表中的最大值
{代码实现}
}

上面的代码中,所有的方法只做了形式上的定义,没有具体的代码实现,这些代码会在后续具体任务实现时提供。

2. 顺序表类的实现

下面通过一个具体的例子说明实现顺序表的部分方法,并希望通过该例子使读者进一步体会C#应用程序的开发过程。

例2.3 设计一个程序界面如图2.2.1所示,该程序实现线性表的表尾添加数据元素、删除指定学生、求表中学生最高总成绩、输出所有元素以及对表中元素进行排序等功能。此处,每个元素就是一个学生,假设线性表的容量为200。界面中各按钮实现的任务如下:

① "追加"按钮:将输入的新学生添加到顺序表的末尾。
② "输出"按钮:将顺序表中的全部元素在"数据列表"后面的富文本框中逐行列出。
③ "排序"按钮:将顺序表中的元素由小到大排序(按学号)。
④ "查找"按钮:将表中总分最高的元素在"最高分"后的文本框中输出。
⑤ "删除"按钮:删除表中值与"学号"后面文本框中的数据相匹配的元素。
⑥ "从文件读"按钮:从事先准备好的文件中,读取数据形成顺序表。

(1) 分析

如图 2.2.1 所示，程序通过界面采集的信息操作顺序表，并通过顺序表中相应的方法实现对应的逻辑。整个程序除了定义应用程序的主窗体类外，还需要定义一个顺序表类。根据主窗体界面功能，可以得知本例要求实现顺序表构造方法、添加元素、删除元素、搜索、求最高分、排序、表遍历、输出表中元素等功能，所以本例可按如下 4 步实现：

① 设计主窗体界面。
② 设计学生类（表的元素）。
③ 设计顺序表类，实现相应的方法。
④ 通过调用顺序表类的相应方法，实现主窗体相关对象的相应事件。

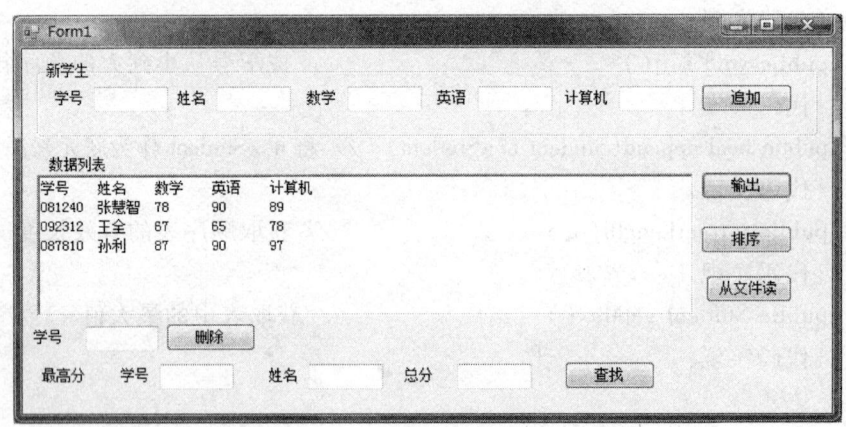

图 2.2.1　顺序表设计界面

（2）界面设计

建立一个 C# Windows 工程，命名为 ArrayListTest，如图 2.2.1 所示，在主窗体界面中需要放置如表 2.2.1 所示的控件并进行相应的属性设置。

表 2.2.1　控件属性设置

控件类别	Name 属性	Text 属性	意义
TextBox	tbNo	清空	学号输入
TextBox	tbName	清空	姓名输入
TextBox	tbMath	清空	数学成绩输入
TextBox	tbEnglish	清空	英语成绩输入
TextBox	tbComputer	清空	计算机成绩输入
Button	btnAppend	追加	追加按钮
RichTextBox	rtbScoreList	清空	成绩列表

续表

控件类别	Name 属性	Text 属性	意义
Button	btnPrint All	输出	输出学生的成绩
Button	btnSort	排序	按成绩从小到大排序
TextBox	tbNoDelete	清空	删除学号
Button	btnDelete	删除	删除按钮
Button	btnSearch	查找	查询按钮
Button	btnReadFile	从文件读	读文件按钮
TextBox	tbNoSearch	清空	查询得到的学号
TextBox	tbNameSearch	清空	查询得到的姓名
TextBox	tbTotal	清空	查询得到的总分

图 2.2.1 中所示的所有起提示作用的 Label 控件,因为在程序的代码实现中都不会引用,所以表 2.2.1 中都没有提供描述,读者可以按图自行添加。

(3) 设计学生类

选择"项目"→"添加类"命令,在"名称"框中输入"Student.cs",代码见例 2.1。

(4) 设计顺序表类

选择"项目"→"添加类"命令,在"名称"框中输入"ArrayList.cs",按题目要求,在类代码中实现相应的方法,代码如下:

```
public class ArrayList
{
    Student[ ] data;
    int volume;
    int length;
    public ArrayList( int n )            //构造方法,n 决定顺序表的容量
    {
        length = 0;
        data = new Student[n];           //生成顺序表存储数据的数组,最多 n 个元素
        volume = n;
    }
    public bool append( Student newStudent )   //在表尾追加新的学生
    {
        if ( length < volume )
```

第 2 章 数据结构

```
            {
                data[length++] = newStudent;
                return true;
            }
        return false;
    }
    public void sort()                    //按学号从小到大排序
    {
        for (int i = 0; i < length - 1; i++)
        {
            for (int j = i+1; j < length; j++)
            {
                if (data[i].no.CompareTo(data[j].no)>0)   //学号为字符串,字符
                                                          串的比较方法
                {
                    Student temp = data[i];
                    data[i] = data[j];
                    data[j] = temp;
                }
            }
        }
    }
    public Student getMax()               //获取最高分的学生信息
    {
        int maxTotal = data[0].total;
        //假设第一个学生的成绩是最高的,maxTotal 中存储的是最高分
        int bigIndex = 0;    //最高分学生的索引号,首先假设第一个学生的总分最高
        for (int i = 1; i < length; i++)
        {
            if (maxTotal < data[i].total)
            {
                maxTotal = data[i].total;
                bigIndex = i;
            }
        }
```

2.2 线 性 表

```
            return data[bigIndex];              //返回最高分学生
        }
        public bool delete(Student newStudent)    // 删除指定的学生
        {
            int i = 0;
            while (i < length && data[i].no != newStudent.no)   //根据学号找学生
                i++;
            if (i < length)
            {
                for (int j = i; j < length - 1; j++)
                    data[j] = data[j + 1];
                length--;
                return true;                    //删除成功,返回真
            }
            return false;// 如果上面if条件不成立,则必定没找到指定学生,返回假
        }
        public int getLength()                  //获取顺序表的长度
        {
            return length;
        }
        public Student getValue(int i)    //获取顺序表中下标为i的元素值 辅助遍历表
        {
            return data[i];
        }
    }
```

其中,getLength 和 getValue 函数是为主窗体类中能访问顺序表类的私有成员提供的接口。

(5) 定义和初始化顺序表对象

主窗体内各对象的事件都涉及对同一个顺序表对象的操作,因此需要全局考虑线性表对象,具体做法如下。

① 将顺序表对象声明为主窗体的私有成员,以使得窗体类的各方法都可以对其进行访问。具体做法是在主窗体的构造函数 public Form1() 的上面增加代码"private ArrayList al;"。

② 在加载主窗体时,实例化顺序表类对象。

例中规定该顺序表的容量为200,因此在类的构造函数中需增加语句"al = new ArrayList(200);"。

至此,顺序表对象 a_1 已经初始化,在后续的窗体事件中可以直接使用。

(6) 为各按钮的单击事件编写代码

① "追加"按钮事件。

"追加"按钮的单击事件目的是根据用户输入的学生信息形成一个学生对象,然后将其追加到顺序表的末尾,这可以调用顺序表的 append 方法实现。追加成功后,为下一次输入内容做好准备(将所有的输入框中的内容清空),并使光标定位在"学号"文本框中。代码如下:

```
private void btnAppend_Click(object sender,System.EventArgs e)  //"追加"按钮的单击事件
{
    Student s = new Student(tbNo.Text,tbName.Text,int.Parse(tbMath.Text),
                int.Parse(tbEnglish.Text),int.Parse(tbComputer.Text));
    //根据界面输入的信息生成学生对象s
    if(al.append(s))           //将生成的学生对象添加到顺序表的尾部,并判断是否
                               添加成功
    {
        //清空输入框的内容,并将光标定位到学号输入框,为下次输入作准备
        tbNo.Text = "";
        tbName.Text = "";
        tbMath.Text = "";
        tbEnglish.Text = "";
        tbComputer.Text = "";
        tbNo.Focus();          //将光标停留在学号输入框中
    }
    else
    {
        tbNo.Text = "线性表已经满了,不能追加新数据";
    }
}
```

② "输出"按钮事件。

该事件要求将顺序表中所有的学生信息逐个格式化输出,需要遍历整个顺序表。代码如下:

```
private void btnPrint_Click(object sender,EventArgs e)   //"输出"按钮的单击事件
{
    rtbScoreList.Clear();    //先清空富文本框中的内容
    rtbScoreList.Text = "学号" + "\t" + "姓名" + "\t" + "数学" + "\t" + "英语" +
    "\t" + "计算机" + "\n";
    for(int i = 0; i < al.getLength(); i++)   //从第0个元素开始直到最后一个
```

```
            {
                Student s = al.getValue(i);   //取得第 i 个元素
                rtbScoreList.Text += s.no + " \t" + s.name + " \t" + s.math + " \t" + s.eng-
                    lish + " \t" + s.computer + " \n";
                //将每个学生的信息以中间 Tab 键间隔罗列
            }
        }
```

"输出"按钮的执行结果如图 2.2.1 所示。

③ "排序"按钮事件。

该操作在后台逻辑中实现,在界面上并不需要作出响应,只需调用顺序表的 sort 方法。代码如下:

```
        private void btnSort_Click(object sender, System.EventArgs e)   //"排序"按钮的单击事件
        {
            al.sort();
        }
```

④ "搜索"按钮事件。

将顺序表中的总成绩最高的学生信息找出来,并在窗体上显示,所以先计算每个学生的总成绩,然后进行查找。代码如下。

```
        private void btnSearch_Click(object sender, EventArgs e)    //获取最高总分学生的信息
        {
            Student s = al.getMax();    //查找总分最高者
            tbNoSearch.Text = s.no;     //显示以下 3 个语句中总分最高的学生信息
            tbNameSearch.Text = s.name;
            tbTotal.Text = " " + s.total;
        }
```

⑤ "删除"按钮事件。

根据输入的学号到顺序表中查找,如果找到则将其删除。由于学号是学生的关键信息,依靠它就可以找到唯一的元素,所以生成一个只有学号的学生对象,代码如下:

```
        private void btnDelete_Click(object sender, EventArgs e)    //删除指定学生的按钮
        {
            String no = tbNoDelete.Text;         //获得用户输入的学号
            Student s = new Student(no," ",0,0,0);   //生成一个只有学号的学生对象
            if (!al.delete(s))    //尝试删除
            {
                tbNoDelete.Text = "你指定的学生不存在";
```

}
    }

除了上面讲到的程序段之外，顺序表还有很多工作可以做。例如：顺序插入方法，即要求新学生插入顺序表后，自然就是按学号从小到大的顺序排列的；按某门功课的成绩进行排序；按总成绩进行排序；等等。有兴趣的读者可以参照上面的程序实现，将这些功能逐一实现。

⑥"从文件读"按钮事件。

上面的程序实际执行时，操作者一定感觉到了输入数据的繁琐。实际工作中，通常是已经存在了按一定格式存储的文件，如 Excel 文件、文本文件等。而实际应用过程中，数据往往也是按固定格式存储的。针对这样的需要，下面以文本存储格式为例，讲解将数据批量读入顺序表的方法。

设学生名单表已经按如下的文本格式存储于 d:\student.txt 文件中，内容和格式如下：

学号	姓名	数学	外语	计算机
081240	张慧智	78	90	89
092312	王全	67	65	78
087810	孙利	87	90	97

一行数据的每列之间用 Tab 键间隔。

如图 2.2.1 中所示，在按钮 readFromFile 的单击事件中增加如下代码：

```
private void btnReadFile_Click(object sender,EventArgs e)
{
    char[] delimiters = new char[]{'\t'};    //文本文件中的列之间以 Tab 键间隔
    StreamReader sr = new StreamReader("d:\\student.txt",System.Text.Encoding.Default);
    //将提供的路径和文件名生成数据流，并指定数据的编码格式（对有汉字的文件
      读写时使用）
    try
    {
        string line = sr.ReadLine();         //从流中读第一行，并扔掉，因为第一行
                                              不是学生信息
        while(sr.Peek()>0)                   //没有到文件结束
        {
            line = sr.ReadLine();            //从流中读当前行
            string[] data = line.Split(delimiters);
```

```
            //将一行的数据按分割符号分割成数据项,每项是一个字符串
            //学号、姓名、数学、外语、计算机将分别对应data[0]到data[4]
            Student s = new Student(data[0],data[1],
                    int.Parse(data[2]),int.Parse(data[3]),int.Parse(data[4]));
            //每行生成一个学生对象
            al.append(s);                    //将生成的对象追加到顺序表中
        }
    }
    catch(Exception ex)
    {
        MessageBox.Show(ex.Message);
    }
    finally
    {
        sr.Close();                          //关闭数据流
    }
}
```

请读者在原来的工程里增加上面的程序段,然后准备好 student.txt 文件,运行程序,单击"从文件读"按钮,读写文件成功后,再单击"输出"按钮显示读写的数据,掌握文件的操作。

2.2.3 链表

上一节中的顺序表在具体操作时,需要事先确定顺序表的大小,如果初始化时表容量设置太小,则程序运行过程中容易导致表溢出,反之容量过大又导致空间浪费,而用链式存储则不存在这样的问题。

单链表也称为线性链表,是线性表最简单的一种链式存储方式。链表中的节点除了有存储数据元素值的数据域外,还有一个指针域(C#中没有指针,但可以使用引用型的数据),用来存放下一个节点的存储地址。为了确定链表的起始位置,有一个专门的指针指向链表的头节点,称为表头。链表的最后一个节点的指针域设置为空,C#中用 null 表示,图形符号用"/"表示。如图 2.2.2(a)所示。

为了提高向链表的最后增加一个节点的算法效率,也可以设置一个对象引用链表的最后一个节点,如图 2.2.2(b)所示。下面仍以学生成绩单为例讲解链表如何实现顺序表中实现的功能。

1. 链表类的定义

链表是线性表,它也有线性表的所有方法。但链表又不同于顺序表,它是通过表头元素来遍

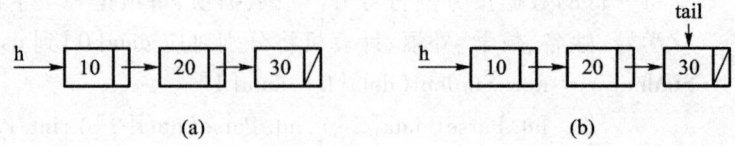

图 2.2.2 单链表

历,通过表头对象是否为 null 判断链表是否为空,通过最后一个节点的 next 对象是否为 null 来判断结束。参见图 2.2.2,链表类的必要属性,按逻辑只需要一个表头 head。有了表头,就可以实现链表所有的操作,但向一个很长的链表追加一个节点的时候,要找到链表的尾部后再添加,是一个效率很低的工作。因此,为方便起见,这里的链表类定义中追加了一个属性 tail,它永远引用链表的最后一个节点,如图 2.2.2(b)所示。

例 2.4 链表节点类的定义

由于链表是由一系列的节点组成的,节点是一个既包含数据元素又包含与其关联的节点信息的数据类型,所以定义节点类 Node 如下:

```
public class Node                    //定义节点类
{
    public Student data;             //每个节点的数据域是一个学生
    public Node next;                //下一个节点对象也是一个 Node 类型
    public Node(Student s)           //构造函数
    {
        data = s;
        next = null;
    }
}
```

Node 类仅起记录节点数据的作用,可以被认为是一个数据类,所以上面仅为其定义了一个构造函数,而将其两个属性的访问控制都定义为 public,使后面链表类操作更方便。很明显,调用 Node 的构造方法,生成一个新节点后,将得到一个数据元素值为 s,next 对象为 null 的新节点。

前面已分析了链表类中的属性有表头节点 head 和表尾节点 tail,而链表的基本操作方法包括:

① 遍历链表,即输出其所有数据,这需要辅助判断链表结尾的方法的支持。
② 统计链表中节点的个数。
③ 查找链表中的某个节点。
④ 在链表中插入一个新节点。
⑤ 删除链表中的某个节点。

⑥ 链表排序。

例 2.5 链表类属性及方法接口定义

通过上面对链表的属性和方法的分析，定义链表类接口如下：

```
public class LinkedList
{
    private Node head;                      //定义表头节点
    private Node tail;                      //定义表尾节点
    private Node current;                   //定义当前工作节点，为实现链表的遍历
    public LinkedList()                     //构造方法
    {代码实现}
    public bool append(Student s)           //向链表尾部增加一个节点
    {代码实现}
    public bool isEmpty()                   //判链表是否为空
    {代码实现}
    public void gotoHead()                  //定位当前工作节点指向表头，为链表遍历而设
    {代码实现}
    public Student getValue()               //获取当前工作节点中的数据
    {代码实现}
    public int getLength()                  //求取链表中包含的元素个数
    {代码实现}
    public void next()                      //使当前工作节点移动到下一个节点
    {代码实现}
    public bool isEnd()                     //当前工作节点是否已是链表的尾节点
    {代码实现}
    public bool insert(Student s)           //向链表中插入新数据元素 s
    {代码实现}
    public bool delete(Student s)           //删除链表中值为 s 的节点
    {代码实现}
    public void sort()                      //排序
    {代码}
}
```

2. 链表类常用操作方法

为帮助读者理解程序，以下介绍链表中最常见又较为复杂的插入和删除方法。

（1）插入操作

假设在一个单链表中存在两个连续节点 front、behind（其中 front 为 behind 的前面紧邻着的一个节点），若需要在 front、behind 之间插入一个新节点 newNode，则需使 front 的链域引用 newNode 对象，newNode 的链域引用 behind 对象，如图 2.2.3 所示。

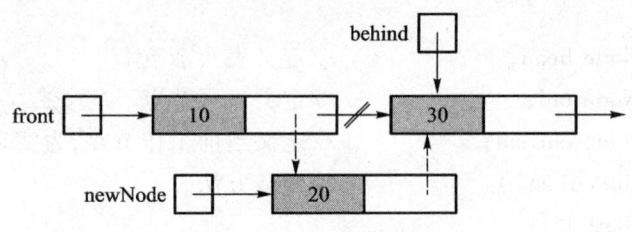

图 2.2.3　节点插入示意图

即执行如下两条语句：
　　front. next = newNode；
　　newNode. next = behind；
利用插入节点的方法从一个空表到建立起一个有序链表，要分如下几种情况讨论。
① 如果原表是空表，应使表头对象 head 引用新节点。
② 如果插入节点值最小，则该节点应插入到第一节点之前。这种情况要修改 head，使其指向被插节点，被插节点的 next 域引用原来的 head 节点，如图 2.2.4 所示。

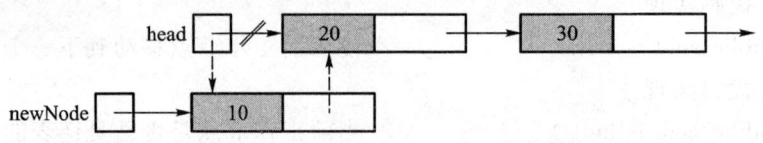

图 2.2.4　在表头节点之前插入新节点

即执行如下两条语句：
　　newNode. next = head；
　　head = newNode；
③ 在链表中间节点 front 和 behind 之间插入，该情况前面已经讨论，如图 2.2.3 所示。
④ 在表尾后插入。这使原表尾节点 next 域引用被插节点，tail 引用新节点，如图 2.2.5 所示。即执行如下两条语句：
　　tail. next = newNode；
　　tail = newNode；

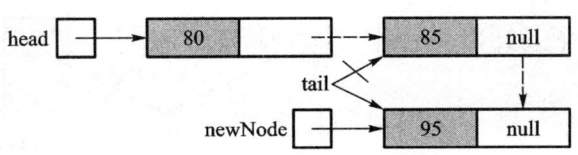

图 2.2.5 在表尾节点之后插入新节点

（2）删除操作

假如已经知道了要删除的节点 p 的位置，那么要删除 p 节点时只要令 p 节点的前趋节点的链域由存储 p 节点的地址修改为存储 p 的后继节点的地址即可。假定 p 为指向要删除节点的指针，q 为指向删除节点前趋的指针，则需要讨论如下几种情况：

① 如果 head 为 null，则链表为空，没有可以删除的节点。

② 如果 p == head，则要删除的节点是链表的第一个节点，则应修改表头对象 head，使其引用第二个节点，如图 2.2.6 所示。

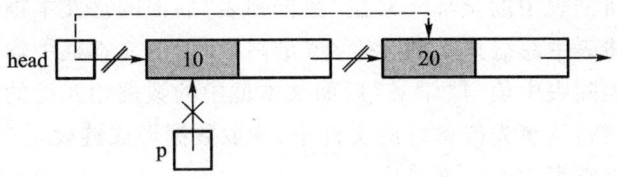

图 2.2.6 删除链表中的第一个节点

③ 如果要删除的节点是链表的中间节点，则应把被删除节点 p 的后继节点的地址，赋给其前趋节点 q 的 next 域，如图 2.2.7 所示。

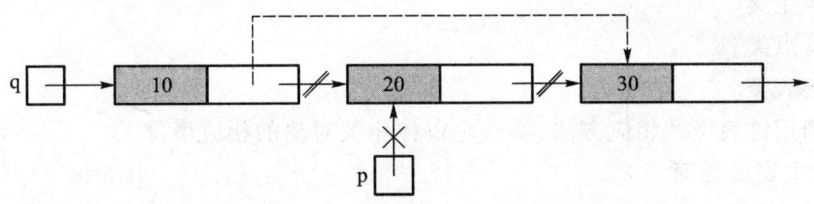

图 2.2.7 删除链表的中间节点

④ 如果删除的节点在链表的最后，则需要注意对 tail 节点的处理，即让 q 节点的 next 为 null 后，tail 需要指向 q，以便下次追加节点时 tail 的引用是正确的，如图 2.2.8 所示。

第 2 章 数 据 结 构

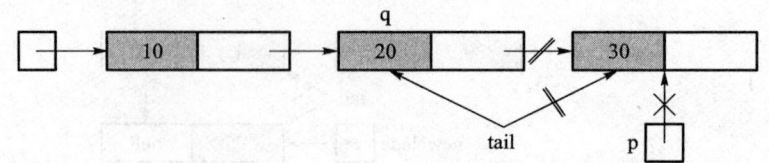

图 2.2.8　删除链表的尾部节点

3. 链表类及操作的实现

下面结合具体的例子将链表类的一些方法加以实现。

例 2.6　设计一个程序,界面如图 2.2.1 所示,它与顺序表程序的主界面一致。该程序实现向链表中顺序添加元素、遍历输出所有元素、删除指定元素、查找最高分元素、排序。界面中各按钮实现的任务如下。

① "追加"按钮:将输入的新学生添加到链表的末尾。

② "输出"按钮:将链表中的全部元素在"数据列表"后面的富文本框中逐行列出。

③ "搜索"按钮:将表中总分最高的元素在"最高分"后的文本框中输出。

④ "删除"按钮:删除表中值与"学号"后面文本框中的数据相匹配的元素。

⑤ "从文件读"按钮:从事先准备好的文件中,读取数据形成链表。

⑥ "排序"按钮:将链表中的元素排序。

(1) 分析

如图 2.2.1 中所示,本例的基本目的与例 2.3 类似,只不过这里采用链表实现,所以本例求解可分为如下 5 步。

① 设计主窗体界面。

② 添加学生类。

③ 添加节点类。

④ 设计链表类。

⑤ 通过调用链表类的相应方法,实现主窗体相关对象的相应事件。

(2) 设计主窗体界面

参照例 2.2 对主界面上控件的说明,并参照如表 2.2.1 所示对各控件的定义。

(3) 添加学生类

参照例 2.1 中 Student 类代码。

(4) 添加节点类

选择"项目"→"添加类"命令,在"名称"输入框位置输入"Node.cs",代码见例 2.4 定义。

(5) 设计链表类

选择"项目"→"添加类"命令,在"名称"输入框位置输入"LinkedList.cs"。按题目要求,在类代码中添加如下代码：

```
namespace LinkedListTest
{
    public class LinkedList
    {
        private Node head;
        private Node tail;
        private Node current;
        public LinkedList( )           //构造方法,生成一个空链表
        {
            head = null;               //头为空
            tail = null;               //尾为空
        }
        public bool isEmpty( )         //判断链表空
        {
            return head == null;
        }
        public void gotoHead( )        //为遍历整个链表,将遍历的指针指向表头
        {
            current = head;
        }
        public Student getValue( )     //获取当前节点的数据元素
        {
            return current.data;
        }
        public void next( )            //将指针移动到下一个节点,为遍历链表而设
        {
            current = current.next;
        }
        public bool isEnd( )           //遍历链表时,判断是否走到表尾
        {
            return current == null;
        }
        public bool delete(Student s)  //删除指定学生 s
        {
```

```
        bool deleted = false;         //先假设删除不成功
        Node p = head,q = null;
        while(p! = null && p.data.no! = s.no)  //找关键节点
        {
            q = p;                    //q 永远作为 p 的前趋节点
            p = p.next;               //p 后移
        }
        if(p! = null)                 //能找到关键节点,可以成功删除
        {
            deleted = true;           //将删除标记置真
            if(p == head)             //关键节点在表头
            {
                head = head.next;
            }
            else if(p == tail)        //删除节点在表尾
            {
                tail = q;
                tail.next = null;     //确定 tail 的值,以保证下次追加节点成功
            }
            else                      //删除节点在中间
            {
                q.next = p.next;
            }
        }
        return deleted;
    }
    public Student getMax()           //获得最高总分的学生
    {
        Node temp = head;
        Node maxScore = head;
        while(temp! = null)
        {
            if(temp.data.total > maxScore.data.total)
            {
                maxScore = temp;
```

2.2 线 性 表

```
            }
            temp = temp.next;
        }
        return maxScore.data;
    }
    public bool append(Student s)        //向表的最后追加新元素
    {
        Node node = new Node(s);         //将数据元素形成链表的一个节点
        if(isEmpty())                    //如果表为空
        {
            head = node;                 //新节点是表头
            tail = node;                 //新节点是表尾
        }
        else
        {
            tail.next = node;            //原来不是空表,则新节点连接表尾节点
            tail = node;                 //新节点是表尾
        }
        return true;
    }

    public bool insert(Student newValue)  //表中元素有序时插入新元素,插入后
                                          //仍然有序
    {
        Node newNode = new Node(newValue);  //生成新的节点
        Node p = head, q = null;
        if(isEmpty())                     //空表的情况
        {
            head = tail = newNode;
        }
        else
        {
            while((newValue.no.CompareTo(p.data.no)>0) && (p.next! =null))
                                          //查找插入位置
            {
```

```
            q = p;     //q 是 p 的前趋节点
            p = p.next;
        }
        if ( newValue.no.CompareTo ( p.data.no ) < 0 )
        {
            if( head == p )        //插在表首
            {
                head = newNode;
                newNode.next = p;
            }
            else                   //插在表中间
            {
                q.next = newNode;
                newNode.next = p;
            }
        }
        else                       //插在表尾
        {
            this.append( newValue );
        }
    }
    return true;   //为了和顺序表一致,定义了 insert 方法的返回类型是布尔
}
public void sort( )                //排序
{
    if ( isEmpty( ) )
        return;
    Node i = head;
    while ( i.next != null )
    {
        Node j = i.next;
        while ( j != null )
        {
            if ( i.data.no.CompareTo( j.data.no ) > 0 )
            {
```

```
                    Student s = i.data;
                    i.data = j.data;
                    j.data = s;
                }
                j = j.next;
            }
            i = i.next;
        }
    }
}
```

上述程序段中,为了实现对链表的遍历,在链表类中增加了一个属性 current,用它引用当前节点的对象,并配合编写了 gotoHead、next、getValue 方法。

(6) 主窗体中对象的相应事件

参照顺序表实现的过程,对窗体类进行如下修改。

① 声明链表类对象为主窗体的私有成员,具体做法是在主窗体的构造函数 public Form1() 的上面增加如下代码:

```
private LinkedList ll;
```

② 在加载主窗体时,创建链类对象,所以在类的构造函数中增加语句"ll = new LinkedList();"。至此,链表对象 ll 已经初始化,在后续的窗体事件中可以直接使用。

(7) 为窗体中的各按钮编写单击事件代码

① "追加"按钮事件。

将界面接受的输入信息,生成学生对象,然后调用链表的 append 方法,将学生对象追加到链表中。

```
private void btnAppend_Click(object sender, EventArgs e)   //"追加"按钮事件
{
    Student s = new Student(tbNo.Text, tbName.Text, int.Parse(tbMath.Text),
        int.Parse(tbEnglish.Text), int.Parse(tbComputer.Text));
    ll.append(s);   //ll 对象在窗体构造函数里初始化,属于类实例成员,调用其 ap-
                    pend 方法追加
    tbNo.Text = "";   //以下清空原来的数据,为下一条输入作准备
    tbName.Text = "";
    tbMath.Text = "";
    tbEnglish.Text = "";
    tbComputer.Text = "";
    tbNo.Focus();   //将光标停留在学号输入框上
}
```

请读者思考,调用链表和顺序表的追加方法时,顺序表判断了追加是否成功,链表没判断,为什么?

② "输出"按钮事件。

该事件的代码里要求实现对链表的遍历,这主要通过链表类中定义的 gotoHead、isEnd、getValue、next 方法实现,代码如下:

```
private void btnPrint_Click(object sender, EventArgs e)    //"输出"按钮事件
{
    rtbScoreList.Clear();
    rtbScoreList.Text += "学号" + "\t" + "姓名" + "\t" + "数学" + "\t" + "英语"
                      + "\t" + "计算机" + "\n";
    //设置富文本框的输出的每列表头信息
    ll.gotoHead();                        //到表头
    while(! ll.isEnd())                   //检查是否到了表尾
    {
        Student s = ll.getValue();        //获取当前节点的值
        rtbScoreList.Text += s.no + "\t" + s.name + "\t" + s.math + "\t" + s.eng-
                          lish + "\t" + s.computer + "\n";    //输出显示
        ll.next();    //移动到下一个节点
    }
}
```

③ "删除"按钮事件。

根据输入的学号到链表中查找,如果找到则将其删除,代码如下:

```
private void btnDelete_Click(object sender, EventArgs e)    //"删除"按钮事件
{
    String no = tbNo1.Text;
    Student s = new Student(no,"",0,0,0);    //生成一个只有学号的学生
    if(ll.delete(s))    //尝试删除
    {
        tbNoDelete.Text = s.no + "被删除。";
    }
    else
    {
        tbNoDelete.Text = "你指定的学生不存在";
    }
}
```

④ "搜索"按钮事件。
```
private void btnSearch_Click(object sender,EventArgs e)  //查找最高分学生的例子
{
    Student s = ll.getMax();    //挑选总分最高者
    if (s ! = null)
    {
        tbNoSearch.Text = s.no;
        tbNameSearch.Text = s.name;
        tbTotal.Text = " " + s.total;
    }
}
```
⑤ "从文件读"按钮事件。

该按钮事件与例2.3顺序表操作中的同名按钮的代码几乎一样,只需要改动一行,将语句"al.append(s);"修改为"ll.append(s);"即可。

⑥ "排序"按钮事件,直接在事件中调用链表的sort方法。

从以上链表的操作过程中发现,在单链表的插入和删除过程中,处理第一个节点和其他节点的方法是不同的,处理空表和非空表的方法也是不同的,都要分别予以讨论。为了降低程序的复杂性,简化操作,一种有效的方法是在链表之前加一个伪节点,又称为头节点或哨兵。该节点不同于链表中的其他节点,其数据域中不存放任何有效的数据,实际有效的数据从链表中的第二个节点开始存放。如图2.2.9所示(注:用带斜线的底纹表示伪节点)。增加了伪节点后,无论是第一个节点还是其他节点,无论表是否为空表(空表是指只包含一个伪节点的表),其操作都被统一起来。

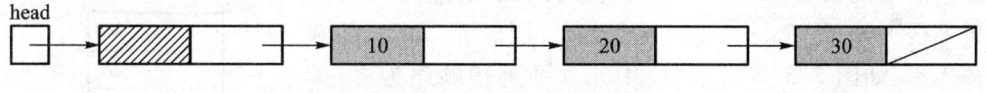

图2.2.9 带头节点的单链表示意图

关于带表头节点的链表的操作方法请读者自行设计,这里不再详细介绍。

2.3 堆栈和队列

操作者可以在线性表中按需要随机存取头、中间、尾部位置的元素,虽然堆栈、队列和线性表

同属线性数据结构,但堆栈和队列数据元素的操作与线形表相比却受到一定的限制,堆栈的操作被限定在一端,而队列的操作则限定在两端,且一端进,另一端出,这些限制与数据的处理性质密切相关。

2.3.1 堆栈

图 2.3.1 是一个普通的 3 个函数 $a_{(\ )}$、$b_{(\ )}$、$c_{(\ )}$ 间的调用情况,其语句先后调用流程如图2.3.1(a)所示。当程序执行到第③步时,堆栈情况如图 2.3.1(b)所示。这是一种典型的数据结构,即数据有后进先出的特点。

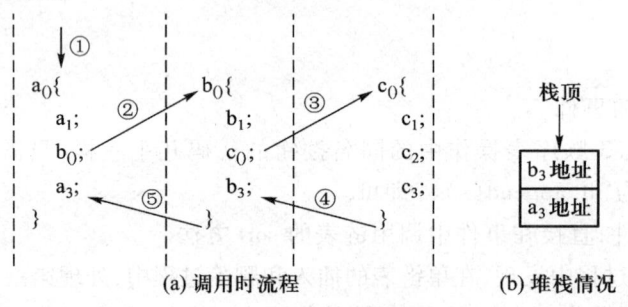

图 2.3.1　程序调用的例子

堆栈是一种特殊的线性数据结构,其操作被限制在一端,这一端被称为栈顶,而另一端则称为栈底,堆栈有后进先出(Last In First Out)的特点,非常类似日常生活中的饭后洗碗然后下次吃饭再取碗的过程。

假设堆栈 $S = (a_1, a_2, \cdots, a_n)$,$a_1$ 被称为栈底元素,a_n 则是栈顶元素,如图 2.3.2 所示,栈中元素的进栈顺序为 $a_1, a_2, \cdots, a_n$,出栈顺序为 $a_n, \cdots, a_2, a_1$。

栈的操作相对简单,主要有进栈(又称压栈)和出栈(又称退栈)两种操作方式,前者是指向堆栈中放入一个元素,后者则是指从栈中删除一个元素。根据堆栈中数据元素存储方式的不同,又分为顺序存储栈和链式存储栈。

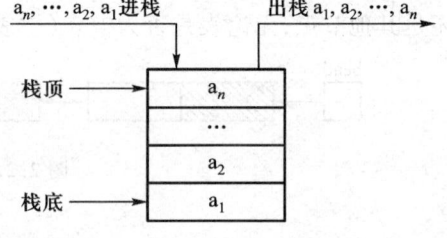

图 2.3.2　进出栈的次序

1. 顺序存储栈

顺序存储栈通过数组来存储数据,数组的大小决定了堆栈中能放多少个数据元素,栈顶位置决定了元素下次入栈的位置或出栈的元素。堆栈如果满了,就不能再有元素入栈;反之,如果堆栈是空的,则不能进行出栈操作。

(1) 类的定义

2.3 堆栈和队列

通过对顺序栈的结构和操作的分析，可以将其属性抽象为如下 3 个。
① 用于存储栈中元素的数组 stack。
② 用于指示栈顶位置的 top。
③ 用于代表栈容量的 volume。
栈的操作方法除了入栈、出栈外，还有判断栈空、栈满的方法。

例 2.7 顺序栈类接口定义。
如果假设堆栈里存储的数据是整型，则顺序栈类可定义如下：

```
    public class ArrayStack
    {
        private int [ ] stack;
        private int volume;
        private int top;
        public ArrayStack( int n )              //构造函数
        {具体实现}
        public bool push( int value )           //进栈，如果进栈成功，则返回 true
        {具体实现}
        public bool pop( out int element )      //退栈，用 element 返回出栈元素
        {具体实现}
        public bool isEmpty( )                  //判断栈是否为空
        {具体实现}
        public bool isFull( )                   //判断栈是否为满
        {具体实现}
    }
```

（2）类方法的描述
① 栈空、栈满。假设用来存储栈数据的数组是 stack，则栈空时，栈顶索引 top = -1；栈满时，栈顶索引 top = volume - 1。如果希望堆栈有自动调节容量的能力，则需要在堆栈满时自动扩大栈的容量。例如，容量自动扩大为原来的两倍，且能引用原来的数据。
② 入栈。因为入栈即是向栈顶位置插入一个元素，所以在保证栈未满的情况下，首先应该使栈顶索引 top 的值增加 1，然后将新元素写入 stack[top]，即可以通过如下语句将新数据 newValue 压入堆栈：

```
    stack[ ++top ] = newValue;
```

③ 出栈。出栈是将栈顶元素从栈中删除并将其返回。在堆栈非空的前提下，通过 stack[top] 来取得栈顶元素的值，栈顶索引 top 的值减小 1，使其指向原栈顶的下面一个元素，即重新定位新的栈顶，通常用如下的语句完成出栈：

```
    int y = stack[ top -- ];
```

（3）顺序栈类实现及调用

例 2.8 设计一个程序，界面如图 2.3.3 所示，使程序对顺序栈具有入栈、出栈、全部出栈等功能的操作，假设该顺序栈的容量为 200，界面中各按钮功能如下：

① push 按钮：将标签 newData 后面文本框中的数据压入栈。

② pop 按钮：将栈顶元素弹出，并在标签 popData 后面文本框中显示出来。

③ popAll 按钮：将栈中的所有元素逐一退栈，并在标签 popList 后面的富文本框中逐行列出。

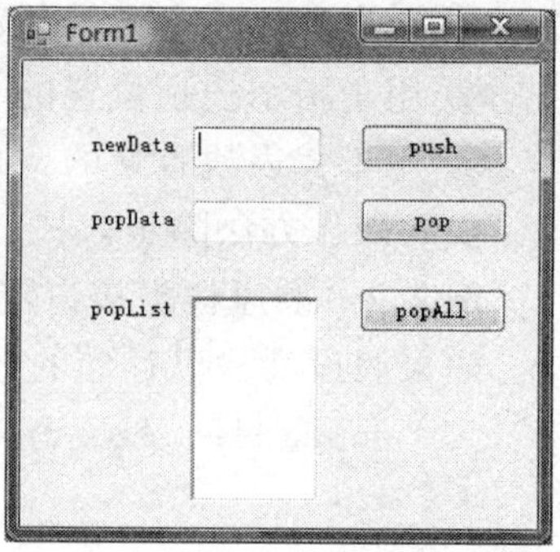

（1）分析

本例比较简单：接受界面输入，将数据压入堆栈、将数据弹栈，程序由主窗体类、顺序栈类组成。可以用如下 3 个步骤完成。

① 设计主窗体界面。

② 设计顺序栈类。

③ 通过调用顺序栈类的相应方法，实现主窗体相关对象的相应事件。

（2）设计主窗体界面

按例题的要求，在主窗体界面中需要放置控件并进行相应的属性设置。除了各标签控件外，其他控件如表 2.3.1 所示。

图 2.3.3 栈操作设计界面

表 2.3.1 控件属性设置

控件类别	Name 属性	Text 属性
TextBox	tbNewData	清空
TextBox	tbPopData	清空
RichTextBox	rtbPopList	清空
Button	btnPush	push
Button	btnPop	pop
Button	btnPopAll	popAll

（3）设计顺序栈类

选择"项目"→"添加类"命令，在"名称"框输入"ArrayStack.cs"，按题目要求，在类代码中添加如下代码：

```
public class ArrayStack
{
    private int [ ] stack;
    private int volume;
    private int top;
```

```csharp
    public ArrayStack(int n)           //构造方法
    {
        volume = n;                    //堆栈的容量
        top = -1;                      //栈顶元素的下标,-1代表空栈
        stack = new int[n];            //存放堆栈元素的数组
    }
    public bool push(int value)        //元素压入堆栈
    {
        if(isFull())
            return false;              //如果栈满了返回假
        else
            stack[++top] = value;      //如果栈没满,元素入栈
        return true;                   //压栈成功
    }
public bool pop(out int element)
{
    element = -1;      //将 element 初始化为任意整数,在方法返回假时,element 的值无
                       //意义
    if(is Empty())
        return false;
    else
    {
        element = stack[top--];        //堆栈不空,可以取栈顶元素,将其赋给 element
        return true;                   //成功出栈
    }
}
    public bool is Empty()
    {
        return top == -1;
    }
    public bool is Full()
    {
        return top == volume -1;
    }
}
```

（4）主窗体中对象的相应事件

① 修改主窗体类。因为主窗体内各对象的事件都涉及对顺序栈类的操作，所以需要将顺序栈类对象声明为主窗体的私有成员，具体做法是在主窗体的构造函数 public Form1（）的上面增加如下代码：

```
private ArrayStack    arrayStack = new ArrayStack(200);        //定义时直接实例化
```

② push 按钮事件。

```
private void btnPush_Click(object sender,System.EventArgs e)
{
    int value=int.Parse(tbNewData.Text);    //取界面输入并转化成整数
    if(arrayStack.push(value))               //如果入栈成功
    {
        tbNewData.Text ="";                  //清空输入框里的内容
        tbNewData.Focus();                    //光标停留在输入框,等待输入下一个
                                              元素
    }
    else
    {
        tbNewData.Text ="栈满";
    }
}
```

③ pop 按钮事件。

```
private void btnPop_Click(object sender,System.EventArgs e)
{
    if (! arrayStack.isEmpty())              //如果栈不空
    {
        int value;
        arrayStack.pop(out value);
        //取栈顶元素到 value 中
        tbPopData.Text += " "+value;         //在界面上输出
    }
    else
    {
        tbPopData.Text ="栈空";
    }
}
```

④ popAll 按钮事件。

```
private void btnPopAll_Click(object sender,System.EventArgs e)
{
    rtbPopList.Clear();
    int value;                        //用来接受弹出的栈顶元素
    while(!arrayStack.isEmpty())
    {
        arrayStack.pop(out value);
        rtbPopList.Text += value +"\n";
    }
}
```

2. 链式存储的栈

链式存储的栈,只有栈空和非空两种状态,可以不考虑计算机内存不够而导致栈满的情况。其类的定义中只需一个属性,它就是栈顶对象 top,栈空时其值为 null。入栈的方法相当于链表的插入操作中在表头前插入一个新节点的操作,而出栈的方法相当于链表的删除操作中删除第一个节点的过程。如图 2.3.4 所示为栈初始状态、入栈和出栈的情况。读者可参考链表类及上面的顺序存储的堆栈的实现,编写其入栈、出栈、是否为空等方法,这里不再赘述。

栈在计算机中的应用非常广泛。例如,在计算机语言程序的编译过程中,对括号是否匹配的语法检查、计算表达式的值、实现递归过程和函数调用等操作中都是利用栈来实现的。有兴趣的读者可参考相关资料并进行编程,熟练掌握堆栈的使用。

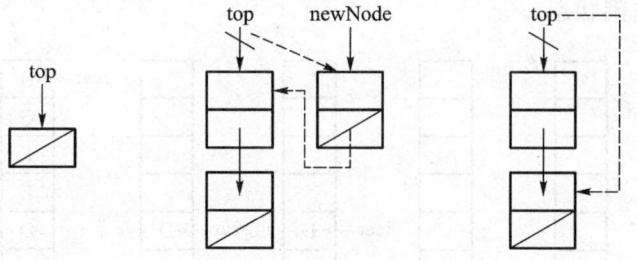

图 2.3.4　堆栈的初始状态、入栈、出栈操作示意图

2.3.2 队列

队列也是操作受限的线性数据结构,它是一种先进先出(First In First Out)的线性数据结构,只允许在表的一端插入,而在表的另一端进行删除,允许插入的一端称为队尾,允许删除的一端称为队头。

队列在多任务计算机操作系统中使用广泛,目的是为同时运行的多个程序合理分配 CPU 时间。另外,队列也经常作为辅助工具实现特定的算法,例如图型数据结构的广度优先搜索算法。

假设有队列 q=(A,B,C,D,E,F),则 A 是队头元素,H 是队尾元素。队列中的元素按 A,B,C,D,E,F 的顺序进入,也按同样的顺序出列,队列元素的入队、出队操作示意如图 2.3.5 所示。

队列的操作主要有入队和出队两种操作方式,前者是指向队列的尾部插入一个元素,后者则是从队列的头部删除一个元素。根据队列数据元素存储方式的不同又分为顺序存储队列和链式存储队列。

1. 顺序存储队列

顺序存储队列是用数组来存放队列中的元素,队列的状态有队空、队满和非空非满 3 种。

(1) 类描述

通过对队列结构特点的分析,在顺序存储时可以抽象出如下几个属性。

① 用于存储队列中元素的数组 queue。
② 用于指示队头位置的 front,指向队列中第一个元素的前一位,初值为-1。
③ 用于指示队尾位置的 rear,指向队列中最后一个元素,初值为-1。
④ 用于代表队列容量的 volume。

队列的操作有入列和出列两种:在队列没满时,可以有新元素入列,在队列非空时,可以将队首元素出列。因此,为配合入列和出列方法的实现,还需要判断顺序队列满或空的方法。

如图 2.3.5 所示,每当一个新元素入列时,队尾 rear 便增加 1,当其达到 volume-1 时,即为队满;每当队头元素出列时,front 增加 1。从这个过程可以发现,在不断的入队、出队过程中,虽然 rear 达到容量限制,但只要 front 不为-1,队列满就是一种"假满"(假溢出)状态,因为 front 前面的存储单元处于空闲状态。

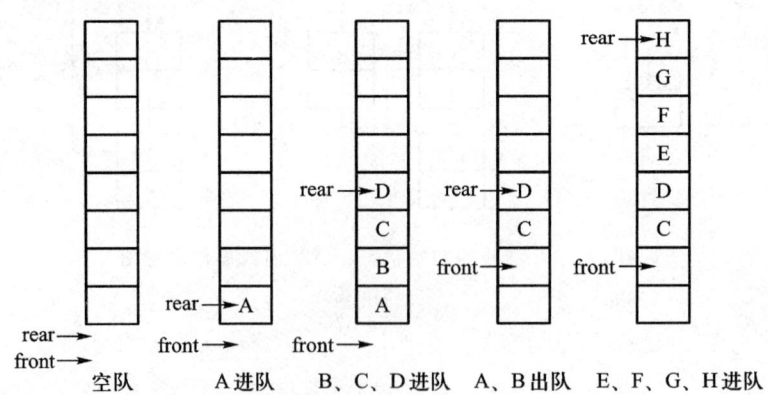

图 2.3.5 顺序存储队列的入队、出队示意

为了解决这个缺陷,实际应用中常把顺序存储队列表达成首尾相连的环形队列,如图2.3.6所示。

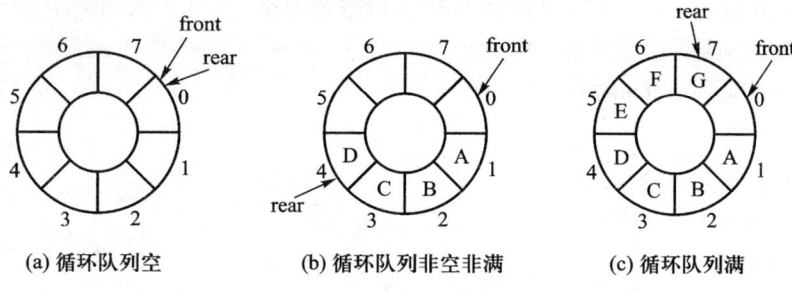

图 2.3.6　循环队列示意

（2）循环队列空、满判断逻辑

在首尾相连的循环队列中,由于入队时尾指针向前追赶头指针;出队时头指针向前追赶尾指针,造成队空和队满时头尾指针均相等。因此,无法通过条件 front == rear 来判别队列是"空"还是"满"。为了能够区分队列空和队列满的不同状态,往往采用"牺牲"一个元素空间的办法,此时将 front 和 rear 都初始化为0。如图2.3.6所示。规定入列前,测试尾指针加1后对容量求模的值是否等于头指针,若相等则认为队列满。队列"空"和队列"满"的判断可以用如下方法来区别。

① 队列空的条件为:
　　front == rear
② 队列满的条件为:
　　(rear+1)% volume == front
③ 在队列未满的条件下,将新数据 x 加入队列的操作为:
　　rear = (rear+1)% volume;
　　queue[rear] = x;
④ 在队列非空的条件下,出列操作为:
　　front = (front+1)% volume;
　　x = queue[front];

在分析清楚判断队列空、满、入列、出列的方法后,顺序队列的实现就比较容易了,读者可在上述分析的基础上实现顺序队列类的编写。

2. 链式存储队列

链式队列实际上就是只能在表头删除元素,在表尾添加元素的单链表。

（1）类的定义

通过对链式队列的结构分析,可以将其属性抽象为如下两个:

① 用于指示队头的对象 head。

② 用于指示队尾的对象 tail。

队列的操作方法主要有入队、出队及判断队列是否为空,故链式队列类定义如例 2.9。

例 2.9 链式存储队列接口定义。

```
public classLinkedQueue
{
    private Node head;
    private Node tail;
    public Queue( )                          //类的构造函数
    {具体实现}
    public bool is Empty( )
    {具体实现}                                //判断队列是否为空
    public void inQueue( int value)          //向队列中增加一个元素
    {具体实现}
    bool outQueue( ref int x)                //队头元素出列
    {具体实现}
}
```

其中,Node 类的定义同链表中已定义过的一样,这里不再重复定义。

(2) 类方法描述

由于链式队列只能在表头删除元素,在表尾添加元素,所以在队列非空的情况下,将存放新元素的节点 newNode 插入到队列的核心操作为:

```
tail. next = newNode;
tail = newNode;
```

而在队列非空的情况下,删除队头元素,就意味着使队头指向其下一个元素的位置,即:

```
int value = head.data;      //先保留队头元素的值
head = head.next;           //扔掉队首元素
```

例 2.10 设计一个程序,界面如图 2.3.7 所示,该程序实现链式队列的入队、出队、显示队列中所有成员等功能。界面按钮功能如下:

① inQueue 按钮:将标签 newData 后面文本框内的数据插入到队列中,并同时在下方的富文本框中将其显示出来。

② outQueue 按钮:将队头元素出列,并在标签 outQueue 后面文本框中显示出来。

(1) 分析

整个程序的组成包括窗体界面、链式队列中的节点类、链式队列类。整个程序的实现包括如下 4 步:

① 设计主窗体界面。

② 添加节点类。

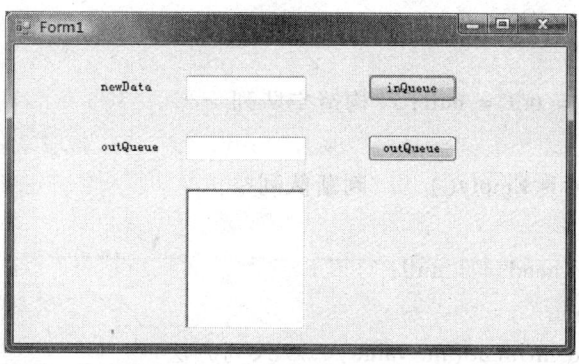

图 2.3.7 队列操作设计界面

③ 设计链式队列类。
④ 通过调用链式队列类的相应方法,实现主窗体相关对象的相应事件。
(2) 设计主窗体界面
建立 LinkedQueueTest 项目,在主窗体界面中放置如表 2.3.2 所示的控件,并进行相应的属性设置。

表 2.3.2 控件属性设置

控件类型	Name 属性	Text 属性
TextBox	tbNewData	清空
TextBox	tbOutqueueData	清空
RichTextBox	rtbQueueList	清空
Button	btnInQueue	inQueue
Button	btnOutQueue	outQueue

(3) 添加节点类
选择"项目"→"添加类"命令,在"名称"输入框中输入"Node.cs",参见例 2.4 链表节点定义,注意节点中的元素数据类型修改为 int。
(4) 设计链式队列类
选择"项目"→"添加类"命令,在"名称"输入框中输入"LinkedQueue.cs",在类代码中添加如下代码:

```
public class LinkedQueue
{
    private Node head;      //Node 类的定义与链表中的相同,队列的头
    private Node tail;      //尾
```

```
public LinkedQueue( )
{
    head = tail = null;  //构造空队列
}
public bool isEmpty( )    //判断队列空
{
    return head == null;
}
public void inQueue(int value)    //入列方法
{
    Node temp = new Node(value);  //先将数据元素形成一个节点
    if(isEmpty( ))    //如果队列空
    {
        head = tail = temp;    //第一个元素入列时,它既是队列的头也是尾
    }
    else
    {
        tail.next = temp;    //原来不是空队列,新元素追加到尾
        tail = temp;
    }
}
public bool outQueue(ref int x)    //出列方法,ref关键字使得调用程序可以获得x的值
{
    if(isEmpty( ))    //如果队列空,则无法出列
    {
        return false;  //返回假,通知调用程序,出列无效
    }
    else
    {
        x = head.data;    //可以出列,用形参x记录队头的元素的值
        head = head.next;    //下一个元素变成队头
    }
    return true;    //成功出列,返回真
}
}
```

(5) 主窗体中对象的相应事件

① 修改窗体类。因为主窗体内各对象的事件都涉及对链式队列类的操作,所以需要将链式队列类对象声明为主窗体类的私有成员,具体做法是在主窗体的构造函数 public Form1() 的上面增加如下代码:

  private LinkedQueue que = new LinkedQueue();

至此,窗体中的队列对象 que 已经定义并初始化,后续的窗体类的所有方法可以对其访问。

② inQueue 按钮事件。双击 inQueue 按钮,在系统形成的模板方法中增加如下代码:

```
private void btnInQueue_Click(object sender,System.EventArgs e)//元素入队并显示
{
    int value=int.Parse(tbNewData.Text);   //取得用户的输入,并转换成整数
    que.inQueue(value);
    tbNewData.Text = "";
    tbNewData.Focus();
    rtbQueueList.Text += " "+value+" \n ";   //显示新入列的数据
}
```

③ outQueue 按钮事件。

双击 outQueue 按钮,在系统形成的模板方法中增加如下代码:

```
private void btnOutqueue_Click(object sender,System.EventArgs e)//元素出队
{
    int value=0; //outQueue 方法的形参带 ref 属性,所以对应的实参必须初始化
    if(que.outQueue(ref value))   //如果出列成功
    {
        tbOutqueueData.Text = " "+value; //显示出列的数据元素
    }
    else
        tbOutqueueData.Text = "队列空";
}
```

2.4 树型结构

树型结构是一种重要的非线性结构,其特点是节点之间有分支和层次关系。

2.4.1 树的定义和基本概念

1. 树的定义

树(Tree)是 $n(n>0)$ 个节点的有限集合 T。对于任意一棵树,满足如下条件:

① 有且仅有一个称为根(root)的节点。

② 除根节点外,其他节点可以分为 $m(m \geq 0)$ 个互不相交的有限集 $T_1, T_2, \cdots, T_m$,其中每一个集合本身又是一棵树,并且称为根的子树。这是一个递归的定义,即在树的每个分支定义中又用到树的本身。图 2.4.1 所示为树的一种常见表示方法。

这里 A 是树的根节点,其余的节点分成 3 个互不相交的子集: T_1 = {B,E,F}, T_2 = {C}, T_3 = {D,G}, T_1、T_2、T_3 又都是树,被称为 A 的子树。

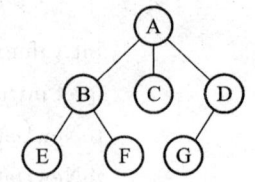

图 2.4.1 树的表示方法

2. 节点的分类

在树中,节点分为以下 3 种类型。

① 根节点:在树中没有前驱的节点称为根节点。一棵树中有且仅有一个根节点,如图 2.4.1 中的节点 A。

② 叶节点:在树中没有后继的节点称为叶节点,或终端节点,如图 2.4.1 中所示的节点 C、E、F、G。

③ 分支节点:在树中既有前驱又有后继的节点称为分支节点,如图 2.4.1 中所示的节点 B、D。

3. 度和高度

在树中,度和高度是两个不同的概念。

① 节点的度:树中每个节点拥有的子树的数目,称为此节点的度,如图 2.4.1 中节点 A 的度为 3,C 的度为 0。可见叶节点是度为 0 的节点。

② 树的度:树中各节点度的最大值为树的度。如图 2.4.1 所示树的度为 3。

③ 树的高度:树中的节点是有层次的。节点的层次从根开始定义,根为第 1 层,其他节点的层次都等于它的双亲的层次加 1。树中节点的最大层次,称为树的高度,又称为树的深度。如图 2.4.1 所示树的高度为 3。

此外,树中还有一些常见的术语。

对于一个分支节点,它是其子树的根,其子树中的各节点称为该分支节点的子女,该分支节点称为其子树各节点的双亲节点。当然,叶子节点是没有子女只有双亲的节点;根节点是只有子女而没有双亲的节点。如图 2.4.1 所示,A 是 B、C、D 的双亲,B、C、D 是 A 的子女。同一双亲的各子女间互称兄弟,B、C、D 为兄弟。节点的祖先是从树根到该节点的路径上的所有节点。

若将树中各节点的子树看成是从左到右有序的(不能互换),则称该树是有序的,否则为无序树,这里介绍的都是有序树。

2.4.2 二叉树

1. 二叉树的概念

鉴于树的形状多种多样,为了控制逻辑,实际使用时以二叉树为主。

(1) 二叉树的定义

或为空,或由一个根节点加上两棵分别称为左子树和右子树的两棵子树组成,这种树就被称为二叉树。图 2.4.2 给出了二叉树的例子。

二叉树节点的子树要区分为左子树还是右子树,即使在节点只有一个子树的情况下,也要区分是左子树还是右子树。

(2) 二叉树的基本形态

二叉树有 5 种基本逻辑形态。分别为空二叉树、只有一个根节点的二叉树、左子树为空的二叉树、右子树为空的二叉树及左右子树皆非空的二叉树。如图 2.4.3 所示。

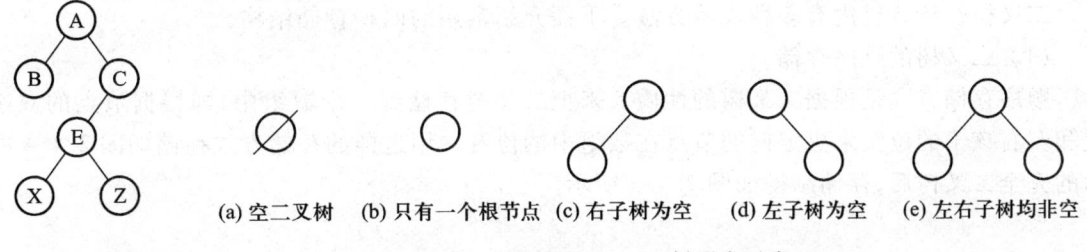

图 2.4.2　二叉树示例　　　　　　　　图 2.4.3　二叉树形态示意

(3) 满二叉树和完全二叉树

满二叉树和完全二叉树是两种特殊形态的二叉树。除了叶节点外每一个节点都有左右子树且叶节点都处在最底层的二叉树被称为满二叉树。若只有最下面的两层节点的度小于2,并且最下面一层节点都集中在该层最左边的若干位置上,这样的二叉树被称为完全二叉树。如图 2.4.4所示。

2. 二叉树的性质

二叉树具有以下重要性质:

性质 1　在二叉树中,第 i 层的节点最多为 2^{i-1}。

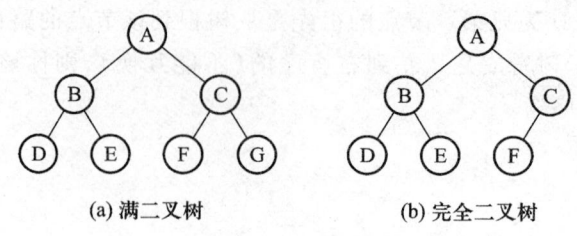

图 2.4.4 特殊二叉树示意

性质 2 在高度为 k 的二叉树中,节点总数最多为 $2^{k}-1$ 个($k \geq 1$)。

性质 3 对任何一棵二叉树 T,如果其终端节点数为 n_0,度为 2 的节点数为 n_2,则 $n_0 = n_2 + 1$。

性质 4 具有 n 个节点的完全二叉树的高度为 $\log_2(n+1)$。

性质 5 如果对一棵有 n 个节点的完全二叉树的节点从上而下,从左至右连续地从 1 开始编号,则对任一节点 $i(1 \leq i \leq n)$ 有:

① 如果 $i=1$,则节点 i 是二叉树的树根,无双亲;如果 $i>1$,则其双亲节点的位置为 $i/2$。
② 如果 $2^i > n$,节点 i 无左孩子;否则其左孩子的序号是 2^i。
③ 如果 $2^{i+1} > n$,节点 i 无右孩子,否则其右孩子的序号是 2^{i+1}。

3. 二叉树的存储结构

二叉树在计算机内有多种表示方法。下面介绍常用的两种存储结构。

(1) 二叉树的顺序存储

顺序存储方式是根据二叉树的性质 5 来把二叉树存储到一个数组中,即根据节点的双亲位置和左右孩子的位置来决定树的节点在数组中的位置。用这样的存储方式存储如图 2.4.4 中所示的完全二叉树后,存储结构如图 2.4.5 所示。

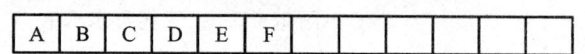

图 2.4.5 完全二叉树的顺序存储

对于一个普通形态的二叉树,若要用数组进行顺序存储,则应先通过增加一些空节点,将其转换为一棵完全二叉树,如图 2.4.6 所示。然后按从上到下,从左到右的顺序依次将实节点和空节点存储到数组中,如图 2.4.7 所示。很明显,二叉树的顺序存储方式比较适合存储完全二叉树,如果用来存储非完全二叉树,则会浪费一些存储空间。

(2) 二叉树的链式存储

实际应用过程中,从直观的角度出发,二叉树多采用链式的存储方式。考虑二叉树的每个节点中有一个数据域、有两个分别指向左右子树的指针,所以定义如下的存储节点数据结构。

2.4 树型结构

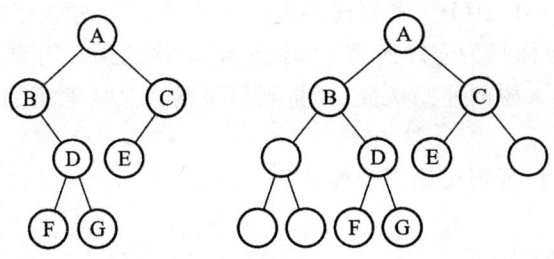

图 2.4.6 普通二叉树到完全二叉树的转换示意

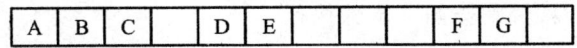

图 2.4.7 普通二叉树的顺序存储

例 2.11 二叉树节点类的定义

```
public class TreeNode
{
    public char data;
    public TreeNode leftChild;
    public TreeNode rightChild;
    public TreeNode( char c )
    {
        data = c;
        leftChild = null;
        rightChild = null;
    }
}
```

同链表中定义的节点的目的相似，TreeNode 只是一个数据类，为后续程序编写方便起见，其所有的属性都定义为 public。通过上面定义的类，可以通过如下的语句来定义一个值为 "A" 的节点。

```
TreeNode node = new TreeNode('A');
```

4. 二叉树的遍历

所谓二叉树的遍历，是指按一定的规律，将二叉树中的所有节点都访问一遍且仅访问一遍。从二叉树的递归定义可以知道，二叉树是由 3 个单元组成的，即根节点(D)、左子树(L)、右子树(R)。若能依次遍历这 3 个部分，就能完成二叉树的遍历。根据排列组合，共有 6 种方案，分别是 DLR、LDR、LRD、DRL、RDL、RLD。若对树的遍历次序规定为先左后右，则只有3种情况，分别是 DLR、LDR、LRD，相应地称其为先序遍历、中序遍历、后序遍历。可见，这里的先、中、后是指根节点出现的位置。根据二叉树的递归定义，可得到以下的二叉树遍历的递归算法。

（1）先序遍历

若二叉树为空，则返回，否则按如下步骤执行。

① 访问根节点。

② 先序遍历根的左子树。

③ 先序遍历根的右子树。

（2）中序遍历

若二叉树为空，则返回，否则按如下步骤执行。

① 中序遍历根的左子树。

② 访问根节点。

③ 中序遍历根的右子树。

（3）后序遍历

若二叉树为空，则返回，否则按如下步骤执行。

① 后序遍历根的左子树。

② 后序遍历根的右子树。

③ 访问根节点。

通过遍历，可以得到二叉树各节点的一个线性序列表示。例如，对于如图2.4.6中所示的二叉树，不同的遍历结果如下：

先序遍历序列：ABDFGCE

中序遍历序列：BFDGAEC

后序遍历序列：FGDBECA

例 2.12 设计一个程序，界面如图2.4.8所示，实现建立二叉树、先序、中序遍历二叉树的功能。

（1）分析

程序的实现分为如下4步。

① 设计主窗体界面。

② 添加二叉树节点类。

③ 设计二叉树类。

④ 通过调用二叉树类的相应方法，实现主窗体相关对象的相应事件。

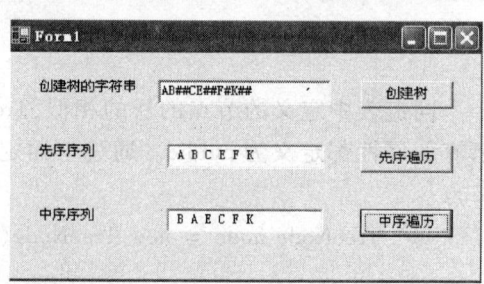

图 2.4.8 二叉树操作设计界面

（2）设计主窗体界面

在主窗体界面中需要放置如下控件，并进行相应的属性设置，如表2.4.1所示。

2.4 树型结构

表 2.4.1 控件属性设置

控件	Name 属性	Text 属性
TextBox	tbCreatString	清空
TextBox	tbPreorderList	清空
TextBox	tbMidorderList	清空
Button	btnCreatTree	创建树
Button	btnPreorder	先序遍历
Button	btnMidorder	中序遍历

(3) 添加节点类

选择"项目"→"添加类"命令,在"名称"文本框中输入"TreeNode.cs",类代码见例 2.11 的定义。

(4) 设计二叉树类

二叉树由树根、左、右子树组成,而左右子树又可以看做是一棵二叉树,因此,二叉树类的关键属性是树根节点。二叉树类的方法包括创建二叉树、先序遍历、中序遍历、后序遍历方法。

① 创建二叉树方法

创建二叉树时,仍然从二叉树的 3 部分组成入手。如果以#代表某节点的子树为空,采用先序遍历方式,则图 2.4.6 所示的二叉树可以用字符串唯一表达为"AB#DF##G##CE###"。创建二叉树时,可以根据这种形式的字符串,采用根、左子树、右子树次序,以递归程序的方式创建二叉树。

② 遍历二叉树方法

因为树的定义是递归的,所以可以采用把树的左右子树再当做一棵完整的二叉树,把树根传递给同样的一段代码即可完成二叉树的遍历。

选择"项目"→"添加类"命令,在"名称"输入框输入"BiTree.cs",按例题要求,在类代码中添加如下代码:

```
public class BiTree
{
    private TreeNode root;          //树根节点
    private string treeStr;          //记录用于创建二叉树的字符串
    private int i = 0;               //创建二叉树时使用,用来引用 treeStr 串中的一个字符
    private string result;           //先、中、后序遍历时,得到的结果记录在这里
    //--------------------------------------------------------------
    public BiTree()
    {
```

```
        root = null;    //构造方法,创建一棵空二叉树
    }
    //-----------------------------------------------------------
    private void setTreeStr(string s)    //设置用来构造二叉树的字符串,在创建一棵二
叉树前调用
    {
        treeStr = s;
        this.i = 0;    //每次用输入的字符串创建树时,从 0 开始
    }
    private TreeNode createTree( )
    //私有方法,根据给定的串,以递归的方式创建一颗二叉树,并返回树根
    {
        TreeNode t;
        char c;
        c = this.treeStr[i ++];    //从字符串中取第 i 个字符,i 是类的成员变量,初
                                    始值为 0
        if(c = = '#')    //遇到#,则子树为空
            return (null);
        else
        {
            t = new TreeNode(c);    //创建子树的树根
            t.leftChild = createTree( );    //递归调用自身,创建子树的左子树
            t.rightChild = createTree( );    //递归调用自身,创建子树的右子树
            return(t);    //上面 3 个语句,分别创建了树根、左、右子树返回树根
        }
    }
    //-----------------------------------------------------------
    public void createTree(string treeStr)    //公共方法,根据给定的字符串,创建二叉树
    {
        this.setTreeStr(treeStr);    //设定用来创建二叉树的串
        root = createTree( );    //调用上面定义的递归方法创建二叉树
    }
    //-----------------------------------------------------------
    private void preOrder(TreeNode t)
    //私有方法,给定一棵二叉树的树根 t,递归先序遍历
```

//遍历的结果保存在类成员 result 中
{
    if (t! = null)   //如果不是空树
    {
        result += " " + t.data;   //遍历树根,累加到 result 中。程序结束,result 中是结果
        preOrder(t.leftChild);   //以左孩子为树根,调用自身,遍历左子树
        preOrder(t.rightChild);   //以右孩子为树根,调用自身,遍历右子树
    }
}
//--
public string preOrder()   //先序遍历,公共方法,方法重载了
{
    result = "";   //遍历是字符串累加过程,每次调用前,result 必须初始化
    preOrder(this.root);
    //以树根为起点,调用递归的先序遍历方法,执行完毕后,结果在 result 中
    return this.result;   //返回遍历结果
}

//--
private void midOrder(TreeNode t)   //私有方法,中序遍历
//以树根 t 为起点,递归完成树的中序遍历
{
    if (t! = null)   //如果树不空
    {
        midOrder(t.leftChild);   //以左孩子为树根,递归调用
        result += " " + t.data;   //遍历树根,保存在类属性 result 中
        midOrder(t.rightChild);   //以右孩子为树根,递归调用
    }
}
//--
public string midOrder()   //公共方法,方法重载了
{
    result = "";   //遍历是字符串累加过程,每次调用前,result 必须初始化
    midOrder(this.root);

```
            //从树根开始,调用递归的中序遍历方法,执行完毕后,结果在 result 中
            return this.result;
        }
    }
```

上述二叉树类实现的代码中,频繁出现了方法重载的情况,例如,private void preOrder(TreeNode t)和 public string preOrder( ),private void midOrder(TreeNode t)和 public string midOrder( )等,读者从代码中也可以看到,调用过程都是在 public 方法中调用了重载的 private 方法。

读者可能要问:

① 为什么进行方法重载呢?

② 能否将 private void preOrder(TreeNode t)改为 public void preOrder(TreeNode t)来直接实现遍历的目的呢?

以先序遍历为例,private void preOrder(TreeNode t)方法要求给定树根,然后才能递归遍历树,但树根 root 是私有成员,类外无法访问,因此是不能直接调用的。public string preOrder( )方法,不需要传递任何参数,作为类的方法,它可以直接访问 root,所以可以把 root 传递给重载的私有方法,作为 public 方法,可以在类外调用,起到了桥梁的作用。

可能读者还要问,如果仅仅由于 root 是类私有成员而导致需要重载方法,那么提供一个能返回 root 的 public 方法不就能解决问题了吗? 其实没这么简单,因为每次遍历都需要对 result 进行初始化,而这个工作是不可能在递归方法内完成,因为递归方法中有对 result 进行累加的过程(见语句 result += "" + t.data),每递归一次就累加一次,且 result 也是类私有成员,遍历结束后,需要将其返回给调用程序,如果不使用重载,也需要编写一个返回 result 值的公共方法,工作量并不少。综合这些结果,使用方法重载是最合适的。

(5) 主窗体中对象的相应事件

① 修改主窗体类。

因为主窗体内各对象的事件都涉及对二叉树类的操作,所以需要将二叉树类对象声明为主窗体的私有成员且初始化,具体做法是在主窗体的构造函数 public Form1( )的上面增加如下代码:

```
        private BiTree bt = new BiTree( );
```

下面各窗体事件方法中,都可以直接使用二叉树类对象 bt。

② "创建树"按钮事件。

```
        private void btnCreatTree_Click(object sender, System.EventArgs e)  //创建二叉树
        {
            bt.createTree(tbCreatString.Text);    //从界面上取得字符串,调用 createTree 方法创建树
        }
```

③ 先序遍历按钮事件。

```
        private void btnPreorder_Click(object sender, System.EventArgs e)  //先序遍历
```

2.4 树型结构

```
        tbPreorderList.Text = bt.preOrder();//遍历的结果直接显示在界面上
    }
```

④ 中序遍历按钮事件

```
    private void btnMidorder_Click(object sender,System.EventArgs e)//中序遍历
    {
        tbMidorderList.Text = bt.midOrder();//遍历的结果直接显示在界面上
    }
```

读者可以参考先序和中序遍历的实现，来实现后序遍历。

请注意，实际上，二叉树的 createTree() 方法是有缺陷的，它要求操作者必须准确地输入二叉树的表达字符串，如果输入有误，则可能导致如下语句出错：

　　c = this.treeStr[i++];

因为 i 的不断增加，会导致 treeStr 数组访问越界。读者可以思考该问题的解决方法。

5. 二叉树的推导

如果给出一棵二叉树的先序遍历和中序遍历结果，或者给出后序遍历和中序遍历结果，可以唯一确定二叉树；但如果只给出先序遍历和后序遍历结果，则二叉树不是唯一的。这种情况可用一个反例来说明。如图 2.4.9 所示的两棵二叉树，它们的先序和后序遍历结果完全一样，但却是两棵不同的树。

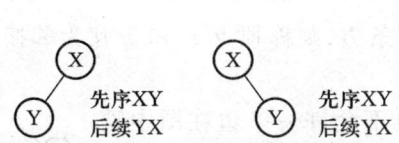

图 2.4.9　不同二叉树的遍历结果

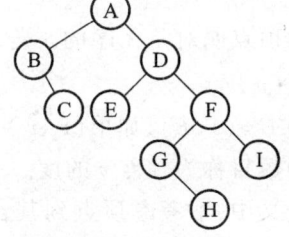

图 2.4.10　树推导的例子

下面通过一个例子介绍根据遍历结果推断二叉树的方法。

设有一棵二叉树，其先序遍历结果为 ABCDEFGHI，中序遍历结果为 BCAEDGHFI，则可以按如下方法推导出二叉树：首先从先序遍历结果可以得知，A 为树根；根据树根，将中序遍历结果分为两部分，B、C 为左子树，E、D、G、H、F、I 为右子树；再回到先序遍历，可以知道 B 为左子树的树根；然后再回到中序遍历，因为 C 在 B 的右侧，所以断定 C 是 B 的右枝。按此逻辑不断的推导下去，可以推断出树的结构如图 2.4.10 所示。

*2.5 图

图(Graph)是较树型结构更为复杂的数据结构。在树型结构中,数据元素之间有着明显的层次关系。而在图中,任何两个数据元素之间都可能存在关系。

图的应用非常广泛,如电路设计、交通网路、电网布线、图像识别等都可以归纳为图的问题。

2.5.1 图的定义和基本概念

图可以分为有向图和无向图,本书中只介绍无向图。

1. 图的定义

图 G 由两个集合 V 和 E 组成,记为 $G=(V,E)$,其中 V 是顶点(Vetex)的非空有限集合,E 是顶点偶对的有限集合,也就是边。通常将图 G 的顶点集合和边集合记为 $V(G)$ 和 $E(G)$。

2. 边、顶点、度

无向图的顶点偶对是无序的。若顶点 v_i 到顶点 v_j 有一条边,则该边也是顶点 v_j 到 v_i 的边,记为 (v_i,v_j) 或 (v_j,v_i)。

对无向图 $G=(V,E)$,如果 (v_i,v_j) 是 E 中的一条边,则称顶点 v_i 和 v_j 互为邻接点。与顶点 v 相关联的边的数目称为顶点 v 的度。

在图的定义中,不考虑顶点到其自身的边,也不允许一条边在图中重复出现。

在图 2.5.1 中,图的顶点集合为: $V(G)=\{v_1,v_2,v_3,v_4,v_5\}$,边的集合为 $E(G)=\{(v_1,v_2),(v_1,v_3),(v_1,v_4),(v_2,v_3),(v_2,v_4)\}$。

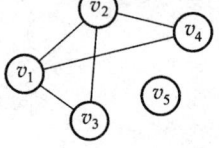

图 2.5.1 图的例子

在一个图中,若从顶点 v_1 出发,沿一些边经过顶点 $v_2,v_3,\cdots,v_{n-1}$ 到顶点 v_n,则称顶点序列 $(v_1,v_2,\cdots,v_n)$ 为从 v_1 到 v_n 的路径(path)。

2.5.2 图的存储结构

图的存储结构有多种方法,本节只介绍最常用的表示方法,邻接矩阵法。

邻接矩阵表示各顶点的邻接关系。设 $G=(V,E)$ 是有 $n(n>0)$ 个顶点的图,则 G 的邻接矩阵

是具有如下性质的 $n×n$ 的方阵：

① $a_{ij}=1$　如果 v_i 和 v_j 之间存在边。

② $a_{ij}=0$　如果 v_i 和 v_j 之间没有边。

对于图 2.5.1 中的图，其邻接矩阵可以写为：

$$\begin{bmatrix} 0 & 1 & 1 & 1 & 0 \\ 1 & 0 & 1 & 1 & 0 \\ 1 & 1 & 0 & 0 & 0 \\ 1 & 1 & 0 & 0 & 0 \\ 0 & 0 & 0 & 0 & 0 \end{bmatrix}$$

借助邻接矩阵，可以方便地求得顶点的度。在无向图中，每个顶点的度就等于邻接矩阵中该顶点所在行或列的非零元素的个数。

2.5.3　图的遍历

从图中某一顶点出发访问图中的所有顶点，且使每个顶点仅被访问一次，这一过程就叫图的遍历。

因为图的任一顶点都可能和其余的顶点相邻接，且可能有回路，所以可能会出现对某顶点的重复访问。为避免这个问题，必须记下每个已访问过的顶点。为此，可设置一个表示顶点是否被访问过的辅助数组 visited，初始化时将数组的每个元素置为"假"，一旦某顶点 v_i 被访问过，则将 visited[i] 置为"真"，以后此顶点就不再被访问。

根据搜索路径方式的不同，遍历图的方法有两种：深度优先搜索遍历和广度优先搜索遍历。

1. 深度优先搜索遍历

（1）深度优先遍历逻辑

深度优先搜索（Depth-First Search）遍历类似于二叉树的先序遍历。

深度优先搜索从图中某个顶点 v_0 出发，访问此顶点，然后进入与 v_0 的未被访问的邻近顶点上，访问之，继续从新顶点出发找与其相邻的未被访问的节点，直至图中的所有和 v_0 有路径相通的顶点都被访问到；若此时图中尚有顶点未被访问，则另选图中一个未曾访问的顶点作起始点，重复上述过程。直到图中所有顶点都被访问到为止。

如图 2.5.1 所示，无向图 G 从 v_1 出发按深度优先搜索遍历的过程为：

① 访问 v_1。

② 从 v_1 按边可访问 v_2、v_3、v_4，因为 v_2、v_3、v_4 都没被访问，所以挑选小者 v_2。

③ 从 v_2 出发可以访问 v_1、v_3、v_4，但 v_1 已被访问，所以选 v_3。

④ 从 v_3 按边可以访问 v_1 和 v_2，但 v_1 和 v_2 已经被访问过，所以路径无效。
⑤ 退回进入 v_3 的前一步，即从 v_2 出发继续访问，只能选择 v_4。
⑥ v_5 属孤立顶点，需要重选入口顶点访问，即 v_5 自身。
最终得到的顶点访问序列为 v_1, v_2, v_3, v_4, v_5。

（2）图类的定义

图类的定义中，采用邻接矩阵存储图，所以图类的属性包括邻接矩阵、图的点数，而图类的方法就是深度优先搜索和广度优先搜索。

在用邻接矩阵记录图的数据情况下，图类和深度优先算法的实现如例 2.13 所示。

例 2.13 图类定义

```
public class Graph
{
    private int[,] data;//存放邻接矩阵的数据
    private int dimension;//图中的点数
    private string result;    //遍历的结果
    public Graph(int[,] data) //构造函数
    {
        this.data = data;    //得到图的邻接矩阵
        this.dimension = data.GetLength(0); //data 为方阵,图的点数就是邻接矩阵
                                              行或列的维数
        //data.GetLength(0)获得 C#数组第一维的长度,因为邻接矩阵是方阵,所以
            任何一维都代表图中的点数
    }
    //------------------------------------------------------------
    private void dfs(int startVertex,bool[] visited)
    //私有方法,深度优先搜索的递归方法,形式参数 visited 数组代表顶点是否被访
        问过,
    //startVertex 代表遍历的起始点
    {
        int j;
        result += " " + startVertex;
        visited[startVertex] = true;    //顶点被访问
        for (j = 0; j < this.dimension; j++)    //找与该顶点相邻的边
            if (data[startVertex,j] ! = 0 && ! visited[j])
                //如果边存在且连接点没被访问,则进入该点并以它为起点开始
                    递归
```

*2.5 图

```
                    dfs(j,visited);   //调用自身,从j开始继续遍历
    }
    //----------------------------------------------------------
    public string deepFirst( )    //深度优先搜索方法,public方法,供类外调用
    {
        this.result = "";遍历结果初始化
        bool[ ] visited = new bool[this.dimension];//定义记录每个顶点是否被访问
                                                    过的数组
        for(int i = 0; i < this.dimension; i++)
            visited[i] = false;   //每个顶点初始化为没被访问过
        for(int i = 0; i < this.dimension; i++)
            if(!visited[i])   //选择一个没有被访问过的顶点作为起始点,进行
                               遍历
                dfs(i,visited);
        return this.result;   //返回遍历结果
    }
};
```

编写了上面的Graph类以后,为了测试该类,关键的一点是如何将图的邻接矩阵读入计算机中,为配合数据读入工作,可以使用第二章中提供的FileReadWrite类,调用其readData方法。

例2.14 设计一个程序,界面如图2.5.2所示,从文本文件中读入图的邻接矩阵,然后按深度和广度优先遍历图。

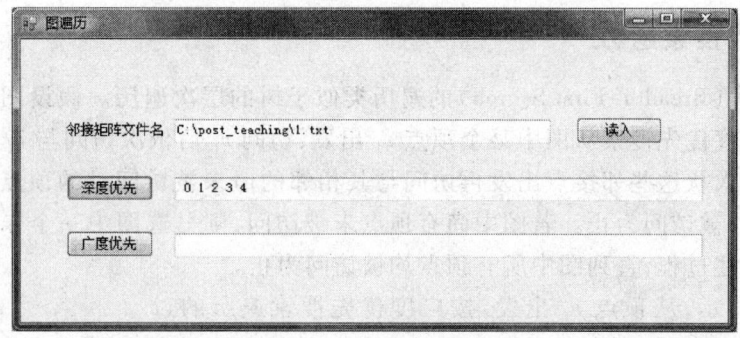

图2.5.2 图的遍历

如图2.5.1所示,将其邻接矩阵存储在文件1.txt中。格式为:一个顶点占一行,一行中的每个数字用空格间隔,则1.txt文件中的内容如下:

0 1 1 1 0
1 0 1 1 0
1 1 0 0 0
1 1 0 0 0
0 0 0 0 0

（1）建立工程

建立 C#工程 GraphTest，并将 Graph 类添加到工程中，再将第 2 章中的 FileReadWrite 类添加到工程中，在主窗体类中，定义类私有成员 Graph 对象 gr。

（2）按钮事件

① "读入"按钮事件。

```
private void btnReadFile_Click(object sender, EventArgs e)
{
    int[,] data = FileReadWrite.readData(textBox1.Text);  //从文本文件中读入邻接矩阵
    gr = new Graph(data);   //将窗体类私有成员 gr 实例化
}
```

② "深度优先"按钮的 Click 事件。

```
private void button2_Click(object sender, EventArgs e)
{
    tbDeepFirstResult.Text = gr.deepFirst();
    //调用 Graph 的深度优先方法，遍历图并将结果显示在界面上
}
```

2. 广度优先搜索遍历

广度优先搜索（Breadth-First Search）的遍历类似于树的层次遍历。假设图的初态是所有顶点未被访问，则广度优先搜索从图中某个顶点 v_1 出发，访问 v_1 后依次访问与 v_1 邻接的各个未曾访问的点；然后依次从这些邻接点出发再访问与其相邻的但未被访问过的顶点，如此下去，直到所有邻接的顶点均被访问为止。若图中尚有顶点未被访问，则另选图中一个未曾访问的顶点作为新起点，重复上述过程，直到图中所有顶点均被访问为止。

如图 2.5.3 所示，从顶点 v_1 出发，按广度优先搜索遍历的过程为：

① 进入 v_1，将其访问。

② v_1 与 v_2、v_4、v_5 有边，将它们逐一访问。

③ 进入 v_2，它与 v_1、v_4 有边，所以试图访问 v_1、v_4，但 v_1、v_4 已经被访问过，所以跳过。

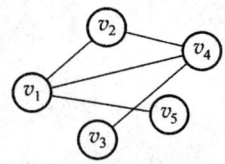

图 2.5.3 广度优先遍历图例

④ 进入 v_4，找到 v_2、v_3、v_3 没访问过，所以访问它。
⑤ 进入 v_5，发现 v_1、v_1 已经被访问，所以跳过。
⑥ 进入 v_3，发现 v_4、v_4 已经被访问过，所以跳过。

所得到的顶点访问序列为 v_1-v_2-v_4-v_5-v_3。

广度优先搜索算法实际上是依次访问与入点的路径长度为 1 的顶点，然后再访问路径长度为 2 的顶点，为此搜索时可以借助队列来实现。通过使用前面章节中定义的队列 Queue，则可以定义图的广度优先算法如下：

```
private  string  bfs(int startVertex,bool[ ] visited)   //属于 Graph 类的方法,广度优先
{
    int j,k;
    LinkedQueue lq = new LinkedQueue( );    //生成一个队列,LinkedQueue 是链式式
                                              队列
    lq.inQueue(startVertex);              //将起始顶点放入队列
    while ( ! lq.isEmpty( ) )              //判断队列是否为空
    {
        lq.outQueue(k);                   //从队列中取出队首元素,放到 k 中
        visited[k] = true;                //设置该顶点被访问过
        this.result += " " + (k+1);       //输出该顶点,顶点计数从 1 开始,所以用了k+1
        for (j=0;j< dimension; j++)
                                          //for 循环将与该顶点邻接的所有未被访问过的
                                              顶点全部放入队列中
            if (a[k][j]! =0 && ! visited[j])
            {
                lq.inQueue(j);            //进入队列
                visited[j] = true;        //置顶点被访问过
            }
    }
}

public string breadthFirst( )
{
    this.result = " ";                    //遍历结果存储在 result 中,遍历前初始化
    bool[ ] visited;
    visited = new bool[this.dimension];
    for (int i=0; i<this.dimension; i++)
        visited[i] = false;               //初始化每个节点的访问标识,都设置为没被访问过
```

```
        for(i=0;i<this.dimension;i++)
            if(!visited[i])    //找到一个未被访问的顶点作为起点,进行广度优先搜索
                bfs(i,visited);
        return result;
    }
```

注意,上述的两个方法中,bfs 方法定义为 private,broadFirst 定义为 public 方法。读者可以按如图 2.5.2 所示的窗体类,实现单击"广度优先"按钮的逻辑。

2.6 查找

查找是指在数据结构中找出满足某种要求的数据元素。若在数据结构中找到了这样的元素,则称查找成功,否则称查找失败。

查找时,必须依据预先确定的某种标识,这就是关键字的概念。通常,关键字是数据元素中某个数据项的值。例如,假设数据元素是学生,有姓名、学号、性别等,则可以用数据元素的学号数据项作为键值。

查找算法是软件设计中经常遇到的问题,算法效率与数据的组织和算法的实现密切关联。下面的内容中,将数据元素的类型全部设为整型,介绍几种常用的查找算法。

2.6.1 顺序查找

假设用数组存储数据元素,顺序查找的过程是从数组的第一个元素开始,与查找的关键字逐个比对,直到找到关键字所在的位置或遇到数组的结尾为止,若找到,则返回关键字在数组中的位置,否则返回-1(因为 C#的数组下标不可能为-1)。

假设前面编写的 ArrayList 类的 search 方法用的是顺序查找法,则其实现代码如例 2.15 所示。

例 2.15 顺序查找法
```
    public int search(int keyValue)
    {
        int i=0;
        while(data[i]!=keyValue && i<length)    //length 是线性表的有效长度,数据存
                                                            放在 data 数组中
```

```
            i++;
        if(i<length)
            return(i);
        else
            return(-1);
}
```

很显然,顺序查找法的效率非常低,可以设想在一个非常大的线性表中,其关键字正好是最后一个元素的情形。

2.6.2 对半查找法

如果线性表的数据元素是按其关键字的大小顺序排列的,则可以使用对半查找法来加快查找的效率。其方法如下:假设表中数据是由小到大顺序排列的。首先,将要查找的关键字与线性表中间位置上的数据元素的关键字对比,若相等,则查找成功;否则,判断要查找的关键字与中间位置元素的关系。若关键字小于中间位置的元素,则说明它应该在表的前半部分,这时将关键字与前半部分表的中间位置元素进行比对,否则,将关键字与表后半部分中间位置元素进行比对,直到找到关键字的位置,否则说明查找失败。

定义对半查找方法为 binSearch,增加到 ArrayList 类后,其算法的实现如例2.16 所示。

例 2.16 对半查找法

```
public int binSearch(int keyValue)
{
        int low,high,mid;    //low、high、mid 分别代表当前查找的位置的下限、上限和中间
                             位置
        low = 0;                    //初始化下限为数据的第一个元素的位置
        high = length-1;            //上限为最后一个元素的位置
        while (low <= high)
        {
            mid = (low + high) / 2;   //确定中间位置
            if (data[mid] == keyValue)
                return(mid);
            if(data[mid] < keyValue)   //关键字在表的后半部分
                low = mid+1;
            else
                high = mid-1;         //关键字在表的前半部分
}
```

```
              return(-1);
       }
```

2.6.3 二叉排序树及其查找

对半查找是基于关键字比较的最优方法,它要求数据是线性表且有序存储。实际上,如果将数据存储为二叉树的形式,且按一定的规则形成二叉树,可以显著地提高查找效率,这就是二叉排序树。

1. 二叉排序树的定义

① 若一个节点的左子树不空,则左子树上的所有节点的关键字均小于该节点的关键字。
② 若一个节点的右子树不空,则右子树上的所有节点的关键字均大于该节点的关键字。
③ 定义是递归的。
如图 2.6.1 所示的二叉树就是一棵二叉排序树。

2. 二叉排序树的查找

二叉排序树的查找原理非常简单,将待查关键字 k 与根节点的关键字进行比较,若相等,则查找成功;否则根据比较结果决定进入左子树还是右子树。将子树再作为一棵树,递归查找下去,直到查找成功为止,或确定二叉树中没有这样的节点。若查找成功,则返回一个指向关键字等于 k 的节点的指针;若查找失败,则返回 null。

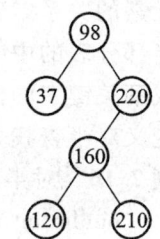

图 2.6.1 二叉排序树

延续前面二叉树定义的 TreeNode 类和 BiTree 类,增加二叉排序树查找方法 banSearch 如下:

```
       public TreeNode banSearch(char k)
       {
              TreeNode p = this.root;
              while ((p! = null) && (p.data! = k))
              {
                     if (p.data > k)
                            p = p.leftChild;
                     else
                            p = p.rightChild;
              }
              return (p);
       }
```

3. 二叉排序树的创建

为了让读者实现二叉排序树的查找过程,下面的代码提供了创建二叉排序树的方法,请读者在类 BiTree 中增加该方法。

```
public void insBTree( char k )
{
    TreeNode p,q;
    q = new TreeNode( k ) ;
    if( root = = null )
    {
        root = q;        //若树为空,则该节点就是树根
        return;
    }
    p = root;        //从树根开始
    while((p.leftChild ! = q) && (p.rightChild ! = q))    //如果新节点还没被插入
                                                          到排序树中
    {
        if( k < p.data )                //关键字比根节点值小,插入到左子树
        {
            if( p.leftChild ! = null )    //若根的左子树非空,则以左孩子为根,继
                                          续找位置
                p = p.leftChild;
            else
                p.leftChild = q;        //若根的左子树为空,则该位置就是新节点
                                          的插入位置
        }
        else                            //关键字比根节点值大,插入到右子树
        {
            if( p.rightChild ! = null )  //若根的右子树非空,则以右孩子为根,继
                                          续找位置
                p = p.rightChild;
            else
                p.rightChild = q;       //若根的右子树为空,则该位置就是新节点
                                          的插入位置
        }
    }
```

        }
    }

　　二叉排序树的构造过程就是从空树出发,依次将每个输入元素作为节点,逐个插入二叉排序树的过程。

　　例 2.17　设计一个程序,主程序窗体如图 2.6.2 所示,实现二叉排序树的创建和查找。

　　设主窗体中从上到下的 4 个 TextBox 对象依次定义为:tbNewData、tbPreorderResult、tbSeekValue、tbSeekResult;3 个按钮名字分别定义为:btnCreateTree、btnPreorder、btnSeek。

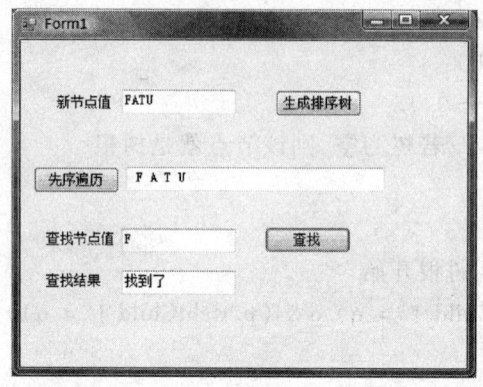

图 2.6.2　二叉排序树程序的主窗体

① "生成排序树"按钮的代码如下:

```
private void btnCreateTree_Click(object sender, EventArgs e)    //生成排序树按钮
{
    string s = tbNewData.Text;          //获得生成二叉排序树的字符串
    for (int i = 0; i < s.Length; i++)
    {
        bt.insBTree(s[i]);              //每次从输入串中取一个字符,插入树中,形
                                        //  成二叉排序树
    }
}
```

② "先序遍历"按钮的逻辑实现如下:

```
private void btnPreorder_Click(object sender, EventArgs e)    //先序遍历按钮
{
    tbPreorderResult.Text = bt.preOrder();
}
```

③ "查找"按钮的逻辑如下:

```
        private void btnSeek_Click(object sender,EventArgs e)    //查找按钮
        {
            string key = tbSeekValue.Text;     //用户输入的需要查找的关键值
            TreeNode tn = bt.banSearch(key[0]);    //键值是一个字符,保存在字符串的第0
                                                     位置上
            if (tn == null)
            {
                tbSeekResult.Text = "没找到";
            }
            else
            {
                tbSeekResult.Text = "找到了";
            }
        }
```

如果在构造二叉排序树的过程中,对节点的位置作适当的调整,使得二叉排序树中每个节点的左右子树的高度之差不超过1,那么这样的二叉排序树的查找就与对半查找一样高效。这种二叉排序树被称为平衡二叉排序树。

2.7 排　序

排序(Sorting)又称分类,是数据结构中的另一种十分重要的运算。其功能就是将一个数据元素(也称为记录)的无序序列,按其关键字的大小重新排列,最后变成一个有序序列。

不同的排序方法有效率上的差别,评价一个排序方法的好坏主要有两个标准:时间复杂度和空间复杂度。在计算时间复杂度时,主要考虑的是关键字的比较次数和记录的移动次数,通常以阶来衡量。例如,针对一个有 n 个关键字的序列,若某种排序算法中关键字的平均比较次数为 $2n^2+4$,记录的移动次数不超过比较次数,则称它的时间复杂度为 $O(n^2)$。空间复杂度是排序时所需的附加存储空间。

下面介绍几种常用的方法。为了讨论方便起见,假设数据元素为整型。

2.7.1 选择排序

选择排序的基本思想是:第 i 趟在 $n-i+1$($i=1,2,\cdots,n-1$)个记录中选出关键字最小的记录作为有序序列的第 i 个记录。本节介绍的选择排序方法有直接选择排序和堆排序。

1. 直接选择排序

直接选择排序的基本方法是:每次从待排序的记录中,选出关键字最小的(或最大的)记录,放在已排序的记录的后面。

具体操作步骤为:假定原记录 $R[1,\cdots,N]$,其中 $R[1,\cdots,i-1]$ 已排好序,$R[i,\cdots,N]$ 还没有排好序,则在剩余的 $N-i+1$ 个待排序的记录中选出关键字最小的记录,把它与第 i 个记录交换位置;然后在余下的记录中重复此过程,直到所有记录均有序为止。

设为前面章节中的顺序表 ArrayList 类增加直接选择排序的方法,则算法描述如下:

```
public void  selectSort( )
{
    int  i,j,k;
    for(i = 0;i < length-1; i++)     //length 是顺序表的元素个数
    {
        k=i;                         //假设未排序元素中,排在首位的元素最小
        for(j = i+1; j<length; j++)
            if(data[j] < data[k])    //顺序表的数据存储在 data 中
                k=j;                 //记录最小元素的位置
        if(k ! = i)                  //找到了比假设最小元素更小的元素,其下标为 k
        {
            int x = data[i];
            data[i] = data[k];
            data[k] = x;
        }
    }
}
```

直接选择排序的时间复杂度为 $O(n^2)$。当初始记录序列有序时,不需要移动记录;当初始记录序列为逆序时,记录的移动次数为 $3(n-1)$。

*2. 堆排序

堆排序是对直接选择排序的改进。它是出于如下的考虑:当用 $n-1$ 次比较选择出最小的一

个关键字后,在余下的关键字选择中,若能利用前面已进行的比较所得到的有用信息,则可以减少关键字的比较次数。要想利用前面的比较信息,就必须事先把它保存起来。

(1) 堆定义

定义 n 个元素的序列 $(k_1,k_2,\cdots,k_n)$ 为堆,当且仅当其满足如下的关系:

$k_i <= k_{2i}$

$k_i <= k_{2i+1} (i=1,2,\cdots,n/2)$

堆的形状类似一棵二叉树,从定义可以知道,堆顶元素 k_1 必定是所有元素中最小的一个。若将此序列对应的一维数组(此序列的存储结构)看成一棵完全二叉树,则完全二叉树的每一个节点的值均不大于其左、右孩子节点的值。从根节点开始,按从上到下,从左到右的次序对完全二叉树进行遍历,所得节点的序列就是一个堆。图 2.7.1 即是堆 (18,31,47,87,72,79) 形成完全二叉树。

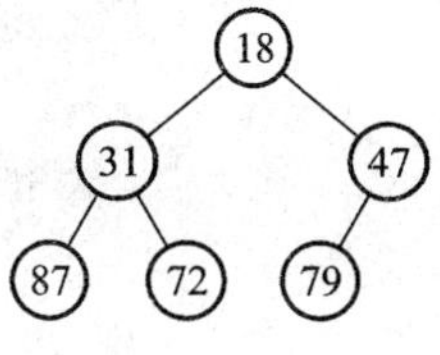

(2) 筛选

堆排序的基本思想是:将一组待排序的关键字,按堆的定义排成一个序列,这就找到了最小的关键字;然后将最顶端关键字取出,用余下的关键字再建堆,便得到了次小的关键字;如此反复,直到将全部的关键字排好序为止。

图 2.7.1 堆示意图

假设输出堆顶记录后,以堆中最后的一个记录代替之。如图 2.7.2(a) 所示,此时根节点的左、右子树均为堆。比较左、右子树的根节点,由于左子树的根节点的值小,交换根节点和左子树根节点的值,得到如图 2.7.2(b) 所示的状态。对左子树重复上述过程,直到叶子节点,这时便建成了一个新堆,如图 2.7.2(c) 所示。

自堆顶至叶子的调整过程可以得到一个最小的关键字,称为筛选。一般地,如果以 $a[s+1]$, $a[s+2],\cdots,a[t]$ 为根的子树都是堆,则一次筛选后,就将 $a[s]$ 筛选至合适位置,使得以 $a[s]$, $a[s+1],\cdots,a[t]$ 为根的子树都是堆。如图 2.7.2 中的节点 79 的筛选过程所示。

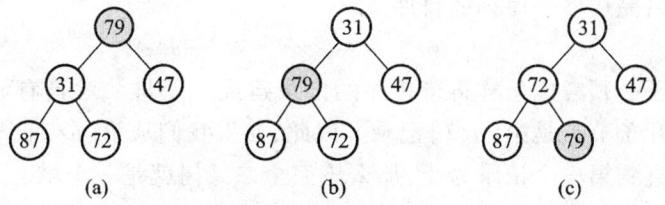

图 2.7.2 堆调整的例子

(3) 堆排序程序

① 堆调整算法代码。

仍然将堆排序方法加入到顺序表 ArrayList 类中,筛选算法描述如下:

  private void heapShift(int startPos, int endPos) //从 startPos 位置开始调整堆,调整到 endPos

```
    {
        int i,j,k;
        i = startPos;
        j = 2*i+1;                            //j 是 startPos 为根的树的左孩子节点的位置
        k = data[i];                          //根节点的值
        while(j <= endPos)
        {
            if (j < endPos && data[j] > data[j+1])   //如果右孩子比左孩子小,则选择
                                                     右孩子
                j++;                          //经 if 语句后,j 为左右孩子中小者的下标
            if (k > data[j])                  //根节点的值大于左右孩子的小者
            {
                data[i] = data[j];            //将左右孩子的小者的值放到子树根节点位置
                i = j;                        //将左右孩子的小者作为根节点,继续堆筛选
                j = 2*i+1;
            }
            else
                j = endPos +1;                //根节点的值已经是最小的,不需要调整
        }
        data[i] = k;                          //将整个树的根节点的值放到最终调节的位置。
    }
```

上述算法只是堆的一次筛选,筛选完成后,其堆顶元素就是最小的。将整个数据序列进行多次堆筛选过程,就可以完成整个序列的排序。

② 堆排序程序。

要实现堆排序,还必须考虑怎样将待排序的记录建成一个堆。对具有 n 个节点的完全二叉树来说,最后一个非叶子节点是第[n/2]记录。因此,如果我们从第[n/2]个记录开始筛选,每次增加一个节点到堆,直到第一个记录为止,那么该完全二叉树就是一个堆。

堆排序算法描述如下(定义为 public 方法,放到顺序表 ArrayList 类):

```
    public void  heepSort( )
    {
        int i,k;
        for(i = this.length / 2; i >= 0; i--)     //从 this.length / 2 位置开始建堆
            heapShift (i,this.length-1);          //将顺序表中的 data 数组建成一个堆
        for(i = this.length-1; i > 0; i--)        //从最后一个节点开始
        {
```

2.7 排　序

```
            k = data[i];                      //将最后一个元素临时保存起来
            data[i] = data[0];                //堆顶元素取出来,放到最后
            data[0] = k;                      //把最后一个元素放堆顶
            heapShift(0,i-1);                 //重新建立堆
        }
        //以上建立的排序是从大到小的排列,用下面语句将其倒序重排:
        for(i = 0;i < this.length/2;i++)
        {
            k = a[i];
            data[i] = data[this.length-1-i];
            data[this.length-1-i] = k;
        }
    }
}
```

堆排序方法适合于记录数较多的排序情况,对记录较少的序列排序并不值得提倡。堆排序的时间复杂度为 $O(n\log_2 n)$,比选择排序要好很多。相对于后面介绍的快速排序而言,这是堆排序的最大优点。另外,堆排序仅需一个记录大小的辅助存储空间。

2.7.2　交换排序

交换排序的基本方法是:两两比较待排序的记录的关键字,并交换不满足顺序要求的那些偶对,直到全部满足要求为止。本节介绍两种交换排序方法,冒泡算法和快速排序法。

1. 冒泡排序

冒泡排序将待排序列中的 $1,\cdots,n$ 个记录,从第一个开始,两两比较,若为逆序,则进行交换。按此方法将文件从头到尾处理一遍称作一趟起泡。一趟起泡的结果是将关键字最大的记录交换到表尾。对余下的 $n-1$ 个记录,重复此过程,直到序列排好序为止。若某一趟起泡过程中没有任何交换发生,则表明序列已经是符合要求的,排序终止。

具体算法描述如下(作为顺序表 ArrayList 类的一个方法):

```
public void bubSort()
{
    bool needChange = true;    //用该变量记录一次冒泡后,是否有出现逆序的情况
    int j = this.length-1;
    while(needChange && j>0)
    {
        needChange = false;    //先假定不需要交换
```

```
            for( int i = 0; i < j; i++)
                if( data[i]>data[i+1] )
                    {
                        needChange = true;    //i 和 i+1 位置的数据顺序不对,发生了交换
                        int temp = data[i];
                        data[i] = data[i+1];
                        data[i+1] = temp;
                    }
            j--;
        }
    }
```

在上述算法中,用了一个开关量 needChange,当某一趟无交换时,即终止算法的执行。因此,当原序列基本有序时,冒泡算法的速度还是比较快的。在最坏的情况下,关键字的比较次数为 $n(n-1)/2$。记录移动次数为 $3n(n-1)/2$,因此它的时间复杂度为 $O(n^2)$。

2. 快速排序

快速排序是对冒泡排序的改进,是目前一维数组内部交换排序方法中速度最快的一种。

(1) 基本思想

① 在待排序列中任取一个记录,如取第一个记录,以它为基准,通过一趟排序将序列划分成两个子序列,其中关键字比它小的在一个子序列中,关键字比它大的在另一个子序列中,关键字与它相等的记录,就排在这两个子序列中间,事实上该记录已经排好序,如图 2.7.3(a)所示。

② 分别对这两个子序列重复上述过程,最后使整个序列有序,如图 2.7.3(b)所示。

(2) 一趟分割的具体实现

① 设置两个指针 i 和 j,其初始状态分别指向待排序序列的第一个记录和最后一个记录。

② 先将第一个记录(即 $a[i]$)移到辅助变量 x 中。

③ 从 j 所指的位置起向前搜索,找到第一个关键字小于 x 的记录,将 $a[j]$ 移到 $a[i]$。

④ 将 i 值增 1,从 i 位置开始向后搜索,找到第一个关键字大于 x 的记录,将 $a[i]$ 移到 $a[j]$ 中。

⑤ 将 j 值减 1,再重复上面的③、④两个步骤,直到 $i=j$。

⑥ 最后将 x 送到 $a[i]$ 中。

至此,一趟排序结束,原序列被划分为两个子序列,如图 2.7.3(a)所示。

(3) 一趟分割程序实现

一般地,可以给出待排序数组 data 在位置 start 和 end 间的元素的一趟快速排序算法如下:

```
初始状态    43  33  28  17  52  63   3  26
         X← i                           ←j
一次交换    26  33  28  17  52  63   3  26
              i→                        ←j
二次交换    26  33  28  17  52  63   3  52
              i→                        ←j
三次交换    26  33  28  17   3  63   3  52
                           i→       ←j
四次交换    26  33  28  17   3  63  63  52
                               i   j
          [26  33  28  17   3]  43  [63  52]
                               i=j
                    (a)

第一次    [26  33  28  17   3]  43  [63  52]
第二次    [ 3  17]  26  [28  33]  43  [63  52]
第三次      3  17   26  [28  33]  43  [63  52]
第四次      3  17   26  [28  33]  43  [63  52]
第五次      3  17   26   28  33   43  [63  52]
第六次      3  17   26   28  33   43   52  63
                    (b)
```

图 2.7.3　快速排序示例

```
private void qkOne(int start, int end, ref int mid)
    {
        int x,i,j;
        i = start;
        j = end;
        x = data[i];                        //将第一个值保存在 x 中
        while(i ! = j)
        {
            while(i < j && data[j] >= x)
                j--;                        //自右向左扫描
            if(i<j)
            {
                data[i] = data[j];
                i++;
                while(i < j && data[i] <= x)
                    i++;                    //自左向右扫描
                if(i < j)
                {
                    data[j] = data[i];
```

```
                    j--;
                }
            }
        }
        data[i] = x;
        mid = i;
    }
```

上述算法运算结束后,mid 中记录的就是中间位置。需要说明的是,mid 为最终的中间位置,因其需要返回给调用程序,以便对后续的被分割的部分实施同样的操作,所以定义为 ref 属性。一趟排序后,整个待排序的序列被 mid 分割成了两个子序列,即 start 到 mid-1 为一个序列,mid+1 到 end 之间为另一个序列。而这两个序列需要用同样的算法,就可以再被分割为 4 个子序列。很明显,一次分割得到的两个序列,计算机一次只能处理一个,因此,如果先处理 start 到 mid-1 的序列,而将 mid+1 和 end 先保存到一个堆栈中,待第一个序列处理完毕,从堆栈中弹出原来记录的 mid+1 和 end 值,然后再用同样的方法处理,直到堆栈为空,就可以实现整个排序过程。

(4) 快速排序程序

整个快速排序算法如下:

```
public void qkSort()
{
    int start = 0;
    int end = this.length - 1;
    int mid = 0;    //配合 qkOne 中定义的 mid 形参为 ref 类型,其对应的实参必须初
                    始化
    ArrayStack arrayStack = new ArrayStack(100);//建立一个堆栈,使用了前面章节中
                                                定义的堆栈
    arrayStack.push(start);
    arrayStack.push(end);
    while(! arrayStack.isEmpty())
    {
        end = arrayStack.pop();    //与压栈的次序相反,弹出位置
        start = arrayStack.pop();
        while(start < end)
        {
            qkone(start,end,ref  mid);    //形参中,mid 定义为 ref 类型,调用时实参
                                          也需加 ref
            arrayStack.push(mid+1);    //将分割后的第二个序列压栈
```

```
                arrayStack.push(end);
                end = mid-1;    //调节位置,现在准备去对第一个序列分割,其位置是
                                start 到 mid-1
            }
        }
    }
```

上面介绍的算法使用了本章前面节介绍的堆栈 ArrayStack,读者可以将其组装到顺序表一节中的 ArrayListTest 工程中。由于 qkOne 方法只是辅助排序,不需对外公开,所以定义为 private,qkSort 方法定义为 public,这两个方法都作为 ArrayList 类的方法。

快速排序的效率与划分元素的选择有关,在最坏的情况下执行时间为 $O(n^2)$,但其平均执行时间为 $O(n\log_2 n)$。另外快速排序还需要一个栈的附加空间。当 n 很小时,使用快速排序算法不太合算,一般当 n>20 时,才考虑使用快速排序方法。快速排序的一趟排序结果很有用,例如,将正负数分开的操作,只要附加一个首元素 0,经过一趟排序后,负数在左,正数在右。

2.7.3 归并排序

前面介绍的几种排序方法,对排序序列的初始状态都不作任何要求,而归并排序是另一种类型的排序方法。其基本思想是采用二路归并技术,即每次将数组 data 中两个相邻的有序序列归并为一个有序序列。类似地还有三路归并技术和多路归并技术。

二路归并排序的排序过程为:

① 假设待排序序列含有 n 个记录,则可看成是 n 个有序序列,每个子序列的长度为 1。
② 两两归并,得到 n/2 个长度为 2 或 1 的有序子序列(视 n 是不是偶数)。
③ 然后再两两归并。如此重复,直到得到一个长度为 n 的有序序列为止。

图 2.7.4 所示的就是两路归并序列过程的示例。

```
初始状态 文件长度1    [26] [33] [28] [17] [3] [43] [63] [52]
一次归并 文件长度2    [26   33] [17   28] [3   43] [52   63]
二次归并 文件长度4    [17   26   28   33] [3   43   52   63]
二次归并 文件长度8    [3    17   26   28   33   43   52   63]
```

图 2.7.4 二路归并排序过程

总结而言,设数组 a 的第 $s,\cdots,m$ 位置的元素与 $m+1,\cdots,t$ 位置的元素是两个有序序列,将它们归并成一个有序序列,并存放到 $b[s,\cdots,t]$ 中的算法可描述如下(设算法仍是顺序表类的方法):

```
private void two2One(int[ ] a,int s,int m,int t,int[ ] b)
{
```

```
int i=s;
int j=m+1;
int k=s-1;
while(i <= m && j <= t)
{
    k++;
    if(a[i] <= a[j])
    {
        b[k]=a[i];
        i++;
    }
    else
    {
        b[k] = a[j];
        j++;
    }
}
if(i>m)
    for( ;j<=t;j++)
    {
        k++;
        b[k]=a[j];
    }
else
    for( ; i<=m;i++)
    {
        k++;
        b[k]=a[i];
    }
}
```

上述算法中,i 是 $a[s,\cdots,m]$ 的指示器,j 是 $a[m+1,\cdots,t]$ 的指示器,k 是 $b[s,\cdots,t]$ 的指示器。

对于序列 a,归并排序开始时文件的长度为 1,有 n 个文件,因此,上面的 two2One 方法要被调用 $n/2$ 次。随着文件长度的变长,调用 two2One 方法的次数会减少。下面假设文件的长度为 k,归并的结果放到数组 b 中,则一趟归并排序的算法如下:

```
private void   merge(int[ ] a,int k,int[ ] b)
{
    int n = this.Length;
    int i = 0;
    while(n-i >= 2*k)    //可以形成偶对序列的时候,
    {
        two2One(a,i,i+k-1,i+2*k-1,b);
        i += 2*k;
    }
    if(n-i > k) //如果大于一个文件长度,但小于两个文件的长度,也可以归并
        two2One(a,i,i+k-1,n-1,b);
    else     //剩余的元素小于一个文件的长度,没有其他的序列与其配对归并
        for( ;i<n;i++)
            b[i] = a[i];
}
```

通过 merge 方法,可以把长度为 k 的序列变成长度为 $2k$ 的序列,还是没有完成最终的排序要求。所以,还需要如下的方法辅助。

```
public void   mergeSort( )
{
    int k = 1;  //定义初始文件长度为1
    int n = this.length;
    int[ ] b = new int[n];
    while(k < this.length)
    {
        merge(data,k,b);
        k = 2*k;
        merge(b,k,data);
        k = 2*k;
    }
}
```

以上3个方法中,除了 mergeSort 定义为 public,供类外调用外,其他的定义为 private。

本章讨论的排序方法基本上可以分为两大类。一类是选择排序方法,它们的设计思路都很简单,时间复杂度均为 $O(n^2)$,适合于排序记录较少的情况;另一类包括快速排序、堆排序和归并排序,设计思路相对复杂,时间复杂度为 $O(n\log_2 n)$,适合于记录数较大的情况。

2.8 .NET 中 C#实用类

C#系统为程序开发者提供了本章前面提到的所有的数据结构,而且和我们自己编写的程序相比,有两个最大的优点,第一是:它是经过严格测试而没有错误的;另一个是,系统提供的这些数据结构有足够的灵活性,可以适用于任何数据类型。本章中作为教材书写的数据结构,其最大的弱点是只能处理整数类型,如果要处理其他的数据类型,则必须修改程序。所以在实际的程序开发过程中,应该使用系统中提供的这些数据结构。

2.8.1 C#常见数据结构

针对本章讲解的常见数据结构,.net 的 C#环境中都有对应的内容,分别是顺序表 ArrayList、表 List<>、链表 LinkedList<>、堆栈 Stack<>、队列 Queue<>。读者从这些数据结构的名字上就能知道其意义。以上这些数据结构都被放在 System.Collections 名字空间中,所以使用时请在程序 CS 文件的开始,加上 Using System.Collections 名字空间。请特别注意,以上的数据类型中,后面跟<>的形式被称为泛型,<>中可以是任何已定义的类型。例如,Stack<int>就是定义了一个元素为整数的堆栈。

以泛型形式定义的数据结构,其定义与教材中第 3 章中提到的自编数据结构类在使用上有些不同,其定义和使用格式如下:

```
Stack<int> st = new Stack<int>();      //定义一个整型的堆栈
for ( int i = 0; i < 10; i++ )
{
    st.Push(i);                         //向堆栈中压入 10 个数
}
while ( st.Count > 0 )                  //Count 是堆栈中现有元素个数
{
    int k = st.Pop();                   //弹出栈顶元素,Count 属性会自动减 1
}
```

通过阅读以上程序段,可以看到,使用这些泛型类时,要使用<>指定元素的数据类型,同时使用 new 运算符来生成对象时,也有一点区别,例如上面程序段中的代码:

```
new Stack<int>()
```

有了对 Stack<> 的了解后，对 LinkenList<>、Queue<> 就不难理解。
有了系统已经提供的实用类，可以试着使用 Stack<> 泛型类，重新编写快速排序法如下：

```
public void qkSort( )
{
    int start = 0;
    int end = this. length-1;
    int mid = 0;     //因 qkone 中定义的 mid 形参为 ref 类型，其对应的实参必须初始化
    Stack<int>  s = new Stack<int>( );          //建立一个整数堆栈
    s. Push( start );
    s. Push( end );
    while ( s. Count>0)
    {
        end = s. Pop( );                        //与压栈的次序相反，弹出位置
        start = s. Pop( );
        while( start < end )
        {
            qkone( start, end, ref  mid );      //mid 定义为 ref 类型
            s. Push( mid+1 );                   //将分割后的第二个序列压栈
            s. Push( end );
            end = mid-1;   //准备对第一个序列 start 到 mid-1 间的元素分割
        }
    }
}
```

2.8.2　实用类 ArrayList 及 List

1. ArrayList

　　C# 中的实用类 ArrayList 可以处理任何对象组成的线性表，在实际软件开发过程中使用的非常广泛。

　　ArrayList 类最常用的方法是 Add、RemoveAt、Contains 方法和 Count 属性。Add 方法向线性表的最后追加一个元素，Count 属性则记录线性表中有多少个元素。

　　ArrayList 可以以数组的形式访问其元素，请见如下的程序段：

```
ArrayList al = new ArrayList( );
for ( int i = 0; i < 10; i++)
```

```
            }
                al.Add(i);
        }
        for (int i = 0; i < al.Count; i++)
        {
            int k = (int)al[i];    //ArrayList 中的元素是 object 类型,提取时需要强制类型转换
            ……
        }
```

上面程序段中,将 0~9 共 10 个数字追加到顺序表中。

ArrayList 的 Add 方法的定义为:public int Add(object value)。形参表告诉我们,ArrayList 的 Add 方法用超类 object 作为形参类型,因此其每个元素可以是任意类型,因为任何类型都是 object 的子类。这使得 ArrayList 有很大的通用性,但也使得操作者在提取每个元素时,要进行类型转换,才可以正确的操作。如上例中的 al 的每个元素是一个整型数,但系统在提取它的每个元素时,只以超类 object 类型进行访问。操作者需要使用(int)al[i]语句来对其进行强制类型转换。

对 ArrayList 的使用,请注意以下要点,在向其中填充数据时,使用 Add 方法,避免使用 al[i]=x 的形式,而在读取其中的元素时,可以使用 al[i]的形式。

如下列的程序段就是错误的:

```
ArrayList al = new ArrayList(10);
for (int i = 0; i < 10; i++)
{
    al[i] = i;
}
```

原因是什么呢?其实在定义 ArrayList 时,传递的参数 10 只是定义了表的容量,其有效数据个数为 0,所以导致上面代码中 al[i]的调用中下标是超越范围的。

作为 ArrayList 的应用例子,读者可以参阅 5.3.4 节,该节中使用了两个 ArrayList 来记录登录者的角色和权限列表。通过使用 ArrayList 的 Contains 方法,可以立即判断登录者是否拥有某种权限。

2. List

相对于 ArrayList,List 更灵活,除了 ArrayList 的很多功能外,它还支持泛型,且支持用户对泛型中的类的指定属性进行排序等操作,而不必要继承 ICompareable 接口,所以更直观。

例如,定义学生对象如下:

```
public class Student
{
```

2.8 .NET中C#实用类

```
        public string no,name,sex;
        public int age;
}
……
List<Student> studentList;
Student s1 = new Student();
s1.no = "081209";
s1.name="长孙男";
s1.sex="男";
s1.age=19;
studentList.Add(s1);      //增加更多学生
List< Student > sortedStudent = sortedStudent.OrderByDescending(o=>o.no).ToList();
……
```

上面程序段的最后一句,实现了学生按学号的排序,如果要按其他属性排序,只需简单修改no为其他属性即可,可见操作示范灵活易掌握。=>运算符被称为lamda表达式,读作"goes to"。

2.8.3 哈希表 Hashtable

.NET C#的 Hashtable(哈希表),放在 System.Collections 名字空间中。这种数据结构存储的是键/值对,也就是一个键,对应一个值,其中值是引用类型,所以可以是任何类型。而键则用来快速查找到其对应的值。哈希表的简单操作包括:

① 向哈希表中添加一个键/值对:哈希表.Add(key,value)。
② 从哈希表中去除某个键/值对:哈希表.Remove(key)。
③ 从哈希表中移除所有元素: 哈希表.Clear()。
④ 判断哈希表是否包含给定键:哈希表.Contains(key)。

下面的代码中整理了一个哈希表,通过学生的学号可以立即定位到目标学生对象。

```
using System;
using System.Collections.Generic;
using System.Text;
using System.Collections;
namespace HashtableTest
{
    class HashTest
    {
        public static void main()
```

```
{
    Hashtable ht = new Hashtable();
    Student s1 = new Student();
    s1.no = "081209";
    s1.name = "长孙男";
    s1.sex = "男";
    s1.age = 19;
    Student s2 = new Student();
    s2.no = "080901";
    s2.name = "公孙惠";
    s2.sex = "女";
    s2.age = 18;
    ht.Add(s1.no,s1);
    ht.Add(s2.no,s2);
    Student s = (Student)ht["080901"];   //用[键码]的方式,根据键值取对象,
                                            需要拆箱操作,即类型强制转换
    //下面遍历哈希表
    foreach(DictionaryEntry de in ht)
    {
        string no = (string)de.Key;   //取键
        Student student = (Student)de.Value;   //取值
        //后续处理
    }
    //将哈希表按键值顺序遍历
    ArrayList akeys=new ArrayList(ht.Keys);//将哈希表中的所有的键取出,
                                            形成线性表
    akeys.Sort();//将关键字排序
    foreach(string skey in akeys)   //按序号逐个取键
    {
        Student student = (Student)ht[skey];//根据键取值
        //后续处理
    }
}
```

关于哈希表的具体应用,读者可以参考软件开发实例一章中从高校部门表中获取院系名称和代码的相关内容。

思 考 题

1. 什么是数据结构?有关数据结构的讨论涉及哪 3 个方面?
2. 什么是数据的逻辑结构?逻辑结构的种类有哪些?各自的特点是什么?
3. 什么是数据的物理结构?物理结构的种类有哪些?各自的特点是什么?
4. 试举例说明数据、数据元素和数据项之间的关系。
5. 何谓队列的"假溢"现象?如何解决?
6. 一棵完全二叉树共有 37 个结点,现顺序存放在一个数组中,数组的下标正好为结点的序号,请问有序号为 19 的双亲结点存在吗?为什么?
7. 对于一个元素个数基本稳定的线性表,且很少进行插入和删除操作,但要求以最快的速度存取表中的元素,请问应采用哪种存储表示?为什么?
8. 假定有 4 个元素 A、B、C、D 依次进栈,进栈过程中允许出栈,试写出所有可能的出栈序列。
9. 栈和队列数据结构的特点,什么情况下用到栈,什么情况下用到队列?
10. 设一棵完全二叉树共有 699 个结点,试根据二叉树的性质分析在该二叉树中的叶子结点数是多少?
11. 针对带表头结点的单链表,实现下列方法:

(1) 在单链表中寻找第 i 个结点:若找到,则函数返回第 i 个结点的地址;若找不到,则函数返回 NULL。

(2) 求最大值:通过一趟遍历在单链表中确定值最大的结点。

(3) 统计:统计单链表中具有给定值 x 的所有元素。

(4) 建立:建立一个具有 n 个元素的单链表。

12. 已知一棵二叉树的前序遍历的结果是 ABECDFGHIJ,中序遍历的结果是 EBCDAFHIGJ,试画出这棵二叉树。

13. 设待排序的排序码序列为{12,2,16,30,28,10,20,6,18},试分别写出使用以下排序方法一趟排序后的结果。

(1) 冒泡排序。

(2) 直接选择排序。

(3) 快速排序。

(4) 堆排序。

(5) 二路归并排序。

第 2 部分
软件工程与设计篇

软件工程

第 3 章

软件开发是一个非常复杂的过程,自 20 世纪 70 年代末以来,计算机软件需求猛增,软件的规模越来越大,可靠性要求越来越高,推动了软件开发技术的迅猛发展。到目前为止,人们对计算机软件有了共同的认识,那就是软件应该是一个可维护的产品,软件的开发过程应该有严格的管理过程,不仅应写出高质量的程序,更要编制一整套的配置文档,供开发、应用和维护升级使用。软件也应当与其他产业的产品一样,以系统的、工程的方法开发并制作,且更需要注重售后服务。本章重点介绍软件开发的方法学以及它们各自的特点。读者可能会感觉本章的内容比较枯燥,阅读时可以根据书中第 5 章中提供的软件开发实例辅助理解。

3.1 概述

软件工程的概念,是针对20世纪60年代的"软件危机"而提出的。它首次出现在1968年NATO(北大西洋公约组织)会议上,其研究的主要目标是软件项目的开发模型、方法以及支持工具。

3.1.1 软件工程的形成与发展

1. 软件工程的形成

软件开发方法从机器语言编程到软件工程方法,经历了3个阶段。

20世纪50年代至60年代的机器语言、汇编语言是为解决具体问题而编制的专用程序;20世纪60年代中期至70年代,人们开始认识到软件的灵魂作用,提出"软件"的概念,软件危机也日益严重;20世纪70年代末至今,提出了"软件工程",从此软件生产进入了软件工程时代。

2. 软件工程的发展

为了解决好软件危机,不仅要有协调、控制、管理软件开发的理论,还应该有支持软件开发各个阶段的技术和工具。如果有标准接口完成标准功能的构件大量存在,也会大大改进计算机软件的设计;如果能根据软件需求规格说明直接部分的生成程序,则会大大提高软件的生产率;如果能出现真正的程序正确性证明器,软件危机就会消失。

由此可见,解决软件危机的根本出路在于将软件开发方法学(包括管理、控制、复审等方法)与支持软件开发各个阶段的技术和各种支持工具结合起来。

3.1.2 软件工程定义

什么是软件工程?1969年,F. Bauer将其定义为:"软件工程的目的,在于获得廉价的、能够在实际机器上可靠工作的软件。为此,需要建立并应用牢固的工程准则与方法。"1983年,IEEE将其定义为:"软件工程是开发、运行、维护和修复软件的系统方法。"可见,其核心思想都是采用工程化的原理与方法对软件进行计划、开发和维护,以按预期的进度和经费完成软件生产计划,提高软件的生产率和可靠性。

总而言之,软件工程强调的是在软件的不同阶段所使用的方法、可使用的提高效率的工具以及项目计划和进度管理,它涉及如下三点内容。

1. 软件工程方法学

方法学是研究软件构造技术的学问。一个软件从定义、开发到维护,都需要有适当的方法。对于开发人员,首先应该掌握在软件需求分析(定义阶段)、总体设计、详细设计、编码和测试(以上为开发阶段)等活动中采用的方法和技术。如结构化和面向对象的程序设计就是指导软件详细设计和编码活动的常用技术。

(1) 结构化方法

结构化分析与设计是一种基于过程建模的系统开发生命周期方法。过程建模包括对处理过程或动作的图形化表示。处理过程负责操纵、存储数据,并在系统及其环境间、系统内部构件间传递数据,一种常见形式是数据流图(Data Flow Diagram,DFD)。

结构化的方法遵循自顶向下、逐步求精的过程。结构化程序设计技术的出现,使程序设计从"无法可依"变成"有章可循"。20世纪70年代中后期出现的"结构化分析和设计",加上在软件测试中使用的"黑盒测试"和"白盒测试"等测试技术,共同构成了20世纪70年代到80年代中期软件工程方法学的主要内容。

(2) 面向对象的方法

结构化的方法虽然很成功,但由于过程不像数据那么稳定,从而导致过程修改困难,带来很大的维护工作量。20世纪90年代期间,分析人员发现数据和过程的划分是不自然的,在客观世界中,每个实体的内部状态(数据)和运动(操作)总是结合在一起的。由于这一差异,使得结构化方法分析得出的软件模型(称为"解空间模型")在结构上不同于直接由客观世界的实体及实体间的联系抽象出来的模型(称为"问题空间模型")。因而,面向对象的分析和设计技术脱颖而出,它提高了软件的可修改性与可维护性,同时也提高了软件的可重用性,非常适合于大型软件的开发。

2. 软件工程环境

环境强调的是可以使用的工具,对不同用户有不同的含义。对最终用户(End User)而言,环境就是其工作所使用的计算机软硬件系统。对于软件开发人员,环境是可以提高他们开发效率的工具,环境应支持开发人员按照软件工程学的方法,全面完成软件生存期中各个阶段的任务。所以软件工程环境(Software Engineering Environment,SEE)有时也称为软件开发环境(Software Development Environment,SDE)。

软件工具是环境中最活跃的成分。所谓工具,泛指一切有助于开发软件的软件,如各种面向对象建模分析工具 UML(统一建模语言)等。一台微机加上一个编辑、编译、链接程序、库程序等少量工具,就可以构成一个最简单的软件开发环境。如 Microsoft 公司的 Visual Studio .Net 就是软件开发环境的典型之作,它支持 VB、C++、C#等语言,而纯 JAVA 开发环境主要有 Eclipse、IntelliJ IDEA 等。

用户界面的友好和一致是开发环境要求的重要品质。菜单、联机帮助和多窗口屏幕被称为用户界面的三大友好技术。它们不仅为操作带来方便,使软件容易推广,也有助于开发效率的提高。由于现代软件开发环境通常都拥有大量工具,因此,环境的研制人员都十分重视保持工具界面的一致性,即在同一环境中使用的工具尽可能采用相同或相似的用户界面,从而减少操作人员要记忆的内容,避免混淆。

3. 软件工程管理

软件工程管理的目的是为了按照软件的预算和进度完成项目计划实现预期的经济和社会效益。软件工程管理包括成本估算、进度安排、人员组织、质量保证等多方面的内容,涉及管理学、经济学等多个学科。软件工程管理正日益受到工业界和学术界的重视。

3.2 软件项目管理概述

人类在长期的社会生产实践中总结了大量的项目管理的成功经验,形成了有效的管理模式,如航天飞船项目、卫星发射项目、各类建筑项目等。项目管理是指通过优化各类资源,在规定的时间、进度、预算内达到预设目标的过程。一个软件建设项目,也有很多传统项目的特征,自然也有其相应的管理方法。但由于软件建设是一种人类智力活动,加上软件建设本身比较复杂,因此会导致很多难以预见的情况发生,从而使得软件开发的进度难以估计和量化,质量也难以评判,这些特点造成软件项目和其他项目相比有很多特殊性。美国国防部在 20 世纪 70 年代研究了导致软件项目工期拖延、成本超预算、质量不合格等现象发生的因素,发现项目失败的原因中有 70% 是由管理不善而引起的,这一发现促使人们开始重视软件开发过程的各项管理,从而提出了软件项目管理的概念。软件项目管理是指按预定的成本、计划、质量要求完成软件开发而对成本、人员、进度、质量、风险进行分析、控制和管理的过程,它贯穿于软件的整个生命周期,并强调对易变、不可控部分的分析、管理和控制。

3.2.1 软件项目管理的内容

软件项目管理的内容主要涉及如下几个方面。
① 人员组织与管理:根据软件项目的特点,合理优化人员配备。
② 软件度量:采用可以量化的方法评测软件开发的费用、生产率、进度、质量是否符合标准。
③ 软件项目计划:根据度量标准,对软件开发的工作量、成本、时间进行估计,并由此确定实施计划。
④ 风险管理:对各种可能预见的危害软件质量和工期的潜在因素进行分析和预测,并提出相应的预防措施。

⑤ 软件质量保证：从需求的范围和功能上分析，确定对软件质量进行监督和检查的措施。

⑥ 软件过程能力评估：对软件开发能力的评估。

⑦ 软件配置管理：软件建设都是在"变化"中进行的，需求会变、技术会变、构架会变、代码会变，甚至环境也会变。所谓配置管理，是指针对开发过程中人员、工具等的配置和使用，提出相应的管理方法。

3.2.2 软件项目管理过程

一般而言，一个软件项目可以分为项目初始、项目计划、项目执行控制和项目结束4个阶段，其中每个阶段又可细分为多个过程。

1. 项目初始

在项目初始阶段需要确定项目的目标范围，包括双方合同、将要实现的功能及这些功能的量化范围、项目的开发周期等，还需要对软件的限制条件、性能、稳定性等进行明确地说明。

在项目初始化阶段中，最容易发生的问题是开发方对需求分析不够重视，导致双方对需求的理解有歧义，实现目标不统一。在这样的情况下匆忙启动项目多数会遭遇严重的反复。

2. 项目计划

项目计划包括对软件项目的估算、风险分析、进度安排、人员选择与配备、产品质量规划等，规划是对软件项目度量的尺度，为项目安排提供依据，为项目将来的评估提供参考。但计划往往不如变化，这种情形在软件建设中很常见，造成这种情形的根本原因通常是因为项目初始不充分或项目经理缺乏科学的估算方法。

3. 项目执行控制

按项目计划执行项目，使得项目按进度、预算、使客户满意的方式进行。在该阶段，需要经常检查计划进度和实际进度的差别，找出差错的原因，调整计划、修改配置、纠错等。

项目执行控制的挑战是，由于计划不准确、关键路径不能锁定从而导致的里程碑目标不能实现。

4. 项目结束

项目结束是软件项目的最后环节，进入项目结束期的主要工作是做出项目结束的决定，确认项目实施的各项成果，对项目进行最后评审、清算、总结等。

项目结束阶段也会遇到各类冲突，主要表现在3个方面：一是客户与项目开发团队之间，团队可能认为项目的各项目标已经达到，但客户却认为没有；二是项目团队与公司之间，团队可能认为自己已经尽到了责任，但公司却会因为项目没有为公司带来预期的利润、没有令客户满意而对团队不满；三是团队成员面对责任和成绩归属问题而产生的纠纷。

3.2.3 影响软件项目成功的因素

虽然人们从软件危机中总结了大量的经验和原因并提出软件工程并采用工程化的方法来进行软件的开发,但软件开发的成功率仍然不高,人们通过对一些经典失败案例的分析,总结了如下对软件开发成败起关键作用的因素。

1. 需求不明确

需求分析过程中,系统分析员没能透彻地了解客户的需求或者分析工作不细致,在开发过程的初期就出现偏差,导致后续的设计、编码远离客户的期望,最终生产的产品必定不能达到软件的最终目标。

2. 需求变更频繁

需求的变更往往发生在客户没有对项目进行透彻的思考或者重视不够,只提供一个大致的需求就匆忙启动项目,从而导致软件开发过程中需要不断地增加功能。这会导致需求说明书、设计、编码反复修改,严重影响项目预算和进度,使软件开发过程控制失控。

3. 缺乏项目实施经验和行业知识

软件项目的复杂性,不只表现在技术上,还表现在对行业知识的了解上。对行业知识的充分理解是生产优秀软件产品的关键因素。同样,以往项目经验也是后续同类项目成功的关键因素。

4. 缺乏优秀的项目经理

需求分析中良好的沟通、项目团队人员间的协同开发、项目执行的合理控制,这些都要求项目经理有足够的能力来驾驭整个团队。

5. 开发流程不规范

软件项目是一个团队合作的智力过程,必须按规范化的流程和规则进行,软件开发人员往往是一些智力高、逻辑较强的人,这些人通常个性较强,往往在不知不觉中就会按个人的喜好和习惯进行软件的开发,最终导致每人一套方案、互相衔接脱节,最终导致软件开发的失败。

6. 开发队伍不稳定

软件开发是智力游戏,必定导致较难继承,开发队伍的不稳定,导致人员频繁更动,后继者对前任者的工作理解不到位,或者需要很长的时间去理解,很容易导致软件的预算和进度计划受损。

7. 分工不明确

现在很多的软件公司为节约人工成本，技术人员往往担当多种角色，甚至从需求到设计、开发、测试都是一个人，这容易导致软件开发处于一种特殊固定的思维模式，软件错误难以发现，质量难以保证。

8. 忽视项目开发管理

"重技术、轻管理"的现象在软件开发人员的思维模式中很盛行，虽然现在很多软件公司已经逐步意识到软件管理的重要性，但其执行过程仍然不力。

9. 缺乏有力的评估措施

软件产品有其自己的生命周期，开发过程分为很多阶段，每个阶段的成功都能为下一个阶段打下坚实基础，因此坚持阶段评审是非常重要的。但软件是一种看不见摸不着的逻辑堆积，往往难以评价。所以，制定有力的评估标准和措施是软件开发成功不可缺少的环节。

10. 工期估计误差

软件产品开发过程中，往往存在一些不可预见的因素，如原来估计某个算法需要 10 个人工就可以完成，但实际难度比预计大很多。当不可预见因素过多，必定大大延误软件的工期，导致客户满意度下降。

3.3 软件工程范型

软件制作需要有一个良好的计划，这就如同制作一个珍贵的珠宝必须从一块璞玉开始一样，如果用一块砖头，那么最终得到的最好结果只能是一块光滑的砖头。软件工程就是告诉我们如何制定好的计划，包括方法学和软件工具。方法学告诉怎样定义和开发软件，而软件工具则对方法提供自动或半自动的支持。按照软件工程的观点，软件开发既要采用适当的方法和工具，还要遵循某种合理的"过程"(Process)。例如，开发软件时要划分哪些阶段？在不同的阶段应使用什么方法和工具，需要完成哪些文档？怎样才能在所有阶段包括软件更改后保证产品的质量？这些问题都应该在"过程"中一一规定。所谓软件工程范型(SE Paradigm)，有时也称为软件开发范型或软件开发模型，实际上就是方法、工具和过程三者(Pressman 把它们称为软件工程的"三要素")的有机结合。

最早的软件工程范型是瀑布模型(Waterfall Model)。它奠定了 20 世纪 80 年代初软件工程学的基础。此后，人们又在实践中创建了快速原型和快速应用开发等范型，逐步形成了当前多种范型并存互补的局面，开发者可按照软件的应用领域、规模和客户对软件的理解选择合适的范型。本节将简要介绍几种常用的范型。

3.3.1 瀑布模型

瀑布模型是1976年由B.W.Boehm提出的，是基于软件开发生存周期的一种范型。它将软件生存周期分为定义、开发、维护3个阶段，每个阶段又分为若干个子阶段，各子阶段的工作顺序展开，如自上而下的瀑布，瀑布模型由此而得名，如图3.3.1所示。

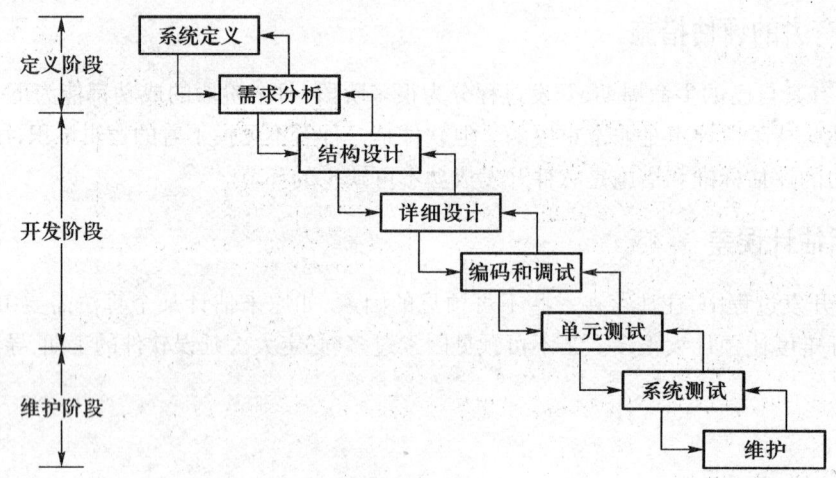

图 3.3.1 瀑布模型

瀑布模型中，每一个阶段完成并经过评审后可进入下一个阶段，上一个阶段的工作成果是下一阶段的输入。瀑布模型属于线性顺序模型，它一次走完分析、设计、编码等，坚持质量保证、文档制作、正式的技术评审、配置管理等活动，以保证尽早发现错误，并将其消灭在前一阶段。

瀑布模型各阶段的任务如下。

① 系统定义：收集、分析、理解、确定用户的要求，系统分析员在与用户讨论的基础上共同提出"软件系统目标和范围说明书"。

系统定义中还包括可行性研究，它确立对问题定义阶段确定的问题是否有可行的解决办法，并对各种可能方案做出成本/效益分析，系统分析员据此提出"可行性论证报告"，作为软件使用组织的负责人决定是否继续进行这项工程的依据。

② 需求分析：确定用户对软件系统的全部需求，并以"需求说明书"的形式表达，其目的是明确软件系统"做什么"。分析过程中，需明确对象和对象关系模型，并分析指出为实现功能而得到的类。

③ 结构设计：完成软件系统的体系结构设计、构成元素的设计、用户交互界面设计、物理数据库的

设计。

④ 详细设计：完成每个类方法设计、所需要使用的算法等。

这个阶段结束时应交付"设计说明书"。

⑤ 编码与调试：按照选定的程序设计语言将设计说明书中每个模块的控制流程编写出相应的程序，得到软件系统的源程序，并调试通过。

⑥ 测试：检查并排除软件中的错误，提高软件的可靠性。测试分为如下三个步骤：

- 单元测试：测试程序的每个模块是否有错误。
- 系统测试：测试模块之间的接口是否正确。
- 确认测试：测试整个软件系统是否满足用户功能要求。

本阶段结束时应交付"测试报告"，说明测试的对象、测试数据的选择、测试结果是否符合预期结果等。如果测试时发现问题，需调试并找出程序的错误，再进行改正。

⑦ 维护：修改软件系统在使用过程中发现的隐含错误，扩充在使用过程中用户提出的新功能要求，目的是维持软件系统的正常运行。本阶段的文档是"软件维护报告"。

瀑布模型过于理想化，但实际开发过程是充满了回溯、反复和交叉的。例如，在设计阶段发现需求说明书有不完整或不正确之处时须进行"再分析"，测试阶段发现模块界面有错误时须进行"再设计"，在运行阶段为了扩充系统的功能时又须进行"再分析"、"再设计"、"再编程"等。

多年的实践证明，严格按照瀑布模型开发软件是难以实施的，原因就在于用户需求难以厘清。所以，20世纪80年代后期出现了多种过程模型。

3.3.2 快速原型模型

为了弥补瀑布范型的缺陷，使需求分析的结果更接近于待开发软件的真实需要，"快速原型法"（Rapid Prototyping）范型就诞生了。图3.3.2显示了这一范型的典型过程。它基本上按瀑布模型划分阶段，即分析—设计—编码—测试—交付，但不严格评审，允许多次反复。其主要活动包括：首先建立一个模拟待开发软件的原型，原型可以是用户现有的计算机应用系统，也可以是经过整理分析得到的目前用户手工完成业务的模式模型。经过用户评价后提出对软件需求的修改，然后根据用户和开发者一致认定的软件需求，设计和实现所需要的软件。

原型法具有如下特点。

① 原型设计要快。

仅当原型建立的周期远短于常规的软件开发周期时，才能起到迅速反馈的作用。所以在设计原型时，必须充分利用现成的软件和能够实现

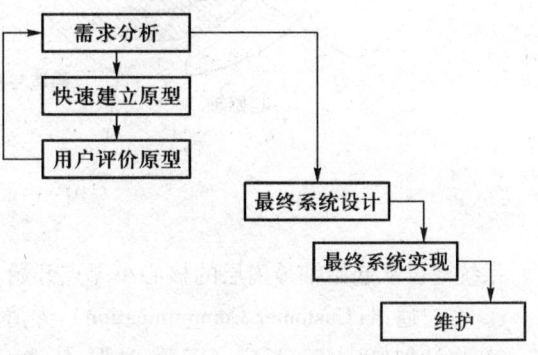

图 3.3.2 快速原型范型

快速编程的工具。为了实现快速编程,暂时不考虑程序的结构、运行速度、内存空间等性能以及某些细节(例如出错处理)。

② 原型最好"废弃不用"。由于原型是"抢速度"建立起来的,常常存在运行速度慢、程序长、操作不便等缺点,所以多数学者主张,在用原型帮助完成搞清软件需求的"历史使命"后,就应将它"束之高阁",另行设计一个最终的系统。许多文献将原型设计称为"废弃设计"(Discarded Design)或(Throw-away Design),以区别于对目标系统的"最终设计"(Final Design)或"真正设计"(Real Design)。

与瀑布模型相比,原型法的最大优点是用户的早期介入。用户和开发人员之间利用"真枪实弹"的原型,代替对软件需求的"纸上谈兵"式的讨论,常可获得事半功倍的效果。

但原型增加了开发的工作量,如程序的反复测试、文档和程序的多次修改增加了管理上的困难。但也因此具有切合实际、成功率较高的优点。

3.3.3 螺旋模型

螺旋模型于 1988 年由 Boehm 提出,它把软件过程描绘为计划—风险分析—原型—用户评审 4 种活动。这种模型对大型新产品的开发很有效,如 Microsoft Office 等软件。它们遵循"概念开发→最初产品开发→产品增强开发→产品维护改进"的步骤,是一个延绵不断的过程。除非开发的软件退役,否则没有定型,而是不断改进并按里程碑式发布新的版本。这种模型适合于产品开发,不适合于特定的一次性开发的项目。螺旋模型的框架活动如图 3.3.3 所示。

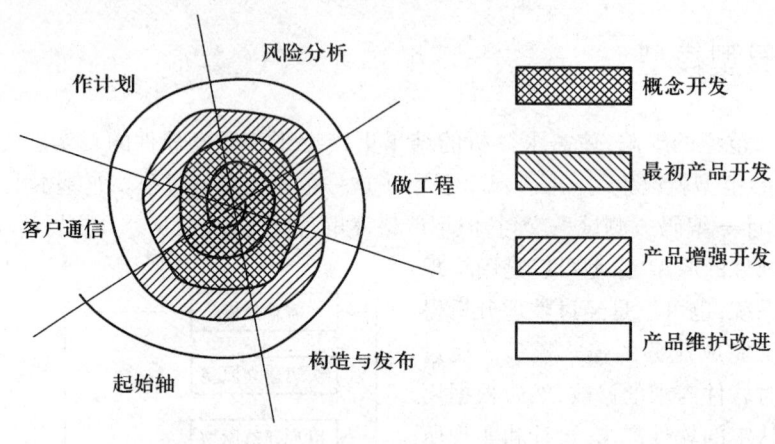

图 3.3.3 螺旋模型

系统建设从起始轴最内层的核心小黑点开始,各循环阶段任务如下。

① 客户通讯(Customer Communication):弄清客户的需求,为项目计划搜集更多的信息。
② 作计划(Planning):定义资源、时限、估计工作量、选择技术方案,结合风险分析写出项目计划。
③ 风险分析(Risk Analysis):估计技术和管理的风险以及减少风险的对策。

④ 做工程(Engineer)：做出本产品原型，交出一个可运行的原型以便评审和审计。

⑤ 构造和发布(Construction & Release)：开发、测试、安装完整的产品，并提供用户支持(如文档、手册、培训)。

⑥ 客户验证(Customer Validation)：即要得到用户的反馈。这不同于期间客户参与的评审会，是高规格的验证。特别是用户普遍的需求、预期比较大的更改，可以作为下一个版本的开发目标。创建良好的应用系统应该从最内核开始，第一轮验证项目在概念上是成功的，第二轮是进行最初产品的开发，过程与第一轮是完全一样的。通常情况下，第二轮的产品以 1.0 版本发布。在得到反馈后进入第三轮，除了修改使用上的缺陷以外，还会增补明显的功能不足，并以 2.0 发布，在第四轮时，产品以 3.0 发布，从 3.0 版开始是比较成熟的软件产品。

3.3.4 快速应用开发模型

随着计算机应用的普及和行业操作的越来越规范，许多企业都针对自己已经成熟的业务模型开发计算机应用系统，但往往要求新的应用在极短的时间内开发出来。这种应用系统的开发可以利用第四代技术(4GT)，这也是目前非常流行的开发方式之一，如前期的 VB、Delphi、C++Builder，当前的 VB.net、C#等，这些技术包含的大量的数据库控件、界面控件、通讯控件，使它们获得了 RAD(Rapid Application Development)工具的美誉。快速应用开发模型是一线性模型，如图 3.3.4 所示。

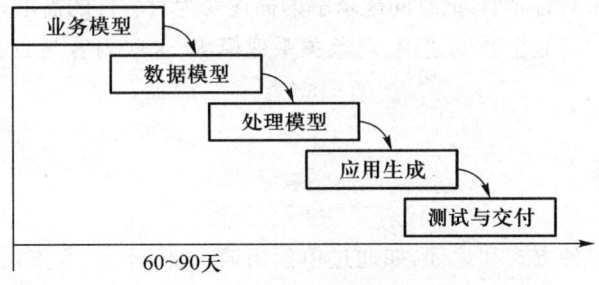

图 3.3.4　快速应用开发模型

① 业务模型：回答的问题是：以什么信息驱动业务过程运作、要生成什么信息、谁生成它、信息流向何处、由谁处理等。业务模型一般以数据流图表现。

② 数据模型：标识出每个对象的属性以及与其他对象的关系，以 E-R 或 UML 关系图表示。

③ 处理模型：使数据对象在信息流中完成各个业务功能。要描绘数据对象的增加、删除、修改、查找，即细化数据流中的处理框。

④ 程序表现：用 RAD 工具按照模型生成界面表现，验证用户需求。

⑤ 应用程序生成：利用控件快速实现逻辑，生成应用程序，构造整个应用系统。

⑥ 测试与交付：由于大量重用，构件一般不用测试，只做总体测试，但一般新构件是需要测试的。

3.4 系统分析

系统分析是软件生命周期的第一步,包括确定需求、组织需求、选择最佳的设计策略方案3个步骤。其中最佳设计策略方案是在需求确定后最终实施时采用的方案,如可以设计高、中、低配置3种方案供用户选择。这三个步骤没有严格的界限划分,通常是循环往复的。

需求详细描述软件系统将要做什么,而不是怎么做。它是面向解的第一步,也是软件开发最关键的步骤,很多软件在需求分析的阶段就已经决定了它是否成功。参加需求调研分析的人员不一定是拥有高的技术,其良好的沟通能力及归纳总结能力更重要。

需求分析需要完成的工作是,了解用户的系统建设的目标、需要解决的问题,这些问题的特征及其可以抽象为何种模型,系统中存在的对象及其状态和属性,在此基础上再定义软件的规格说明,即指出什么样的软件能满足抽象的模型,把对问题求解的描述变为对软件的需求。

系统分析的工作还包括概念数据建模、对象关系建模等,这些内容与数据库的设计密切相关,在第4章将进行讲解。

3.4.1 需求的确定

确定需求的过程有多种方式和途径,如通过单独访谈、集体开会、收集用户目前工作中处理的表单、报表及其处理流程等,了解用户要求软件具有什么功能、行为和特殊问题。调研过程中,要与组织的负责人和实际操作者多做沟通。从负责人处可以了解管理上的需要,对功能实现有充分的了解。从实际操作者处可以了解对性能、业务逻辑流程、界面表现等的要求。了解需求的过程,可针对不同的用户采取不同的原型,对于熟练计算机操作逻辑、能清楚叙述业务流程并且流程很稳定的组织机构,可以采用瀑布模型,而对于业务逻辑只能粗略大概确定的或者计算机能力较差的用户,最好使用快速原型或快速应用开发模型。

3.4.2 需求的组织

面向对象的系统分析过程中,可使用用例图来表达用户的系统需求。

1. 用例（Use Case）

用例是用来说明一个系统的行为和功能。即在一个特定的环境下，参与系统的用户与系统之间可能进行的操作以及这些操作的交互序列。一般是一个主要参与者发起请求，其他参与者响应，从而导致系统将发生的行为。在组织一个系统的需求时，可以用很多用例来表述。一个用例一般使用一个现在时态的动词短语命名，包括动词和宾语，如"查询学生信息"。用例记录的数据元素一般比较粗糙，需要用格式化的文档来辅助描述。

2. 用例图

系统分析员在系统的调研过程中获得系统的功能需求，到了具体组织这些需求时，被确认的系统每个功能就被表示为一个用例。

用例图是根据统一建模语言（UML）标准画出来的图形，包括了参与者之间、用例之间、参与者与用例之间的关系等，用例可帮助分析员捕捉系统的功能需求。

画用例图需要一些标准符号，描述如下：

① 参与者：用一个特定的小人表示，其下面用文字描述角色的名称。
② 用例：用椭圆表示，文字写在椭圆内或下面，描述其要实现的功能。
③ 连接：一条直线，画在参与者和用例之间，表明角色参与了该用例。
④ 扩展关系：用例之间可能会存在参与关系，就是一个用例可以继续扩展到另一个用例，扩展用例用虚线箭头加关键字 extended 来表达。
⑤ 包含关系：用例是描述功能的，功能上相互独立的两个用例可能会存在包含关系。包含用例用虚线箭头表达并加关键字 include。

如图 3.4.1 所示为一个学生选课的用例图。

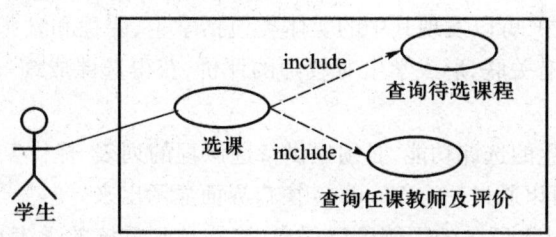

图 3.4.1　一个学生选课用例图

学生选课时，由一个参与学生发起，进行系统的活动。一门课程可由几个教师授课，查询对教师的评价可以帮助学生选定教师，查询待选课程可以帮助学生完成学期的选课。

制作用例图的工具一般可用 Rational Rose 或者 Microsoft Visio，对于小型系统，由于其图形简单，用户也可以使用简单的制图工具，如 Powerpoint 来制作。

3.4.3 分析类

1. 类型化类

在获得系统的用例后,可以进一步从用例描述的功能和行为分析得到系统中的类。例如,从学生选课用例中,可以得到参与者学生、教师、课程等概念,它们都是对象,可以被描述为不同的类。接下来,还需要对类进行进一步的划分,划分的目的是为了对系统进行设计。在一个面向对象的系统分析中,类被分成了3种:实体类、边界类和控制类。

(1) 实体类

实体类可以通过事件流和交互图发现,它保存要放进持久存储体的信息,如数据库、文件等。通常每个实体类在数据库中有相应的表,实体类中的属性对应数据库表中的字段。它的存在会超过一个会话的生命期,持有系统应用的大部分数据。

(2) 边界类

边界类负责系统与用户的交互,负责用户采集信息、显示的窗体类、表单、对话框等就被称为一个边界类。

(3) 控制类

控制类主要负责应用逻辑,是为了增加系统的适应性而设计的类。在一个系统的生命周期内,一些业务逻辑会根据组织的需求变更而不断变化,把它们区分出来并放进控制类就可以有效地增加系统的灵活性。例如,一个超市在销售商品时会采取买二送一或赠送奖券之类的附加的销售奖励,由于这些政策都是临时性的,因此最好设计为控制类。

例 3.1 针对图 3.4.1 所示的学生选课用例,进行类分析。

① 实体类:从用例图中,可以发现其中的实体类包括学生、课程和教师;教师和课程有关联,即教师开课。学生和教师开课有关联,形成学生对教师的评价,获得选课成绩等(详见第 4 章中关于 UML 数据建模的相关内容)。

② 边界类:为实现学生的选课功能,必须提供待选课程的列表、提供某门课程实施过程中学生对教师的评价,这些内容都可以通过一个 Windows 窗口界面显示出来。

③ 控制类:分析图 3.4.1 所示的用例可以得出,当登录到系统的学生在查询到待选课程后,最终决定选择由某个教师开设的一门课程后,系统应该为他做些什么?答案是,判断该同学选课的一瞬间,课程名额是否已满,如果未满,记录该同学选择了该门课程,反之,则通知该同学另选其他教师开设的课程。这些逻辑判断的过程,适合用一个特别的类来实现,这些类就被称为控制类。

可以想象如果上述逻辑判断需要稍加修改,例如,可以承受 5% 的人员富余度,则只需要将上述控制类稍微修改,其他的逻辑不需要变动,使程序容易维护。

2. 交互图

类被分成了实体类、边界类和控制类,而用例中有不同的类参与,这些类之间互相通讯,担负各自的责任,对象之间互相交互的图就是交互图。交互图又被分为顺序图、通信图、活动图和状态图。

(1) 顺序图

首先介绍一下顺序图中使用的一些图形符号,如图 3.4.2 所示。

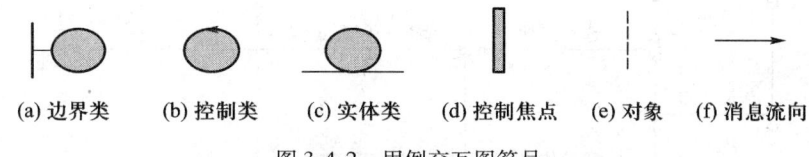

(a) 边界类　　(b) 控制类　　(c) 实体类　　(d) 控制焦点　　(e) 对象　　(f) 消息流向

图 3.4.2　用例交互图符号

画顺序图时,类符号的下面以":类名"的格式来注明具体的类。

在绘制一个用例的顺序图时,请按以下的步骤进行。

① 在一个用例图中确定用例,确定用例的参与者,注意参与者之间没有交互图,因为它们在系统范围外。

② 每次考虑一个用例,描述用例的功能。

③ 对每个用例,建立用例与每个参与者的边界类。

④ 对一个给定的用例,确定其控制类(如果必须的话)。

⑤ 从用例的对象关系中得到实体类。

⑥ 顺序图中的各个交互是在类的对象之间进行的。

下面以学生选课系统为例,来分析顺序图的绘制。

学生选课系统以 Web 模式实现,学生在选课之前,需要登录到系统,与系统进行交互的参与者只有学生对象。学生登录到系统后,系统对其进行识别,并在以后的操作中,都检测学生是否登录,并识别其身份,因此为其设置一个控制类。学生选课需要罗列出待选的课程,每门待选课程有多个教师任课,需要提供一个边界类,帮助学生实施选课及退选操作。选课用例中,有学生、课程两个实体类。

选课过程流程如下:学生登录→罗列待选课程→选择课程→罗列已选课程→提交确认选择课程。

学生选课系统的顺序图如 3.4.3 所示。图中,用例由:Student 参与者发起,学生登录到系统后,生成实体对象:Student,系统记录其属性信息。学生进入选课界面,即边界类,进行选课,需要经系统验证其已登录并确认其角色信息。该验证信息需要实体类:Student 提供。验证请求消息由控制类:SelectedCtrl 发给:Student 类。最后由边界类显示已经选择的课程。

(2) 通信图

在任何一个用例中,对象之间都会进行通信,从顺序图中,已经可以看到对象之间的通信,它是以时间顺序来描述的。如果除去时间因素,而仅强调对象之间的通信,就可以得到通信图。

图 3.4.3 的顺序图转换为通信图后,得到图 3.4.4。将两图作比较可以发现,在通信图中,对象之

间的信息传递很清楚,但不知道时间顺序。

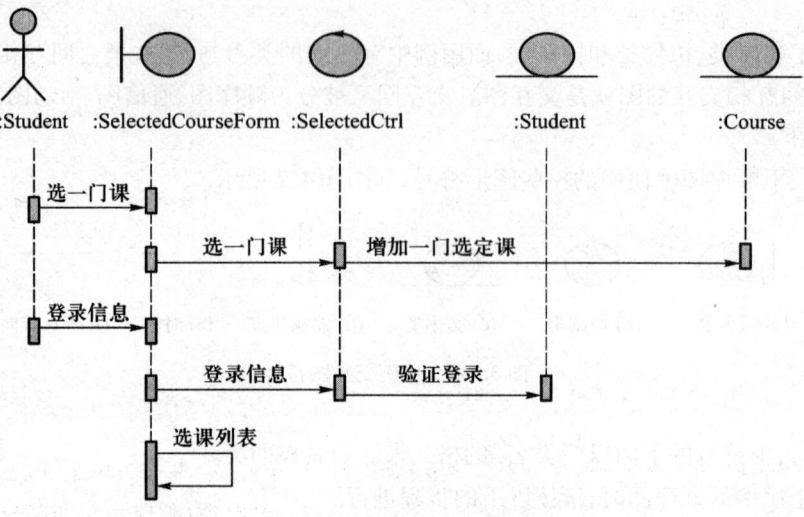

图 3.4.3　学生选课用例顺序图

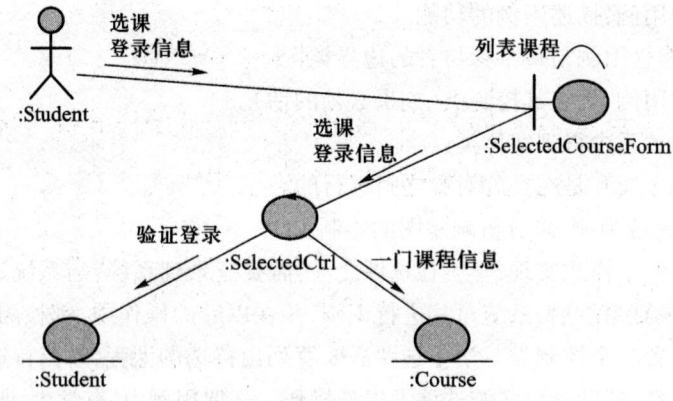

图 3.4.4　学生选课用例通信图

(3) 活动图

活动图表达一个系统功能的工作流,表达一个活动到其他活动的路径。它和传统设计中的流程图很相似。活动图主要由如下的元素组成。

① 活动:由椭圆及其内含的说明组成。
② 转移:用箭头表示。
③ 判断点:菱形其及内含的条件说明组成。
④ 同步:用粗线条表示。

⑤ 开始:用空心圆表示。
⑥ 停止:用靶心表示。

活动图可以认为是顺序图的扩展,因为在顺序图中,只知道对象之间的按时间顺序的消息传递,但消息处理的过程中,对消息的处理逻辑,没有明确的描述。因此,顺序图辅助以活动图,可以较好的说明消息处理的机制。

图 3.4.3 所示的顺序图可以简单地画成如图 3.4.5 所示的活动图,比较两图可以看出,活动图中明显加入了判断逻辑,即表明了当前的状态能不能完成这样的事件。

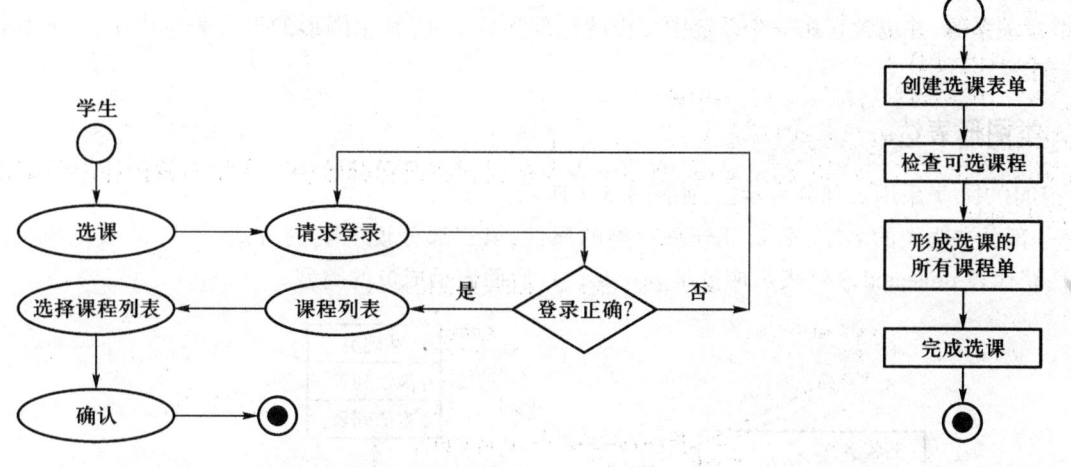

图 3.4.5　学生选课活动图

图 3.4.6　对象:SelectCourseForm 的状态图

(4) 状态图

状态图是指在一个用例中的所有对象,在完成一个系统的功能的过程中,对象在不同的时刻所处的状态,以及在不同的状态下其能响应的不同事件。

如图 3.4.6 所示,在学生选课的过程中,系统要先设定选课的学期,这是系统的一种状态,在该状态下,学生可以选课。它要经过设定学期、列出可选课程、添加课程到最终学生确认而完成操作。

3.5　系统设计

系统设计包含的内容包括数据库设计、设计元素及体系结构设计、人工界面设计 3 个方面的内容。其中数据库设计留待单独的章节描述,本节仅描述设计元素、体系结构和人工界面设计。按软件范型所定义,一个系统的设计被分成前期和后期两个阶段,前期工作被称为结构设计,后期被称为详细设计。

3.5.1 类及构件设计

类及构件是系统分析过程中通过类分析而确定的概念,现在要做的,就是将其设计出来。设计的主要内容是类的属性和方法的形式(如可访问性、返回值类型、方法名字以及形式参数列表等)、类间联系、继承关系等,并包含它在一个系统中工作的标准和技术,将其用图形的形式表达出来,而非具体编码实现。

1. 类图形表达

在 UML 中,类采用 3 部分表示法,如图 3.5.1 所示。

第一部分书写类的名字,第二部分书写类的属性,第三部分说明类的方法。用"+"表示成员是 public,"#"代表 protected,"-"表示成员是 private,":"后面表示成员的类型。

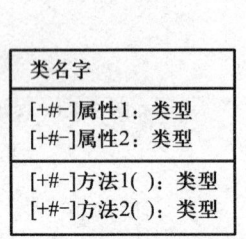

图 3.5.1　UML 类表达

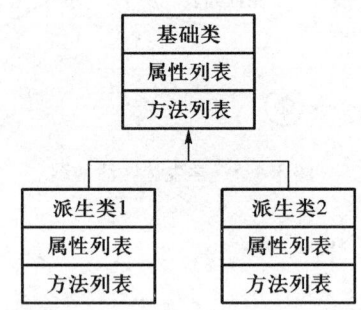

图 3.5.2　UML 类继承图形表达

2. 类关系表达

UML 中,用箭头来表示类间的继承关系,箭头指向基础类,如图 3.5.2 所示。基础类中的+、#成员自动被派生类继承,派生类中可以出现基础类中没有的成员。

3. 设计原则

对每个用例,设计元素时往往从实体类开始,因为它们往往与客观事物有着具体的对应关系,例如一个学生类的设计,由于很具体,所以容易被理解并实现。在实体类确定之后,可以再将控制类和边界类包含进来,实现从总体角度来规划系统。

例 3.2　针对如图 3.4.1 所示的学生选课用例的类分析,在例 3.1 的基础上,完成类元素的设计。

① 实体类元素设计：实体类包括学生、课程和教师、教师已获评价、已选课程，这里只罗列学生、课程、已选课程 3 个实体类，如图 3.5.3 所示。

Student	Course	SelectCourse
+studentNo:string +studentName:string +sex:string +birthday:string	+courseNo:string +courseName:string	+courseNo:string +studentNo:string +grade:int
+Student()	+Course()	+SelectCourse()

图 3.5.3　选课用例中的实体类

以上实体类，由于本身不需要进行逻辑处理，所以只提供了构造方法，没有为其设计其他方法；所有的属性都设置为 public，目的是为了调用方便。

② 边界类元素设计：由于编程 IDE 提供了极大的方便性，所以在很多情况下，边界类是"画"出来的。但即便是画出来的，边界类的属性和方法仍然可以进行设计，如图 3.5.4 所示。

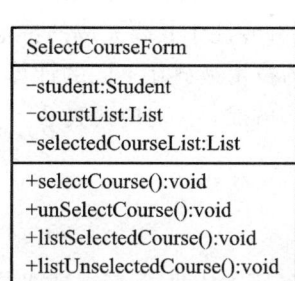
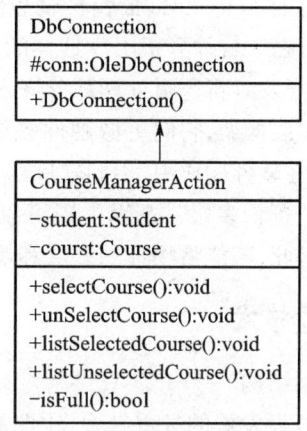

图 3.5.4　选课用例中的边界类　　图 3.5.5　选课用例控制类

类属性中，List 类型是线性表，在 C#.net 环境中，可以用 ListView 类型。方法中，selectCourse 实现选课，unSelectCourse 实现退选，listSelectedCourse( ) 和 listUnselectedCourse( ) 分别实现待选课程和已选课程列表，这 4 个方法因为涉及逻辑，所以仅需要调用控制类中的对应方法。

③ 控制类元素设计：根据例 3.1 对选课功能实现逻辑的描述，可以设计如图 3.5.5 所示的控制类。

控制类在已知学生、课程对象的情况下实现选课和退选，根据学号罗列学生的已选课程和待选课程，根据课程号来判断课程是否已满员。控制类是逻辑实现的主体部分。由于需要数据库存储操作，所以设计了基础类 DbConnection，并被控制类继承。

在设计阶段,通过对设计元素的分析可以提高代码的复用。学生选课系统中,除了选课外,还有很多工作需要完成,如学生成绩管理、课程管理、教师管理等,无一例外地需要与数据库打交道,所以,通过以上几个用例的分析,可得出 DbConnection 类的存在是必要的。

3.5.2 体系结构设计

体系结构是系统的一个总体蓝图,因此,体系结构设计是以控制系统的复杂度、控制系统易变部分为目标的。体系结构设计描绘整个系统的构架,是一个框架结构,用通俗的话来说,就是按功能规划系统的各级菜单及每个菜单功能实现所需要的类、类层次及调用关系。这可以从需求组织中获得的众多用例图来决定。

软件体系结构设计是在不断演变的,早期的软件设计,对系统的变更能力和复杂度控制的能力是有限的,随着面向对象开发技术的日益成熟,多层软件构架技术逐步得到了广泛的认可。

1. 物理多层体系结构

在讲到"多层"体系构架时,很容易就想到 Web 应用模式,如客户机浏览器、Web 服务器、数据库服务器被分别运行在 3 台计算机上。这样的三层模式是将整个应用分布在多台具有不同功能的计算机上。早期阶段,开发者将逻辑处理部分嵌入到 ASP、JSP 等网页中。严格意义上说,这样的模型还不能称为软件逻辑多层构架,它们更像硬件多层构架技术。本节所提到的多层模型与物理多层模型是有区别的,它特指在软件构成中,不同软件部分被分成层并专注于其要完成的特定部分任务。因此这样的多层,是一种"逻辑多层",逻辑多层可以通过合适的技术被放在不同的计算机上,也可以放在同一台计算机上。因此,不能将物理的多层和逻辑的多层理解成一一对应的关系。

2. 软件多层技术

(1) 两层体系结构

从应用软件开发发展的过程来看,软件系统的框架经历了从两层、三层到 N 层的过程。早期开发的应用程序多采用 Client/Server 模式,如图 3.5.6(a)所示,其特点是将程序的界面表达和处理逻辑放在客户机一端并混在一起,界面表现中也包括了逻辑处理部分,而将数据服务放在一个典型的数据库服务器,如 Microsoft SQL Server 上。客户端程序以典型的 Windows 窗口程序运行,这是典型的两层结构。这种程序的响应速度是比较快的,也容易为开发者掌握,适合在局域网中运行,其缺点是系统的维护比较困难。

(2) 三层体系结构

在 Web 应用程序出现后,客户端统一为浏览器,很多逻辑处理部分被划分到 Web 服务器上,而界面的展示在浏览器中完成,系统构架逐步转换到了三层结构上,即在原来典型的两层体系中间,增加了一个逻辑处理层——Web 服务器。可以说,Web 应用是一个典型的物理多层和逻辑多层一一对应的体系。当然,数据存储层(即数据库服务器)可以运行在 Web 服务器上,也可以运行在另一台计算机上。这样的应用构架使客户端很轻巧,程序维护工作量也很小,因此受到了推崇,是现今流行的体系构架,如图 3.5.6(b)所示。

(3) N 层体系结构

典型的三层 Web 体系,实际上仍然有待改进,其所谓的程序维护量减少,只是对于程序的分发部署而言。从软件适应系统需求变更、团队合作开发、代码重用上来讲,与两层体系相比并没有质的改变。例如,建立的 Web 应用是否为数据库服务器的变更做好了准备。如果系统实施时,需要将数据库从 Microsoft SQL Server 换成 Oracle,那么程序变更所需的空间是否足够。如果有良好的层次构架,将负责数据库访问的程序独立到一个层中,建立一个数据访问层,那么数据库服务器的变更带来的程序修改就会只体现在数据访问层,而不会影响逻辑处理的部分。

所以,随着开发者对三层体系理解的加深,研究者的注意力又更深入的进入到对系统维护的方便性上。人们发现,尽可能地把各种处理分层,每层只完成自己的工作,层和层之间通过通用的接口来通信,可以最大程度地保持系统适应组织的需求变更。例如,可以把对数据库的访问分成一个层,即数据访问层,从而又形成了四层结构,如图 3.5.6(c)所示。

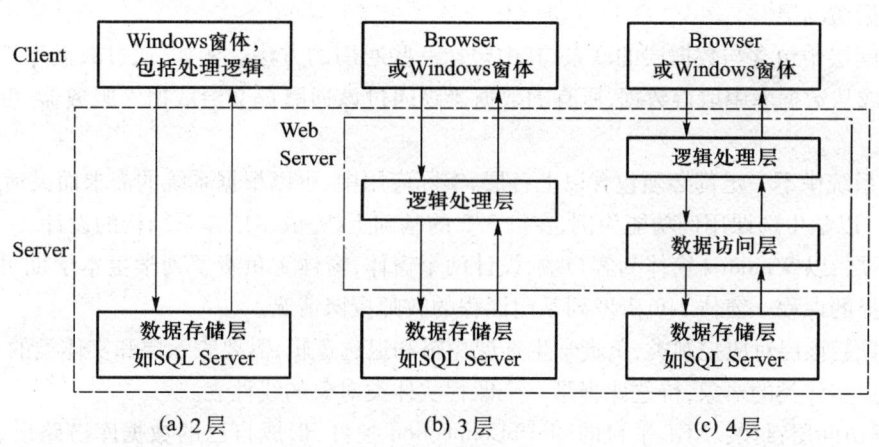

图 3.5.6 多层体系构架说明

鉴于大多数应用系统都会随时间的迁移而增加需求,同时为保持系统的健壮性,如今的系统设计多采用逻辑分层体系结构来实施。这样做的目的,是使系统更易于维护并实现更好的代码重用,同时使易变更的逻辑被分离到逻辑处理层、开发团队各司其职。当系统的需求真的变更时,只要保持接口的稳定性,系统的其他部分就仍可以稳健地工作。

当然,系统分层也带来了设计上的挑战,需要开发者对软件的构架技术有较深刻的理解,同时多层体系构架对于非常简单的系统也是不合适的。

3. 多层体系结构的功能划分

按功能可将一个典型的软件逻辑多层体系构架划分为如下各层。

（1）数据层

所谓数据层，就是指系统数据存储的地方。一般都会在简单的小型系统中，一般使用简单的文本文件作为存储。在大型的系统中，一般使用数据库作为存储。无论使用那种存储方式，作为开发者，都要清楚其结构。

（2）表示层

又称为表达层，一些典型的表示层如 C#中的窗体以及浏览器中显示的 HTML 文档，是应用程序与最终用户的接口。表示层的表现要符合用户的视觉习惯及操作习惯。有些开发者会把所有的代码都混写在表示层里，包括数据的处理逻辑、对数据库的操作等，最常见的就是把 SQL 语句、ADO 控件、数据处理逻辑等都写在 Windows 窗体类里或 Web 网页文件中，导致程序维护困难。

（3）逻辑层

逻辑层强调的是数据的处理逻辑和规则。在一个严格的多层设计中，逻辑层不负责输入和输出，其任务是接受表示层数据的输入并进行处理，然后把数据传递给表示层或数据访问层。这一层不关心界面的表现，也不关心数据的存储，所以它不会涉及任何的 SQL 语句、访问数据库的 ADO 控件。

（4）数据访问层

数据访问层中包含与数据层的联系，其中包括一些通用的方法。例如，通过数据库控件把数据存储到数据库或从数据库中取得数据，所有的数据操纵通过该通路提交给数据库服务器，由数据库服务器完成。

在一个系统中不一定都必须包含以上各层，实际应用中，可以根据系统的需求而灵活决定。

例 3.3 以学生选课用例功能为例，在例 3.2 的基础上，完成多层体系结构的设计。

① 表示层：以 Windows 窗体为客户端，设计两个窗体，窗体 1 负责罗列学生本学期可以选择的课程和已经选择的课程。窗体 2 负责罗列某门课程的教师授课情况。

② 逻辑层：该层对应控制类，负责学生选课逻辑和退选逻辑，需要表示层和实体类的支持，如登录者是一个学生实体类的对象，待选课程是一个课程实体类对象的线性表。

③ 数据访问层：封装.NET 平台的 oleDbConnection 控件，形成自己的数据库链路层、逻辑层需要的数据和加工处理后需要存储的数据，经过该链路层与存储层交互。

④ 数据层：包括数据建模和物理数据库的部署，实质上是按第三范式设计的一个关系数据库，在第 4 章中将会进行详细的介绍。

4. 多层构架与类分析的关系

多层构架设计可以与用例的类分析相对应。例如，针对图 3.3.1 所示的学生选课用例图，边界类对应于多层构架里的表示层，控制类对应于逻辑处理层、数据访问层，实体类对应于数据层等等。

由于采用 Web 模式的多层构架，需要将各方面知识集成，超出本课程讲解范围，所以本教材仍采用 Windows 应用来讲解逻辑多层程序的构架技术。这种构建技术，逻辑处理层和数据访问层仍然部署在客户端，所以这种应用仍属于胖客户端，程序的修改必定导致每个客户端程序的重新安装，维护的工作量是比较大的，但它可以实现各层的分离，为程序的伸缩性、适应需求的变更带来了优势。

3.5.3 人机界面设计

人机界面是应用软件和操作者之间交互的接口,很多软件开发人员以其需求的技术简单而不予以重视,这是开发商开发软件的大敌。就如同 Windows 操作系统,除了应用简单、规范外,其良好的人机界面也是其受到广泛接受的重要因素。

就应用软件而言,人机界面设计主要包括两大部分,一是有关数据采集、显示的表单,另一个是数据归纳总结的报表。在 Windows 应用程序中,表单以 Windows 窗体来实现,如 C#、VB.net 中的 Windows 窗体;在 Web 应用中,则以 html 元素表单(Form)来进行表达。表单有一个典型的特征,它允许用户输入数据。如在一个学生管理系统中,学生信息的输入表单是用来采集学生的姓名、性别、生日、所在院系等信息的。报表和表单有一定的联系,它往往是对一些数据进行查询、统计后列表,通常只是用来查看信息的,因而不负责数据的采集,也不允许用户修改数据。例如,还是以学生管理为例,可以有罗列某门课程的学生名单、统计每个专业的学生人数等报表。

表单往往和现实业务管理中的文字登记表有对应关系,因而其设计是有据可依的。例如,学生信息采集表单可以参照学生入学时纸制的信息登记表来进行设计。表单设计不一定全部照搬纸制表单,但其内容位置的编排、信息采集的布局,重点内容的显示等应是表单设计的重点。表单的设计与应用系统的目的有密切的关联,在一个数据采集密集的应用中,键盘的控制、输入聚焦点的控制都是表单设计需要重点关注的部分。例如在一个销售系统中,条码扫描结束后,系统可能会自动将输入焦点跳到数量上,甚至默认将数量设置为 1,用户输入数量后,按回车键,就能自动再将焦点移动到下一条数据的条码输入上。总之,表单的设计以方便用户聚焦、提高用户操作效率为主要目标,同时加以美工设计。

报表设计也是数据库应用系统的重点,目前有很多公司专注于这些构件的开发,典型的有 Delphi 和 C++Builder 中的第三方控件 fastReport,.NET 环境下的水晶报表 crystalReport 等。通过第三方报表的加入并将其和数据库关联,程序开发者可以快速地设计出符合要求的报表系统。

3.6 详细设计

详细设计主要强调每一个类的设计,类中每个方法的逻辑实现,是大学生在学习程序语言阶段就已了解的内容。但在面向对象的程序设计中,由于通常每个类都有很多方法,而这些方法之间往往是相互关联的,因此要特别强调类内方法的协调及类间通讯的协调。

3.6.1 详细设计的任务

详细设计的任务,是为类图中的每一个方法确定采用的算法和数据结构,用某种特定的表达工具给出清晰的描述,表达工具应具有描述逻辑细节的能力,使程序员在编程时能够直接翻将其译成程序设计语言的源程序。

详细设计阶段将产生详细设计说明书,为此,设计人员必须完成:

① 类的属性数据、可能用到的数据结构等全部细节。
② 为每个类的方法写出实现逻辑的详细过程性描述,边界类还涉及界面设计。
③ 为每个类及其方法确定使用的数据结构。
④ 为每个方法确定接口细节及访问属性。
⑤ 与类内、类间其他方法的接口。

在详细设计结束时,应该把上述结果写入详细设计说明书,并且通过复审形式形成正式文档,作为编程阶段的依据。

3.6.2 详细设计的描述工具

描述程序处理过程的工具称为详细设计工具,这些工具应该能支持对详细设计无二义性的描述,以便在编码阶段能将详细地描述过的处理过程直接翻译成程序代码。

1. 程序流程图

程序流程图也称为程序框图,它是软件开发者熟悉的一种流程控制表达工具。它独立于任何一种程序设计语言,比较直观、清晰,易于掌握。因此,程序框图是软件开发者普遍采用的一种详细设计的工具。在了解他人开发的软件的实现思路时,也常常需要借助于程序框图。

程序框图的表示方法很简单,框图中只能使用规定的图形符号,方框表示一个处理步骤,菱形框表示逻辑判断,箭头表示控制流向。

按结构化程序设计的要求,由规定的图形符号构成的基本控制结构如图 3.6.1 所示。

不同类型的基本控制结构的主要特征如下。

① 顺序结构:在这种结构中,几个连续的加工依次排列,并按序执行。
② 选择结构(If-Then-Else 结构):这种结构根据所给定的判断条件是否满足,从两个路径中选择执行其中的一个。
③ 多路分支结构(Case 结构):在这种结构中,根据控制变量的取值,从列举的多种路径中,选择其中一个。
④ 先判断型循环结构(While 结构):先测试判定条件,只要条件为真就执行一次循环。
⑤ 后判断循环型结构(Until 结构):先执行循环体,然后测试判定条件,只要条件为真就重复执

3.6 详细设计

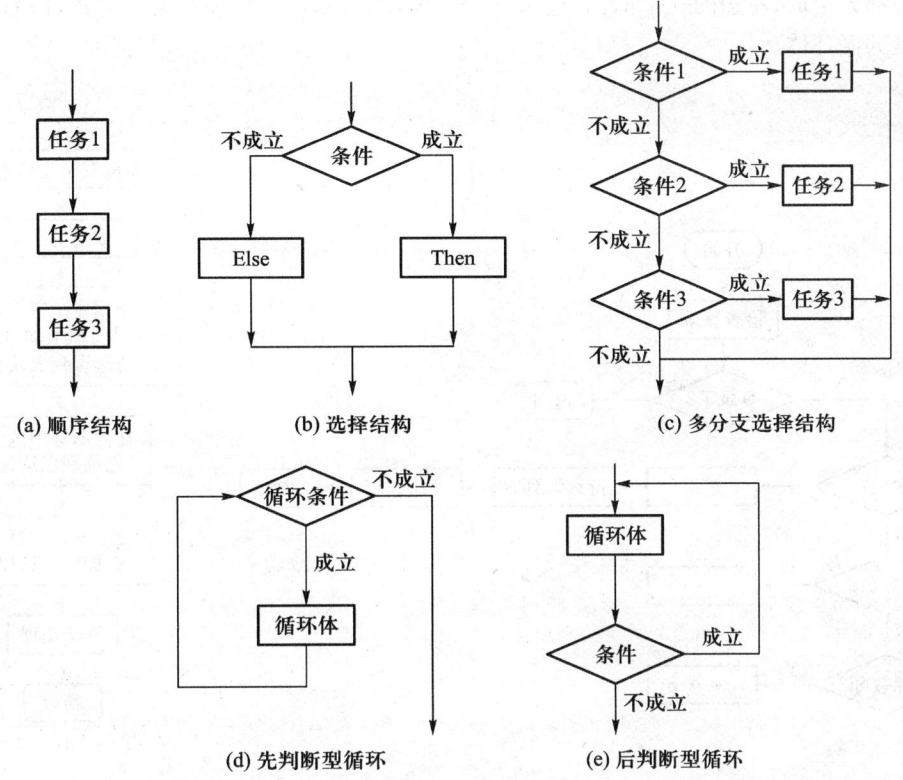

图 3.6.1 程序流程图的基本控制结构

行,一直到该判定条件不成立为止。

必须指出的是,由于在程序流程图中,设计人员用箭头可以实现向任何位置的转移,如使用正确的话,流程图是简单易懂且很灵活,但也正是过于灵活,带来了无约束的随意性,在处理逻辑复杂时,容易造成流程图过长、难于理解且维护困难。

任何复杂的程序流程图都可以由这些不同类型的基本控制结构组合或嵌套而成,如图 3.6.2 所示是学生选课过程逻辑的流程图。图 3.6.2(a)是学生选课程序流程图,针对图中的"选课"过程,如果感觉逻辑颗粒还比较大,可进一步再详细的用图 3.6.2(b)来描述。

程序流程图的特点是简单清晰,懂编程的人员,可以较容易将其编写成程序。

2. 问题分析图(PAD 图)

问题分析图(Problem Analysis Diagram,PAD)是日本日立公司二村彦良等人于 1979 年提出的一种主要用于描述软件详细设计的图形表达工具,现已成为广泛使用的工具之一。

PAD 图使用的基本控制结构图如图 3.6.3 所示。其中分支结构图由两部分组成,带锯齿的框为判定条件,每一个锯齿表示该判断中的一个条件,与锯齿相连的处理框表示该分支要执行的处理,循环结构也由两部分组成,左边的一个框(右边多一道竖线)表示循环的类型和终止的条件,右边的一个框表示要重复的循环体。

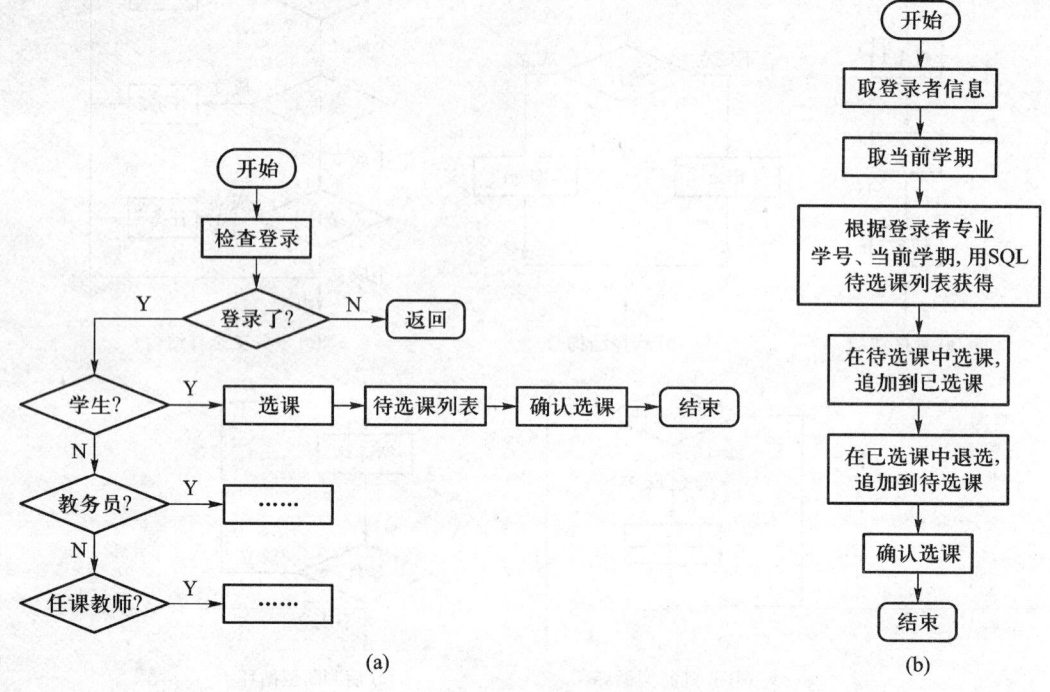

图 3.6.2　学生选课过程程序流程图

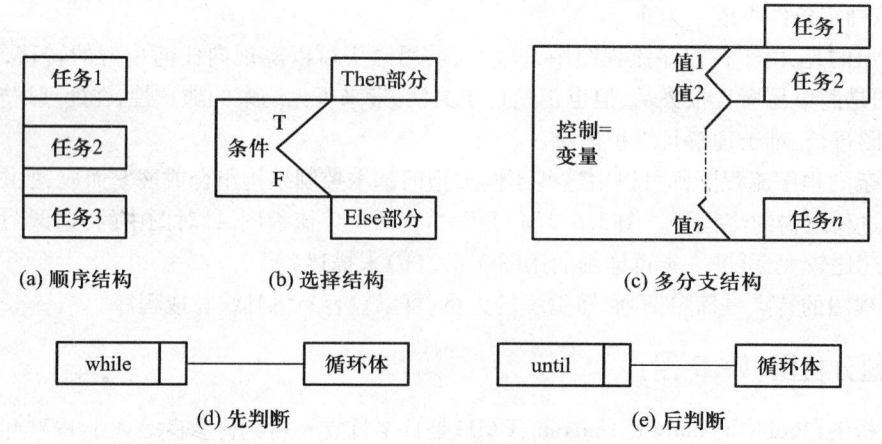

图 3.6.3　PAD 图的基本控制结构

任何一个 PAD 图都是由以上的基本控制模块构成的,作为 PAD 图应用的一个例子,图 3.6.4 给出了分析一个字符串中每个字符出现频率的 PAD 图。

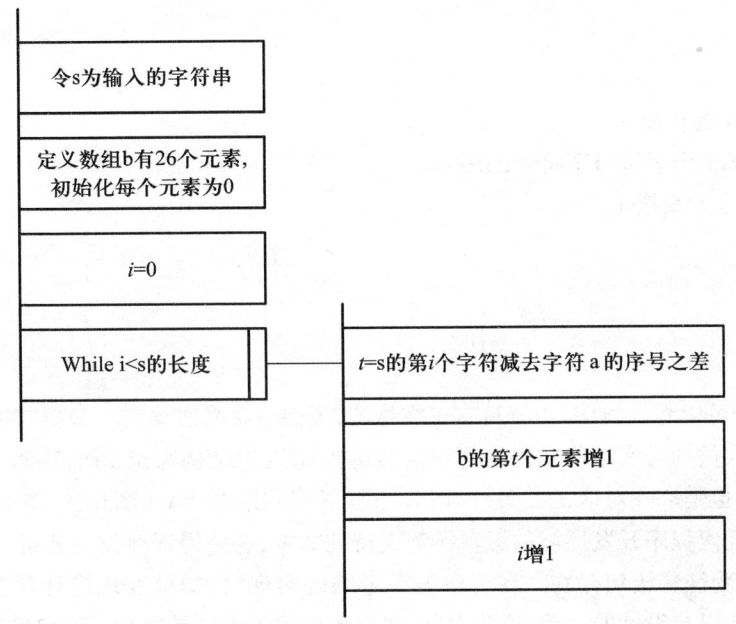

图 3.6.4　求字符串中每个字母出现的次数的 PAD 图

PAD 图是一种两维平面图,它是从左向右逐渐延伸的树型结构,每增加一个层次,图形就向右扩展一个竖线,PAD 图中竖线的总条数就是程序的层次数。由基本控制结构组成的 PAD 图结构更清晰,并与结构化程序书写格式一一对应,能够反映和描述自顶向下逐步求精的过程,程序流程图则做不到这一点,我们所看到的程序流程图已是最后的结果,中间的求精过程无法保存且无法描述。

3. 伪码(PDL 语言)

伪码也称为程序设计语言(Program Design Language,PDL),是一种非形式的比较灵活的程序设计语言,它用语言的方式描述模块内部的具体算法和加工细节。一般来说,伪码的语法规则分成外语法和内语法。外语法符合一般程序设计语言常用的程序语句的语法规则,包括一些关键字的定义与一般程序语言是对应的,如 if、while 等关键字与 C 语言中是对应的;而内语法是没有定义的,它可以用自然语言、通用的数学符号来描述程序应执行的功能。特别的,可以使用自己的母语而不一定是英语来描述,从而能比较清晰的描述问题的内涵。

如求字符串中的每个字母出现频率的逻辑,可以用 PDL 来描述并设计如下:
接口　传入字符串 str,返回频率数组 b
b = 申请有 26 个元素的整数数组

```
    初始化 b 的每个元素为 0
    if str 是空串 then
        返回
    endif
    令 i=0
    do while (i<str 的长度)
        t=str 的第 i 个字符与字符 a 的序号差
        b 的第 t 个元素增 1
        i 增 1
    enddo
    返回 b
```

从上面的例子可以看出，PDL 语言具有正文格式，类似一种高级语言。只要掌握 PDL 的语法关键词，任何一个设计人员均可利用所掌握的程序语言的控制语句结构写出 PDL 伪码。PDL 的结构与程序语言的块状结构也是一一对应的。另外，PDL 与程序流程图和 PAD 图相比，其最大的优势是，PDL 是纯文本结构，而任何程序开发环境的编辑器都支持纯文本，这使得程序设计者可以将 PDL 直接写到程序的代码里并作为注释语句存在。在程序编写者编码实现时，如果发现设计存在缺陷时可以随时修改，从而保持源代码与设计的一致，这比 PAD 和程序流程图更容易维护。这也导致国际上很多程序设计人员都喜欢使用 PDL，特别是在开源软件的设计中更是得到淋漓尽致的使用。

PDL 作为一种用来描述软件详细设计的工具，具有以下特点。

① 严格的关键字外语法，用于提供全部结构化控制结构、数据说明和模块特征。属于外语法的关键字是有限的词汇集。它们能对 PDL 伪码程序进行结构分割，使之变得容易理解。

② 内语法使用自然语言描述处理特性，可以使用母语，且语法灵活。

③ 有包括说明简单的或复杂的数据结构的数据说明机制。

④ 有子程序定义与调用语法，用来表达各种方式的接口说明。

用于进行详细设计的 PDL 语言应该是与编程语言无关的。一种典型的 PDL 是依照 Pascal 特征，其基本的语法组成应包括：数据说明、用于构造程序块的语法、选择结构、循环结构、子程序定义、接口说明、输入/输出结构。

PDL 描述的基本控制结构如下。

① 顺序结构：

　　块或伪码语句 1；
　　块或伪码语句 2；
　　块或伪码语句 3；

② 选择结构：

　　if<条件描述>then

　　　　<块或伪码语言>
　　　else
　　　　<块或伪码语言>
　　　endif
③ 多分支选择结构：
　　　case of<变量名>
　　　when<条件值 1>select<块或伪码描述>
　　　when<条件值 2>select<块或伪码描述>
　　　……
　　　when<条件值 n>select<块或伪码描述>
　　　endcase
④ 先判断型循环结构：
　　　do while<条件>
　　　　<块或伪码描述>
　　　enddo
⑤ 后判断型循环结构
　　　repeat until<条件>
　　　　<块或伪码描述>
　　　endrep

PDL 描述的其他结构如下。
① 数据定义：
　　　declare 变量名属性
其中，属性有 scalar(标量)、array(数组)、list(表)、char(字符)、structure(结构)。
② 输入输出：
　　　get<输入变量表>
　　　put<输出变量表>
③ 模块的定义和使用：
　　　procedure<子程序名><属性>
　　　interface<变量表>
　　　<块和伪码描述>
　　　return
　　　end

　　上面已经介绍了支持结构化程序设计的 3 种描述工具，即结构化流程图、问题分析图(PAD 图)、伪码(PDL 语言)。它们各有优缺点，应根据实际情况选择使用。但是，无论使用哪种详细设计的描述工具，所描述出的每个模块的控制结构都是准确无二义性的，均可转化为程序设计语言的语句，到编程阶段只要按照对应关系即可方便地编写出源程序。

3.7 编码

编码是在详细设计的基础上，用特定的程序语言如 C++、Java 等对模块的逻辑进行实现。为保持程序的易维护性，很多软件企业都有一套严格的质量保证制度，这主要体现在命名法和程序的编写格式上。

3.7.1 命名规范

命名法是指对程序中使用的类、属性、对象、对象方法的定义，以及为了程序阅读的方便，要求尽量使用能反映物理意义的命名法。

不同的组织会用不同的命名法，本书中的所有程序遵循如下的命名规则。

1. 类的命名规则

类定义采用首字母大写，多单词组成一个类时，后续的每个单词的首字母大写。例如，定义一个学生管理的控制类，负责查询学生的信息并将学生的信息保存在数据库中，从数据库中查找学生的信息并显示，则该类可以定义为：

  SudentManagerAction

其意思是学生管理操作。可以清楚地表达类将完成的任务。

又如，一个学生类可以简单的定义为：

  Student

2. 对象的命名规则

对象名字的首字母小写，其后续的命名与类相似。例如形成一个学生对象 student，可以定义为：

  Student student

3. 简单变量的命名规则

简单变量命名规则和对象的命名一样，但强调其物理意义，例如，在学生类中定义两个变量，即记录学生对象的名字和学号。定义如下：

  string studentName

string studentId

这样就可以清楚地表达变量的物理意义。

4. 方法的命名规则

类的方法代表类的行为,一般是一个动作,所以其命名法一般以一个动词加上其操作的宾语来表达。还以学生类为例,如果要得到一个学生对象代表的学生的名字和学号,可以分别将其方法定义为:

  string getName( )

  string getId( )

从方法的名字上就可以知道方法完成的操作内容。

3.7.2 编码风格

1. 应用提示

.net 环境中对类的每一个方法都可以用 XML 文档进行注释,系统在编译这样的注释时,会自动形成调用时的注释文档。下面的例子是对矩阵类的一个构造函数定义前的 XML 格式说明。

  /// <summary>

  ///构造函数,构造 row×col 大小的矩阵。

  /// </summary>

  /// <param name="row">行数。</param>

  /// <param name="col">列数。</param>

  public Matrix(int row, int col) { …… }//具体的构造函数代码

按上述格式编写了源代码后,在编译程序时,选择"项目"→"...属性"菜单,在弹出的对话框上,选中"XML 文档文件"复选框,然后编译代码。在实际调用该构造函数时,系统的提示如图 3.7.1 所示。

```
Matrix m = new Matrix(
```
▲4 (总数5) ▼   Matrix.Matrix **(int row**, int col)
row: 行数。

图 3.7.1   经 XML 文档注释的方法在调用中得到的提示

在写到参数 int row 时,系统会自动提示"row:行数",即显示每个参数的意义,使得程序员更容易理解函数的调用方式。

2. 编码风格

一个好的源程序意味着源程序代码简明清晰、易读易懂。为了达到此目的,应遵循下述编码规则。

① 模块和模块之间以约定的标识符分开。如在 C、C#、Java 中,可以使用如下的标识分割。

//--

② 程序内部文档。利用缩进格式,使程序清单层次清晰、布局合理。

如用以下的格式就能充分体现程序的块结构。

```
    if (……)
    {
        while (……)
        {
            for (……)
            {
            }
        }
    }
    else
    {
    }
```

③ 处理长行:一般,每一行都应在用户的视野里,但对于太长的行,可以按回车键转入下一行。

3. 其他应注意的问题

编码中应注意的其他问题包括:

① 一个变量只用于一个目的。

② 一定删除程序中被定义的但却没有被使用的变量。

③ 临时变量的命名一般定义为最小局部中的变量,使其生存期尽量的短。如下面两个变量交换值的代码:

```
    if (x1 > x2)
    {
        int temp = x1;    // temp 在这里定义,不要在块外定义,出了该块, temp 不可引用
        x1 = x2;
        x2 = temp ;
    }
```

④ 变量初始化的位置应尽量靠近其开始计算的位置。如下述代码:

```
    int s = 0;  //准备开始计算 s 的加和值,在计算之前赋初值,不要在其他的地方完成
    while ( i < n )
        s += i;
```

思 考 题

1. 一个企业想实施管理信息系统,但目前只有手工的作业流程模型,且企业的操作者使用电脑进行业务处理的经验比较少,如果让你参与该系统的调研,你认为应该使用何种工程范型?
2. 组织系统需求时,UML 使用用例来表达,请对照教材,描述用例组成的要素。
3. 分析一个用例时,要把用例中存在的 3 种类型的类分析出来,这 3 种类型的类各是什么?分析时的次序是怎样的?
4. 学期结束后,教师要负责为自己开设的各门课程按课程号登记成绩,请你画出该用例,分析该用例中的类,并按 UML 画出类图。
5. 对一元二次方程的求解设计一个类,请你按 UML 画出其类图,并用 PDL 设计其求解的过程。

数据库技术

第 4 章

对于一个计算机的应用系统,使用者最关心的是系统中的数据,即这些数据应该怎样组织、表达、归纳、总结,以便在用户查询时以最快的速度将结果呈现在使用者的面前。人们通常所说的管理信息系统,就是以数据库为核心的、对数据进行组织、管理并提供信息服务的系统。本章讨论的内容即是管理信息系统的核心——数据库系统,首先将介绍数据的分析建模、关系数据库的设计,接着介绍物理数据库在 MS SQL Server 2005 上的具体实现及如何在 C#中链接和操作数据库。

一个数据库系统的设计过程主要包括概念数据建模、关系模式的转换及物理数据库的实施,本章将按这样的次序展开讨论。

4.1 概念数据建模

4.1.1 概念数据建模过程

概念数据模型是对一个系统中数据的描述,即系统中类及它们之间的关系。它以独立于具体实现的方式描述数据的结构和数据之间的关系,完全不涉及信息在计算机中的表示。概念数据模型通常以图形化的方式表达。表达的方式主要有实体关系(E-R)数据模型和UML模型。这两种数据建模方式有很多相似之处,但相比而言,UML比E-R更具表现力。

在数据库系统设计中,将建立概念模型的过程称为建模。一般情况下,概念数据的建模是一个迭代完善的过程,在分析得到系统所有用例以及各种记录数据的表单后,其建模过程将如图4.1.1所示。

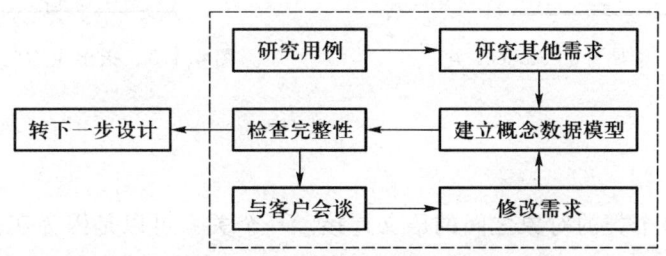

图 4.1.1 概念数据建模过程

可见,通过对所有用例的综合分析寻找系统中存在的数据并准确的描述它们之间的关系,是概念数据建模的目的。

4.1.2 UML 数据建模

1. UML 类表示

UML 类图(Class Diagram)是 UML 的一个子集,主要描述系统的静态结构,包括类及类间的联系,它适用于数据的概念建模。

在 UML 类图中,类被表示为由 3 个部分组成的矩形,类的属性直接出现在矩形中,如图 4.1.2 所示。

① 上面部分给出了类的名称,类名用粗体,背景颜色较深。

② 中间部分给出了该类对象的属性。

③ 下面部分给出了对象的约束条件以及可以应用到这些对象的操作。其中第二和第三部分之间用一条线间隔开来。

④ 属性命名规范:属性名的第一个字母都采用小写,如果属性由多单词组成,则后续单词的首字母大写。若属性是主键,则在该属性前加注<<PK>>,这里 PK 代表 primary key。

例如,学生类可以用如图 4.1.3 所示的 UML 类图表示。各属性的意义分别如下:Student(学生):studentNo(学号),studentName(姓名),birthday(出生日期),sex(性别)。

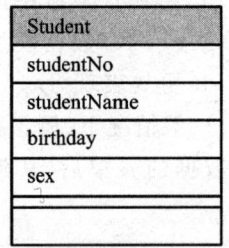
图 4.1.2 带属性的 Student 类

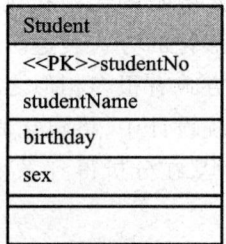
图 4.1.3 指出主键的 Student 类

2. 关系

关系是一个或多个类的对象之间的语义连接。一个关系可以是因为实体之间的自然联系而造成的结果。如一个教师属于某一个院系;也可能是由于发生了某一个事件,如一个学生选了某门课。

(1) 关系的度

关系的度又称为关系的元数,指的是参与一个关系的类的数目。如一个关系有两个类参与,则该关系的度是 2。

(2) 一元关系

一元关系实质上是递归关系。如一夫一妻制的联系可表达为 person 类,其自身形成一个一元关联,即结婚。如图 4.1.4 所示。

(3) 二元关系

二元关系是两个类的对象之间的关系(关系的度为 2),UML 简单地用一条线将关系中涉及的类连接起来。例如,大学教师在某个院系工作,就会产生一个二元关联,即工作。如图 4.1.5 所示。

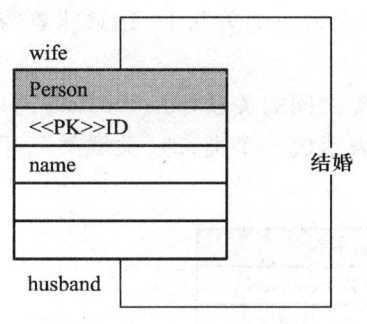
图 4.1.4 一元关系示意图

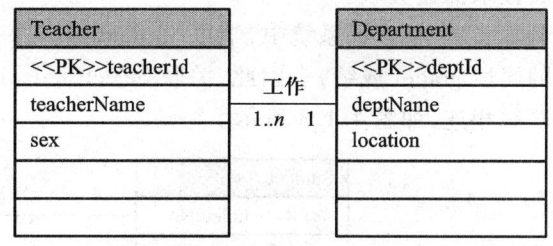
图 4.1.5 二元关系示意图

（4）关系的重数

重数是指在一个给定的关系中，一个类的对象与另一个类的对象存在的数目上的对应关系。具体地，重数用参与关系的某一端对象数目的最小、最大值构成的整数闭区间表示，即用上界..下界的方式写在这一端类的边上。最常用的重复度是 0..1、*、0..n 和 1。

① 0..1：表示最小值是 0，最大值是 1。
② *（或 0..*）：表示范围从 0 到无穷大。
③ 0..n：最小为 0，最大为 n。
④ 单个 1：代表 1..1，表示关系中参与的对象数目恰好是 1。

如图 4.1.4 所示，一个丈夫最多只能有一个妻子，一个妻子最多只能有一个丈夫，因此，结婚关联可进一步表示，如图 4.1.6 所示。

如图 4.1.5 所示，因为一个院系可以有多个教师，其重数是 1..n；而一个教师只能在一个院系工作，其重数是 1..1，简写为 1。因此工作关联可进一步表示，如图 4.1.7 所示。

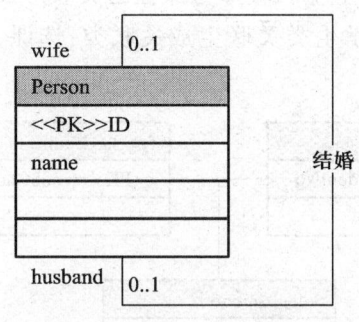
图 4.1.6 一元关联的重数

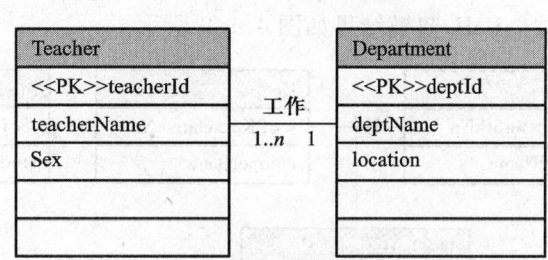
图 4.1.7 二元关系的重数

3. 关联类

关系有时会产生属性，也可能不产生。当产生属性时，就用一个"关联类"表示。一个关联类与一个常规类相似,但它以一种的特殊方法(用一条虚线)连到一个关联上,这意味着需要用类的属性来描述关联。

例如,在学生选课系统中,学生 Student 类与课程 Course 类之间的关联 SelectCourse(选课)有自己的属性 grade(成绩)。因此,关联 SelectCourse(选课)应表示成一个类,即"关联类",用虚线与关联线相连,如图 4.1.8 所示。

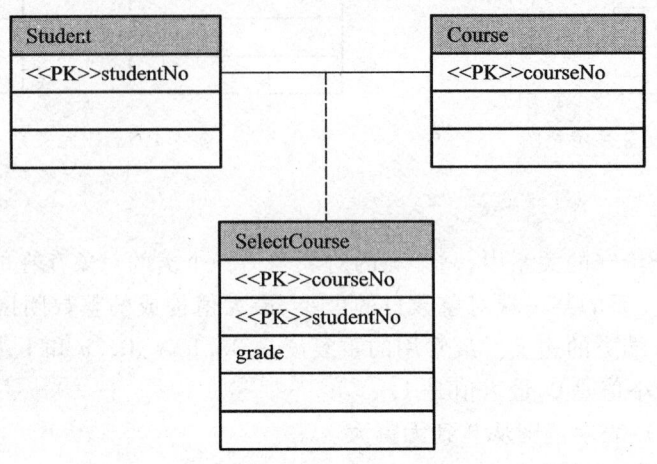

图 4.1.8　学生选课产生关联类的 UML 类图

例 4.1　大学开设课程的过程是,教务处决定了课程后,安排教师将课程开设出来,学生选择开设的课程,学期结束后,根据学生的学习情况给予成绩。请分析该问题中的类、类之间的关联及产生的关联类。

从问题中可以看出,系统中存在的类包括:教师、课程、学生。教师与课程的关联形成了关联类:开设课程,产生的属性为:开设课程号。开设课程类与学生类关联生成关联类:选课,其属性为:成绩。UML 建模结果如图 4.1.9 所示。

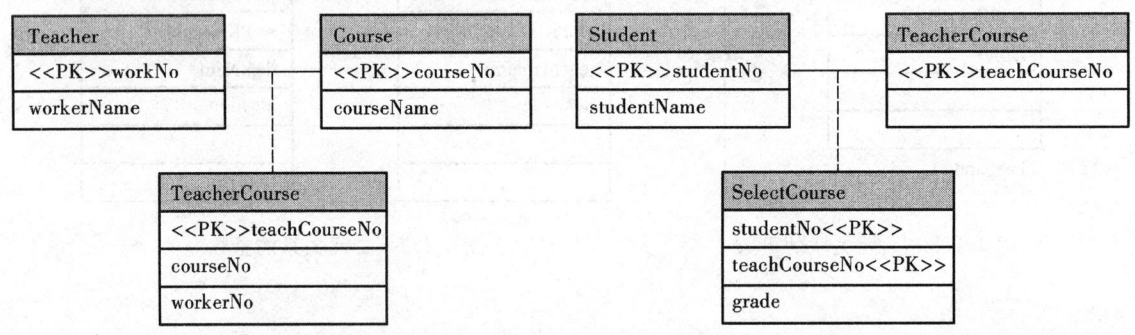

图 4.1.9　UML 学生选课建模结果

4.1.3 E-R 数据建模

E-R 数据模型是早于 UML 发展起来的数据分析建模方法,它与 UML 建模方法很类似,两者可以融会贯通,促进理解。

实体-联系模型(Entity-Relationship Model,E-R 模型)是 Chen 于 1976 年提出的。E-R 模型直接从现实世界中抽象出实体类型及其相互间的联系,并用实体联系图(Entity-Relationship Diagram,E-R 图)来表示概念模型,如图 4.1.10 所示。E-R 模型是一种语义模型,旨在表达数据的含义。

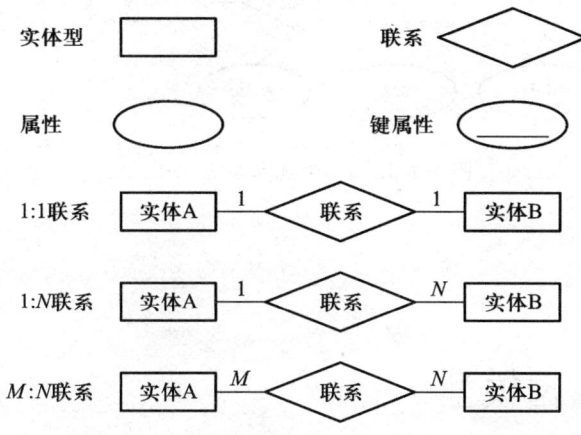

图 4.1.10 E-R 模型中各成分的 E-R 图符号

1. E-R 图基本符号

画 E-R 图时,实体集、属性及实体集间的联系用如下的几个基本符号表示。
① 实体型:用带有实体名的矩形框表示。
② 属性:用带有属性名的椭圆形框表示。键属性的属性名加下划线。
③ 联系:用带有联系名的菱形框表示,并用直线将联系与相应的实体相连接,且在直线靠近实体的一端标上 1 或 N 等,以表明联系的类型(1:1,1:N 或 M:N)。

2. 实体表达

E-R 图采用矩形内书写实体名字,与矩形联系的椭圆表达实体属性的方式表达实体集,如图 4.1.11 所示为学生实体集合的 E-R 图表达。

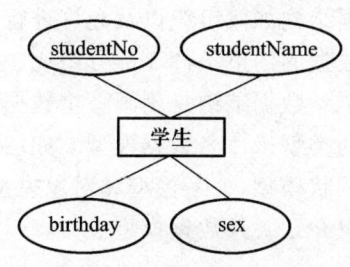

图 4.1.11 学生实体集的 E-R 图

3. 联系

E-R 图采用菱形表达实体集合之间的联系，与 UML 图表达的语义很相似，这里不再展开。以学生选课为例，给出了学生选课系统的概念数据 E-R 图如图 4.1.12 所示，读者可以将其与图 4.1.8 的 UML 图对比，比较两者在表达上的相似之处。

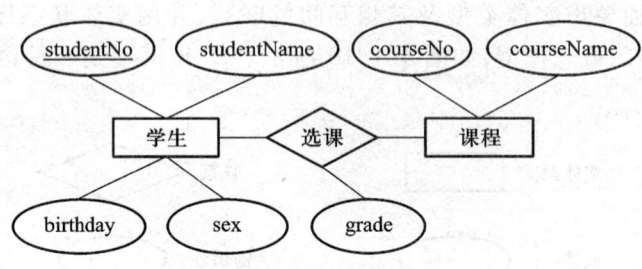

图 4.1.12 学生选课系统 E-R 图

4.2 关系数据模型

逻辑数据模型也称为结构数据模型，简称为数据模型。它是概念数据直接面向数据库的逻辑结构，是对现实世界的第二层抽象。此类数据模型直接与数据库管理系统 DBMS 有关，有严格的形式化定义，便于在计算机系统中实现。如目前最常见的关系数据库采用的就是关系数据模型，属于逻辑数据模型的一种。

数据库专家 E.F.Codd 认为：一个基本数据模型是一组向用户提供的规则，这些规则规定数据结构如何组织以及允许进行何种操作。通常，一个数据库的数据模型由数据结构、数据操作和数据的约束条件 3 部分组成，它们共同组成数据模型的三要素。

数据结构是刻画一个数据模型性质最重要的方面。因此在数据库建模中，通常按数据结构的类型来命名数据模型。如层次结构、网状结构、关系结构和对象数据模型分别称为层次模型、网状模型、关系模型和对象模型。由于关系模型是数据库模型的主流且应用最为广泛，所以本书仅介绍关系数据模型。

4.2.1 基本概念

1. 关系的表达

关系数据模型用二维表的形式描述数据,每个关系有一组命名的列和任意数目的行组成,关系中的每个列对应类的一个属性,每个行对应类的一个对象。

一个关系就是一个命名的二维数据表。如表 4.2.1 所示的学生信息表就是一个关系模型,它包含的学生属性有:studentNo(学号)、studentName(姓名)、birthday(生日)、sex(性别)。如表 4.2.2 所示的课程信息表和表 4.2.3 所示的选课信息表均为关系模型。

一个关系的结构也称为关系模式,通常表达为:

关系名(关键属性,属性1,属性2,…,属性n);

其中,关键字属性带下划线。

例如,学生关系可以表达为:

Student(<u>studentNo</u>,studentName,birthday,sex)

2. 基本概念

关系模型涉及如下一些基本概念。

① 关系:对应通常所说的二维表。

② 元组:表中的一行即为一个元组,如表 4.2.1 有 7 行,也就有 7 个元组。

③ 属性:表中的一列即为一个属性,如表 4.2.1 有 4 列,就有 4 个属性:studentNo,studentName,birthday,sex。

④ 主键:表中的某个属性组(可以多属性组合成主键),它可以唯一确定一个元组,如表 4.1.1 中 studentNo 可以唯一确定一个学生,也就成为学生关系的主键。

⑤ 域:属性的取值范围,例如,大学生性别域是(男,女)。

⑥ 分量:元组中的属性个数。例如,学生关系分量为 4。

⑦ 关系模式:对关系的描述,一般表示为:关系名(属性1,属性2,…,属性N)。

3. 关系模型查询的实现

在关系模型中,数据查询通过关联表的方式实现,而表的关联体现的正是类及其之间的联系。关联关系中记录之间的联系通过主键来体现。例如,要查询李灿选了哪些课程,首先可根据李灿的学号 010001 在选课关系中找到 J01、J04、L02,然后在课程关系中找到对应的课程名字。在上述查询过程中,主键学号、课程号起到了连接两个关系的作用。

表 4.2.1 学生 Student

studentNo	studentName	birthday	sex
010001	李灿	1989-2-1	男
010021	张简	1988-3-1	女
020031	张名	1987-3-5	男
030051	许昌	1990-8-1	男
030052	刘志	1990-7-2	男
030038	古云	1991-9-7	女
020011	徐天	1989-9-9	男

表 4.2.2 课程 Course

courseNo	courseName
J01	数据库
J04	操作系统
L02	数值算法
F09	德语
F01	日语
S01	高等数学一
S02	高等数学二

表 4.2.3 选课 SelectCourse

studentNo	courseNo	grade
010001	J01	99
010001	J04	89
010001	L02	78
010021	J01	78
010021	J04	91
020031	F09	98
010021	F09	100

4.2.2 关系的规范化

关系模型看似简单,但要设计出好的、合适的关系模式,必须使所设计的关系模式符合一定的规范化要求,遵循关系数据库的规范化理论。本节将对关系模式如何规范化进行详细的讨论。

1. 良构关系

直观地讲,一个良构关系包含最小的数据冗余,并允许操作者插入、删除、修改表中的行,而不会引起错误或数据的不一致。例如,表 4.2.1 的学生关系就是一个良构关系。

但有些时候,如果不加分析的建立关系,就会出现问题。例如,要求设计一个学生选课数据库,希望从该数据库中得到学号、姓名、课程名、学分的信息。若将此要求设计为一个关系,则关系模式为:学生(学号,姓名、课程名,学分),如表 4.2.4 所示。此关系模式的主键为"学号,课程名"。

表 4.2.4 学生选课关系

学号	姓名	课程名	学分
072101	张随	软件开发	3
061203	李坤	多媒体	2
071981	向前	矩阵论	3
072101	张随	线性代数	4
061203	李坤	矩阵论	3

仅从关系模式上看,该学生选课关系已经包括了所有需要的信息。然而,对其深入分析后,发现有如下问题。

① 删除异常:如果删除学号为 061203 的学生的选课记录,不仅丢掉了学生 061203 选修"多媒体"的信息,而且还丢失了"多媒体"学分为 2 的信息。

② 插入异常:一门新课(如"硬件技术",学分为 2)没有学生选修时,该课程名(硬件技术)和学分(2 学分)就无法插入到学生选课数据库中。因为在这个关系模式中主键为"学号,课程名",而这时没有学生选修而使得学号无值,所以没有主属性值,关系数据库无法操作,引起插入异常。

③ 数据冗余:学生名字"张随"和"李坤"出现了多次,而学生的名字是由学号唯一确定的,这既造成了存储的浪费,又造成了信息的过度分布,导致系统维护困难,如果系统开始运行时,教务员把"李坤"的名字写错了,现在要修改为"李琨",则需要多处修改。

由上述分析可见,学生选课关系尽管看起来简单,但是存在问题,它不是一个良构关系。

解决上述问题的方法是把表 4.2.4 拆分成 3 个关系:学生关系、学生-选课关系、课程-学分关系,每个关系只表达一个主题,来消除插入和删除异常,即类似表4.2.1、表4.2.2和表4.2.3的格式。这样,从学生-选课关系中删除学生061203,就不会影响"多媒体"为2学分的信息。此外,即使没有人选修多媒体,也可以在课程-学分关系中增加此课程名及其学分的情况。

2. 规范化

规范化是将复杂数据结构转换为良构关系的过程。它分析产生非良构关系的原因并按规范化的规则设计关系。

(1) 函数依赖

数据之间存在的各种联系现象被称为数据依赖(Data Dependency)。在同一个关系中,数据依赖表现为属性间的相互依赖、相互制约。而数据插入、删除和更新等异常与数据依赖有着紧密的关联。关系规范化理论致力于解决关系模式中不合适的数据依赖问题。

在数据依赖中,函数依赖(Function Dependency,FD)是最基本的依赖形式之一,它反映了同一关系中属性间一一对应的约束,是关系模式中属性间最常见的一种依赖关系,也是关系模式中最重要的约束之一。

例如,描述课程的关系有"课程号"、"课程名"、"授课学时"、"授课学期"4个属性,如表4.2.5所示。由于一个课程号只对应一个课程,一个课程只规定一种授课学时,因而若知道了"课程号"的值,就可以知道"授课学时"的值。属性间这种依赖关系类似于数学中的函数,因此说"课程号"函数决定"授课学时",或者说"授课学时"函数依赖于"课程号",记作"课程号→授课学时"。

表 4.2.5 课 程 关 系

课程号	课程名	授课学时	授课学期
J01	数据库	72	6
J03	C程序设计	54	2
Z04	编译原理	72	5
Z06	数值分析	72	6
X01	操作系统	54	3
X02	面向对象	36	4

函数依赖关系反过来不一定成立。例如授课学时为72的课程有好几门。也就是说,如果X决定Y,但反过来Y不一定决定X。

(2) 部分依赖

在表4.2.6中,主键"学号,课程号"决定了学分,即学分依赖于主键"学号,课程号"。若进一步分析则可发现,决定学分的只是"课程号",与"学号"无关,这种函数依赖即被称为部分函数依赖。部分函数依赖是造成插入等操作异常的主要原因之一。

(3) 传递依赖

在表4.2.7中,学生住宿收费关系的主键是"学号",学生住宿的楼号依赖于学号。分析可发现,学生应交的住宿费是由楼号决定的,也就是说,"收费"依赖于"楼号"。因此,学生住宿收费关系模式中存在这样的函数依赖:"楼号"依赖于"学号",而"收费"又依赖于"楼号",即"学号→楼号","楼号→收费"。一般把这种类型的函数依赖关系称为传递函数依赖。在表4.2.7中,如果删除学号为061122的缴费信息,则将丢失2号楼收费650元的信息,因此,传递函数依赖的存在也是要引起删除等操作异常的主要原因之一。

表4.2.6 学生选课表(部分依赖)

学号	课程号	学分
072101	J01	3
072101	J03	2
071981	X01	2
071981	X02	2
071981	Z04	2

表4.2.7 学生住宿收费(传递依赖)

学号	楼号	收费
072101	1	800
073001	4	600
071109	1	800
061289	8	1200
061122	2	650

(4) 范式

为了消除插入、删除、修改等异常,人们采用分解的方法,力求使关系的语义单纯化,这就是所谓的关系规范化。通过模式分解将属于低级范式的关系模式转换为几种属性高级范式的关系模式的结合,这一过程被称为规范化(Normalization)。

范式对关系中各属性间的联系提出了不同级别的要求,根据要求级别的高低,可以将关系分为第一、第二、第三、第四范式等。其中级别高的范式包含在低级别的范式中。对关系数据库而言,要求设计到第三范式。

① 第一范式(1NF):如果一个关系模式R的所有属性都是不可分的基本数学项,则这个关系属于第一范式。

在任何一个关系数据库系统中,第一范式是对关系模式的一个必须要求,不满足第一范式的数据库模式不能称为关系数据库。但是满足第一范式的关系模式并不一定是好的关系模式。例如，表4.2.6、表4.2.7都满足第一范式，但这两个关系模式存在更新异常问题，都不是良构关系。因此第一范式必须进一步规范化。

② 第二范式(2NF)：若关系模式R属于第一范式，且每个非主属性都完全函数依赖于主键，则R属于第二范式。第二范式不允许关系模式中的非主属性部分函数依赖于主键。

根据这个定义，凡是以单个属性作为主键的关系都是第二范式，因为主关键字只有一个，不会存在部分函数依赖的情况。

③ 第三范式(3NF)：若关系模式R属于第二范式，且每个非主属性都不传递依赖于主键，则R属于第三范式。

属于第二范式的关系也会发生操作异常，如学生住宿收费关系。产生异常的原因是存在传递依赖。解决办法就是把学生住宿和住宿收费分解，拆分成两个关系。因此，对第二范式做进一步的规范化，消除传递依赖，就是第三范式。

4.2.3 概念数据模型到关系模型的转化

数据库设计的一般过程，是从需求分析中得到概念数据，然后将概念数据转化为将要使用的数据模型。如果使用的是关系数据库，则需要将概念模型转换为具体的关系。下面分别讨论UML模型和E-R模型向关系模型转换的规则。

1. UML模型转换为关系模型

（1）转换类

将UML模型中的类转换为一个关系模式时，关系模式名就是类名，关系模式的属性由原类中的各属性组成，关系模式的主键就是原类的主键。

如图4.2.1所示的学生类转换成关系模式后，表达为："Student(studentNo,studentName,sex,birthday)"

Student
<<PK>>studentNo
studentName
sex
birthday

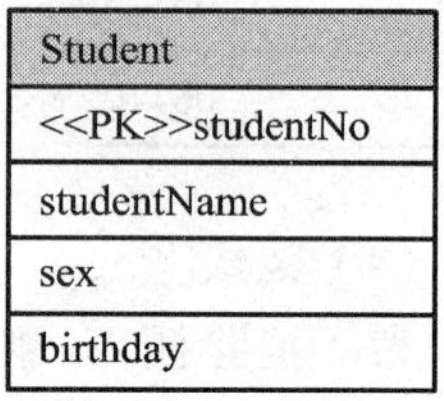

图4.2.1 学生类

（2）转换关系

将UML模型中的关联转换为关系模式时，需要根据关联类型的不同分别进行考虑。

① 1∶1关联

在两个类转换成两个关系模式后，其中任意一个关系模式的属性集中加入另一个关系模式的主键。也就是说1∶1关联不需要单独转换为一个独立的关系模式，而是转换为两个关系模式。

② 1∶N关联

在两个类转换成两个关系模式后，在N端的类转换成的关系模式中加入1端关系模式的主键。同样1∶N关联也不独立构成一个关系。

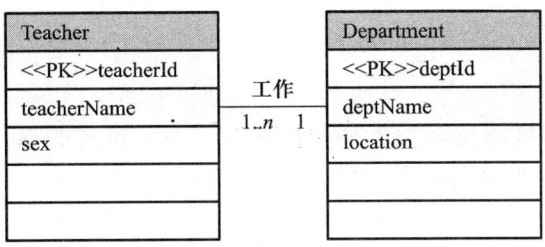

图 4.2.2 一对多关系

如图 4.2.2 中所示的 N 端对象 Teacher 就可以形成一个关系模式，在其模式中要放入 1 端对象的主键，1 端对象再形成一个关系，就可以把概念模型转化到关系模型。转化的结果如图 4.2.3 所示。

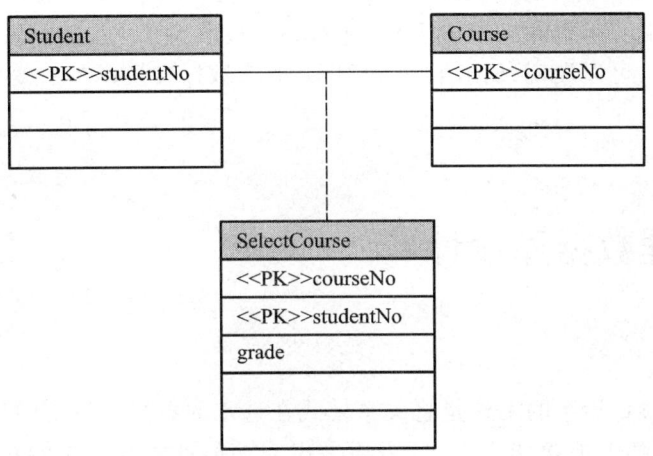

图 4.2.3 产生关联类的关系

Teacher(teacherId, teacherName, sex, deptId)
Department(deptId, deptName, location)

可以看出，关系模式 Teacher 中，包含了 1 端关系的主键，即部门的编号 deptId。

③ 关联类

关联类转化为关系模式的过程是，将关联两端的对象各转换成一个关系模式，而关联本身也产生一个关系模式，其主键用关联两端对象的主键形成复合键，加上关联本身产生的属性。

如图 4.2.3 所示的 UML 模型转化为关系模型的结果为：

Student(studentNo, ……)
Course(courseNo, ……)
selectCourse(studentNo, courseNo, grade)

2. E-R 模型转换为关系模型

（1）转换实体

E-R 模型中常规实体集转换为一个关系模式。该关系模式的属性由原实体集中的各属性组成，关系模式的主键就是原实体集的主键。

（2）转换联系

将 E-R 模型中联系转换为关系模式时，应根据实体间联系类型的不同分别进行考虑。

① 1∶1 联系：在两个实体集转换成的两个关系模式后，在其中任意一个关系模式的属性集中加入另一个关系模式的主键。

② 1∶N 联系：在两个实体集转换成两个关系模式后，在 N 端的实体集转换成的关系模式中加入 1 端关系模式的主键。

③ $M∶N$ 联系：将联系两端的实体集各转换成一个关系模式，联系本身也产生一个关系模式，其主键用联系两端实体集的主键形成复合键，加上联系本身产生的属性。

通过上面的对比，可以发现，E-R 模型和 UML 概念数据转换成关系模型的过程相似。

4.3 物理数据库设计

关系模式确定之后，后续的工作是将关系模式在选定的数据库系统中具体实施，称为物理数据库的设计。它不仅要考虑功能需求，还需要考虑非功能的需求，如数据库的响应时间和吞吐量。有效的物理数据库设计可以确保数据的准确性、使操作者在查询时不必等待不合理的时间。这些技术包括在选定的数据库服务器上实施合理的规则约束、建立索引等。在不同的数据库服务器上实施时会有些差异，本教材里以 Microsoft SQL Server 2005 为平台来讲解相关知识。

4.3.1 数据类型

关系模式中的每个属性转换为具体的数据库表时被称为字段，但在关系模式设计时，每个字段应该用什么数据类型、有什么限制、等问题在具体实施时都必须考虑。

1. 常用数据类型

设计一个表时首先要了解选定的数据库服务器对基本字段的数据类型描述。SQL Server 2005 中对数据类型的定义如表 4.3.1 所示。

表 4.3.1 SQL Server 2005 的基本数据类型

数据类型		说明
整型	Bit	表示位整型,存储 0 或 1,也可取值 null
	Tinyint	表示小整型,存储 0~255 间的整数,占 1 个字节
	SmallInt	表示短整型,存储 -32768~32767 间的整数,占 2 个字节
	Int	整型,存储 $-2^{31} \sim 2^{31}-1$ 的整数,占 4 个字节
	BigInt	表示大整型,存储 $-2^{63} \sim 2^{63}-1$ 的整数,占 8 个字节
浮点型	numeric(m,n)	精确型。其中 m 用于设定总的有效位数(小数点两边的十进制位数之和),n 用于设定小数点右边的十进制位数之和,n 默认值为 0,且 $0 \leq n \leq m$
	decimal(m,n)	精确型。功能同 numeric(m,n)
	Real	近似型。存储 -3.40E+38~3.40E+38 的浮点精度数值,占 4 个字节
	Float	近似型。存储 -1.79E308~1.79E308 的浮点精度数值,占 8 个字节
日期时间型	smalldatetime	存储 1900 年 1 月 1 日~2079 年 6 月 6 日间的日期和时间数据,精确到分钟,占 4 个字节
	datetime	存储 1753 年 1 月 1 日~9999 年 12 月 31 日的日期和时间数据,精确到千分之三秒(即 3.33 毫秒)
字符串型	char(n)	固定长度的非 Unicode 字符串类型,n 用于设置字符串的最大长度,取值范围 1~8 000 个字节
	varchar(n)	可变长度的非 Unicode 字符串类型,n 用于设置字符串的最大长度,取值范围 1~8 000 个字节
	text	可变长度的非 Unicode 文本数据类型,存储最大容量为 $2^{31}-1$ 字节的文本数据
	nchar(n)	固定长度的 Unicode 字符串类型,n 用于设置字符串的最大长度,取值范围 1~8 000 个字节
	nvarchar(n)	可变长度的 Unicode 字符串类型,n 用于设置字符串的最大长度,取值范围 1~8 000 个字节
	ntext	可变长度的 Unicode 文本数据类型,存储最大容量为 $2^{31}-1$ 字节的文本数据
货币型	smallmoney	存储 -214,748.3648~214,748.3647 间的货币数据值,精确到货币单位的千分之十,占 4 个字节
	Money	存储 $-2^{63} \sim 2^{63}-1$ 的货币数据值,精确到货币单位的千分之十,占 8 字节

续表

数据类型		说明
二进制型	binary(n)	固定长度的二进制型,其中 n 用于设置最大长度,取值范围 1~8000 个字节
	varbinary(n)	可变长度的二进制型,其中 n 用于设置最大长度,取值范围 ~8000 个字节
	Image	表示更多容量、可变长度的二进制数据类型,最大可存储 $2^{31}-1$ 个字节,约为 2 GB。既可存储文本格式,也可存储 GIF 格式等多种格式类型的文件、C#类对象等
其他数据类型	sql_variant	SQL Server 2005 的通用数据类型,可代表除 text、ntext、timestamp 和 sql_variant 以外的其他数据类型
	timestamp	时间戳类型,每次更新时系统会自动更新该类型的数据,不需要用户输入
	uniqueidentitier	全局唯一标识符(GUID)
	XML	SQL Server 2005 新增加的数据类型,它具有 SQL Server 中其他数据类型的所有功能,还可以添加子树、删除子树和更新标量值等

2. 选用字段类型遵循的原则

在具体实施一个数据库表时,为字段选用数据类型应遵循什么原则呢？一般而言,选定数据类型需要均衡考虑如下 4 个方面。

① 最小化存储空间。
② 能表达字段所有的取值。
③ 提高字段数据的完整性。
④ 支持字段上需要进行的运算操作。

3. 选择字段类型

针对每个关系,分析关系的每个属性,采用能表达值域范围的类型。以学生关系为例,"studentName"可以表达为一个字符串,因此应该选用 char 或 varchar 类型,如果加以细致的分析,还会发现,每个学生的名字是不一样长的,因此学生姓名应该选择 varchar 类型。"studentNo"貌似是一个整数,但由于其前两位是学生所在的年级,如 2008 年入学的同学,其学号的前面两个字符是"08",为了能够保留前导字符 0,且该字段不参与数学运算,所以学号也应该采用字符串类型。但学号和姓名又有不同的地方,学号的编码有确定的规则,如长度固定为 6 位数字,所以,学号应该选择 char 类型。学生的生日选择 dateTime,学生每门课程的得分,则可以选择为 int,因为需要在该字段上进行加和、求平均等运算。还以学生课程得分为例,如果采用 varchar 来记录,确实也能完成存储的任务,但这样做就很难完成相应的运算任务,因此用数值型才是最合理的。

4. 选择字段的属性

字段作为变量，除了有类型以外，还有自身的属性，而这些属性的选择，则与具体的应用实例有关，需要用户自行定义，举例如下。

① 字段长度：对于字符类型，如 char 和 varchar，定义字段的同时需要指定字段存放的字符个数，而这个数字的确定，完全取决于具体的案例，其目标是使存储空间最小化。

例如，定义学生"studentName"字段，在一个只有中国学生的学校，可以定义为 student Name varchar(8)，即考虑中国人的名字最多有 4 个汉字。如果考虑有外国留学生，可能定义为 studentName varchar(20)，表示该字段最多可存放 20 个字符。总之，长度的定义以能保留个体最大的值为准。对学号的定义，如果某学校给学生的学号编码规定是 6 位数字，则可以将其定义为 studentNo char(6)。数值型的字段，除了 decimal 由用户自己定义长度和小数位数外，其他的如 int、float 等，系统自定义其占用的字节数。Datetime 类型的字段长度也由系统自动定义。

② 小数位数。用于 decimal 和货币类型的字段。

③ 标识种子：用于数据库表中记录号的自动增加，在一个关系表中的所有属性都不适合作主键时，经常用它作表中记录的主键。

④ 默认值：给字段初始化时，可以为字段设置默认值，当表中新增加一个记录时，又未指定某字段的具体值时，系统将使用默认值。例如学生选课时，可以将选课关系的成绩字段默认值设置为-1，这样学生选择某一门课时，其成绩初始化为-1，表示该同学的成绩还未录入。

⑤ 非空限制：用于限制字段的值不能为空。例如在学生的姓名字段中每一个记录都必须有值，因为学生都是有名字的。

⑥ 关键字：关系模式中的主键，用于唯一标识数据库表中的记录。

4.3.2 数据的完整性

数据完整性(Data Integrity)是指存放在数据库中数据的一致性和准确性，也就是对数据库表中的数据进行限制，以防止数据库中存在不符合语义规定的数据或与事实相矛盾的数据。如学生表中"studentNo"(学号)字段中数据应该保持唯一性，既不允许有相同的学号出现，也不允许为空值；"Sex"(性别)字段中数据必须限制为"男"或"女"两个值，而不应该允许其他字符存在。在选课表中，"studentNo"(学号)字段中的数据应该是学生表中"studentNo"(学号)字段已有的数据，如果学生表的"studentNo"(学号)字段中没有该学号，则说明该生不存在，在选课表的"studentNo"(学号)字段中出现就与事实相矛盾。

根据数据完整性措施所作用的数据库对象和范围的不同，数据完整性主要有四类：域完整性(Domain Integrity)、实体完整性(Entity Integrity)、参照完整性(Referential Integrity)、用户定义的完整性(user-defined Integrity)。在关系数据库管理系统中，完整性约束可以通过"约束"、"默认"、"规则"、"触发器"来实施。

1. 域完整性

域完整性也称为列完整性,用于限制用户向表中某列输入非法或与事实不符的内容。实现域完整性可以通过"DEFAULT 默认"、"CHECK 约束"、"FOREIGN 约束"、"RULE 规则"、"数据类型"、"NOT NULL 约束"等实施。

例如,已知关系模式 Student(studentNo,studentName,birthday,sex,telephone)中,studentNo 类型为 char(6),sex 类型为 char(2),telephone 类型为 char(12),如对 studentNo 首字符限制为"0",可通过 CHECK 约束:CHECK (SUBSTRING (studentNo,1,1) = '0')完成。sex 只能取"男"或"女",可用 CHECK 约束:CHECK(sex IN ('男','女'))完成,telephone 前 3 位和后 8 位为数字字符,使用 CHECK(telephone LIKE '[0-0][0-9][0-9]_[0-9][0-9][0-9][0-9][0-9][0-9][0-9][0-9]')实现。

2. 实体完整性

实体完整性也称为行完整性,是规定表中的每一行数据在表中保证唯一且非空值,即数据库中所有的行都具有一个非空且没有重复的标识字段或字段组合,这样就确保数据库中所代表的任何实体均不存在重复的条目。实现实体完整性可以通过建立"唯一索引"、"PRIMARY KEY 约束"以及列的"IDENTITY 属性"等措施来实施。

3. 参照完整性

参照完整性也称为引用完整性,用于一张表中某列的数据只能引用另一张表中关键字段中的数据。保证表间的数据一致性,防止没有意义的数据出现。实现参照完整性主要通过"FOREIGN KEY"(外键)实施。

每当用户在有外键的表内插入新记录时,数据库管理系统就自动地检查该记录的外键属性取值是否与主表中的主键值相匹配,如果主键值存在,则完成新记录的插入。同时,如果要在主表中删除记录,则系统会自动检查从表中是否有外键取值等于将要删除记录的主键值,若有,则数据库管理系统也会拒绝删除操作。

表 4.3.2 课程关系 Course

courseNo	courseName
J01	数据库
J04	操作系统
L02	数值算法
F09	德语
F01	日语
S01	高等数学一
S02	高等数学二

4.3 物理数据库设计 *185*

参照完整性可以从表 4.3.2、表 4.3.3 和表 4.3.4 中予以说明。在物理数据库具体实施时，可以将表 SelectCourse 的 courseNo 和 studentNo 分别设置为外键，让其参照主键表 Student 和 Course 对应的同名主键属性。实施完毕后，如果目前数据确实与上述 3 表所述，从 Student 表中删除 010001 的学生时数据库系统会拒绝执行，因为该同学已经选修了课程，所以实施删除的过程必须是先删除该同学所有的选课记录，然后再删除该同学。同样，如果要在 SelectCourse 表中插入('091101','L02',90)的记录也属于非法操作，原因是 091101 同学不存在从而无法实现选课的操作。

表 4.3.3 选课关系 SelectCourse

studentNo	courseNo	grade
010001	J01	99
010001	J04	89
010001	L02	78
010021	J01	78
010021	J04	91
020031	F09	98
010021	F09	100

表 4.3.4 学生关系 Student

studentNo	studentName	birthday	sex
010001	李灿	1989-2-1	男
010021	张简	1988-3-1	女
020031	张名	1987-3-5	男
030051	许昌	1990-8-1	男
030052	刘志	1990-7-2	男
030038	古云	1991-9-7	女
020011	徐天	1989-9-9	男

4. 用户定义的完整性

用户定义的完整性是用户根据特殊要求自定义的规则或格式。实现用户定义的完整性可以通过"DEFAULT 默认"、"CHECK 约束"、"RULE 规则"等实现。

4.3.3 管理索引

在第2章中提到过二分查找法,其效率高的原因在于数据被排序了。数据库中每个表中的数据,都可以按指定的字段进行排序,这就是索引。因此,为实现数据库的快速查询,必须合理的管理每个物理表的索引。

索引创建的原则,要根据查询检索要求而确定。具体地说,就是针对系统的所有查询需求,为在Select语句中where条件中经常出现的字段建立索引,这样可以大大加快数据检索的速度。

以查询学生为例,学号是经常用来查询的字段,它是主键,系统已经自动为其建立了索引。除此之外,学生的姓名也是常用来查询的字段,因此,也应该为其建立索引。

为了实现快速的查询,是否应为所有的字段都建立索引呢?这需要均衡考虑。建立索引虽然可以加快查询的速度,但过度的建立索引,会降低插入、删除、更新等操作的速度,因为系统要为这些操作而自动更新索引。

4.3.4 数据库实施

数据库实施是指在指定的数据库服务器中根据物理数据库的设计创建数据库,由于数据库服务器种类、版本繁多,不同的数据库服务器操作稍有不同,本节以 Microsoft SQL Server 2005 为例进行讲解。

1. SQL Server 工具

SQL Server 2005 安装完毕后,选择"开始"→"程序"→"Microsoft SQL Server 2005"菜单命令,展开前端工具,如图4.3.1所示。

常用的功能包含在如下两个工具中。

① 配置工具 SQL Server Configuration Manager

SQL Server Configuration Manager 用于管理与 SQL Server 相关联的服务、配置 SQL Server 使用的网络协议等。可用它启动、暂停、恢复或停止服务以及查看或更改服务属性。

② SQL Server Management Studio(SSMS)

图 4.3.1 SQL Server 2005 前端工具

Microsoft SQL Server Management Studio(SSMS)是 Microsoft SQL Server 2005 提供的一种新的集成环境,用于访问、配置、控制、管理 SQL Server 的所有组件。

2. Microsoft SQL Server 2005 服务的启动和关闭

① 选择"开始"→"所有程序"→"Microsoft SQL Server2005"→"配置工具"→"SQL Server Configuration Manager"菜单命令,打开 SQL Server Configuration Manager 窗口,如图4.3.2所示。

4.3 物理数据库设计

图 4.3.2　SQL Server Configuration Manager 窗口

② 在 SQL Server 配置管理器树形结构中,单击"SQL Server2005 服务"节点。

③ 详细信息窗口中,右击"SQL Server(实例名)"选项,在快捷菜单中选择"启动"命令,即可启动该服务。启动后,服务器名称旁的图标上出现绿色箭头。若要停止、暂停或恢复该服务,则可在快捷菜单中选择对应的"停止"、"暂停"或"恢复"命令。

3. 登录 SSMS

① 选择"开始"→"所有程序"→"Microsoft SQL Server2005"→"配置工具"→"SQL Server Management Studio"菜单命令,将出现"连接到服务器"对话框,如图 4.3.3 所示。

图 4.3.3　"连接到服务器"对话框

② 在"服务器类型"框中选择"数据库引擎",在"服务器名称"、"身份验证"框中分别选择正确的选项后,单击"连接"按钮,即可登录到 SSMS 窗口中,如图 4.3.4 所示。

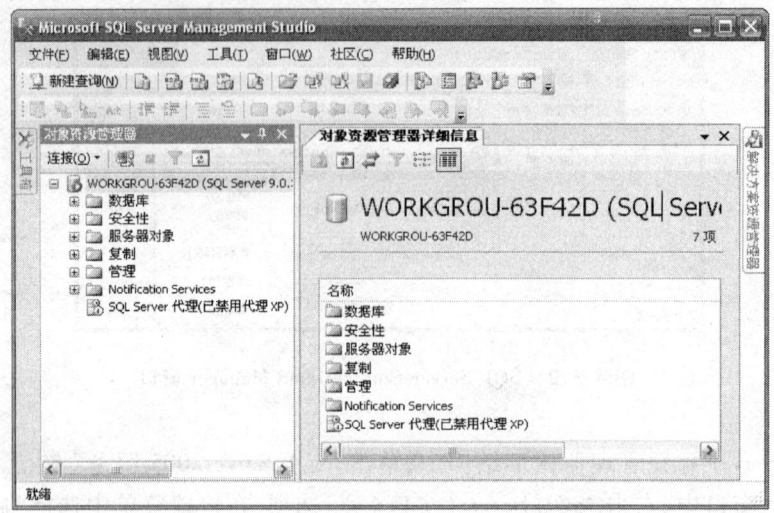

图 4.3.4　SSMS 主窗口

4．数据库操作

（1）创建数据库

SQL Server 中的数据库以文件形式存储，是由一个扩展名为 .mdf 的数据文件和一个扩展名为 .ldf 的日志文件组成的。

创建一个数据库的步骤如下。

① 在 SSMS 主窗口的"对象资源管理器详细信息"子窗口中，右击"数据库"节点，在弹出的快捷菜单中选择"新建数据库"命令，出现如图 4.3.5 所示的"新建数据库"对话框，在"数据库名称"一栏输入要创建的数据库名"MyLibrary"。这时，"数据库文件"列表中的两个文件也有了相应的名称。

② "逻辑名称"列。该列在用户输入新建数据库名称时，系统会自动填写新创建数据库的数据文件和日志文件逻辑名称。

③ "文件类型"列。该列是不可编辑列，包括"数据"和"日志"两项，用于标识逻辑文件的类型。

④ "初始大小"列。该列是可编辑列，用户可根据需要分别设置数据文件和日志文件的初始大小。本例中采用默认值，即数据文件初始大小为 3 MB，日志文件初始大小为 1 MB。

⑤ "自动增长"列。该选项显示 SQL Server 是否能在数据库达到其初始大小极限时自动应对。单击该栏目中 ... 按钮，可在弹出的对话框中设置数据文件或日志文件的增长方式。本例中，设置数据文件为自动增长—增量 1 MB，不限制文件增长；日志文件自动增长，增量 10%，不限制文件增长。

4.3 物理数据库设计

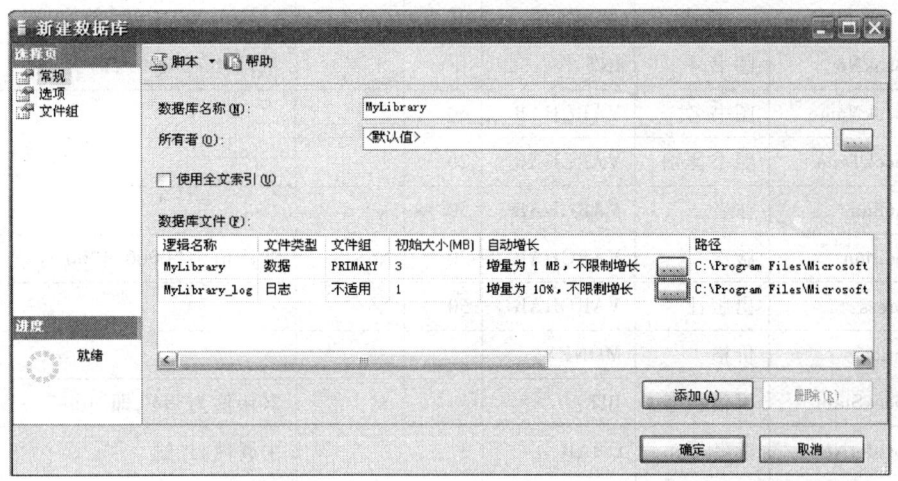

图 4.3.5 "新建数据库"对话框的"常规"设置

⑥ "路径"列。用于定义数据文件或日志文件在硬盘中的存放位置。本例中,采用默认值,即 C:\Program Files\Microsoft SQL Server\MSSQL.1\MSSQL\DATA。该列是可编辑列。

⑦ 完成上述操作后,单击"确定"按钮,完成新数据库的创建。

(2) 创建表

例 4.2 数据库 MyLibrary 包含 3 个表:读者信息表 Reader、图书信息表 Book、借阅登记表 RLend。这 3 个表的表结构定义如表 4.3.5 所示。

表 4.3.5 MyLibrary 数据库的定义

表名	属性名	描述	类型	长度	允许空	约束
Reader	readerNo	读者号	CHAR	3		主键
	readerName	读者姓名	VARCHAR	10		
	sex	性别	CHAR	2		只能取"男"或"女"
	birthday	生日	DATETIME		√	默认值为 NULL
	email	电子邮箱	VARCHAR	30	√	默认值为 NULL
	telephone	联系电话	CHAR	12	√	前 3 位和后 8 位为数字字符
	errState	违约状态	SMALLINT		√	默认值为 0
	passwords	用户密码	VARCHAR	20	√	默认值为"123"

续表

表名	属性名	描述	类型	长度	允许空	约束
Book	bookNo	图书号	INT			主键, identity(1,1)
	bookName	图书名	VARCHAR	60		
	bookType	图书类别	VARCHAR	20		
	author	作者	VARCHAR	50	√	
	edition	版次	VARCHAR	20	√	默认值为"0000年00月第0版"
	press	出版社	VARCHAR	50	√	
	price	价格	MONEY			
	bookState	可借状态	BIT		√	默认值为"1",即"true"
RLend	readerNo	读者号	CHAR	3		主属性,外键
	bookNo	图书号	INT			主属性,外键
	borrowDate	借阅时间	DATETIME			
	dueDate	归还时间	DATETIME		√	
	isExpired	是否超期	CHAR	2		只能取"是"或"否",默认"否"

下面以读者信息表 Reader 为例,说明使用 SSMS 创建表的步骤。

① 在 SSMS 的"对象资源管理器"中,展开"数据库"节点,进一步展开至要创建表的数据库"MyLibrary",右击"MyLibrary"下的"表"节点,在快捷菜单中选择"新建表"命令,打开表设计器窗口,如图 4.3.6 所示。

图 4.3.6 表设计器

② 在表设计器中设计 Reader 表结构,具体操作如下。

a. 依次输入每个列名、选择数据类型、设置是否允许空。

b. 设置各个列的约束,方法如下。

"设置主键":用鼠标单击 readerNo 字段,然后单击工具栏上的 按钮。若要创建复合主键,按住 Ctrl 键并单击要选择多个字段,最后单击工具栏上的 。

"CHECK 约束":Reader 表中 sex 字段的取值限制为只能取"男"或"女"。右击该字段,在弹出的快捷菜单中选择"CHECK 约束"命令,弹出"CHECK 约束"对话框,如图 4.3.7 所示。在"CHECK 约束"对话框中单击"添加"按钮,在网格内的"表达式"文本框中输入 CHECK 约束的 SQL 表达式,如"sex IN ('男','女')"。最后,单击"关闭"按钮即可。

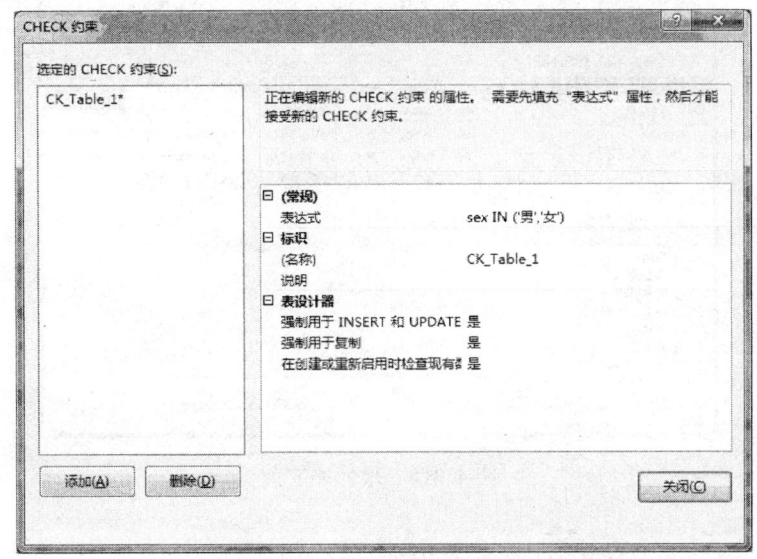

图 4.3.7 "CHECK 约束"对话框

"默认值":单击待设字段的行选择器,在"列属性"选项卡的"默认值或绑定"一栏中输入默认值。如,"email"字段的默认值设为"NULL"。

c. 各列设置完毕后,单击工具栏中的"保存"按钮 ,输入表名创建表。

(3) 修改表

数据库的设计过程是一个螺旋上升并不断补充完善的过程,因此对表的修改是不可避免的。修改表,是指对表增加、删除字段、修改字段类型及属性等。具体方法如下。

① 在 SSMS 的"对象资源管理器"中展开"数据库"节点,选择数据库,如 MyLibrary。

② 展开"表"节点,右击待修改的表,如 Reader,从弹出的快捷菜单中选择"修改"命令。

③ 要更改字段属性,应选择相应字段,再更改类型或确定是否允许为空。

④ 要删除字段,应选择相应字段,再选择工具栏上的"删除"按钮。

⑤ 增加字段与设计表的过程一样。

⑥ 要改变字段的顺序,可选择相应字段,然后用鼠标拖动即可。

（4）维护表数据

在 SSMS 中,可以可视化地对表中数据进行增加、删除、修改操作。下面以 MyLibrary 数据库中 Reader 表为例,说明具体操作步骤。

① 在 SSMS 的"资源管理器"中展开"数据库"节点,选择 MyLibrary 数据库,右击表 Reader,从弹出的快捷菜单中选择"打开表"命令,出现该表的可视化编辑表格,如图 4.3.8 所示,在表格中可逐条增加、修改、删除数据记录。

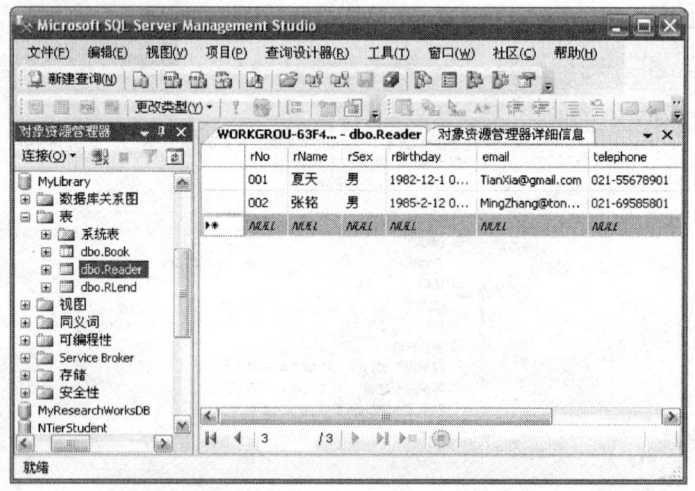

图 4.3.8　增加表记录

② 编辑完后,单击工具栏中的 ! 按钮,执行对表数据的维护。

（5）创建索引

下面以为表 reader 的 readerName 字段创建索引为例,说明创建索引的步骤。

① 进入 SSMS 窗口。展开数据库,找到要建立索引的表 reader 并右击,在弹出的快捷菜单中选择"修改"命令。

② 打开表后,在任意字段上右击,在弹出的快捷菜单中选择"索引"命令,打开如图 4.3.9 所示的"索引键"对话框。图中显示该表已有一个索引 PK_reader 且为主键索引。

③ 单击"添加"按钮,出现如图 4.3.10 所示的"索引列"对话框。

④ 选择字段"readerName",选择排序顺序,单击"确定"按钮。完毕后,系统显示新创建的索引 IX_Reader,如图 4.3.11 所示。

（6）保存数据库

在创建好一个数据库、完成表的创建并设置了所有的索引后,需要保存设计所取得的成果。可以通过如下两种方式保存已经创建的数据库。

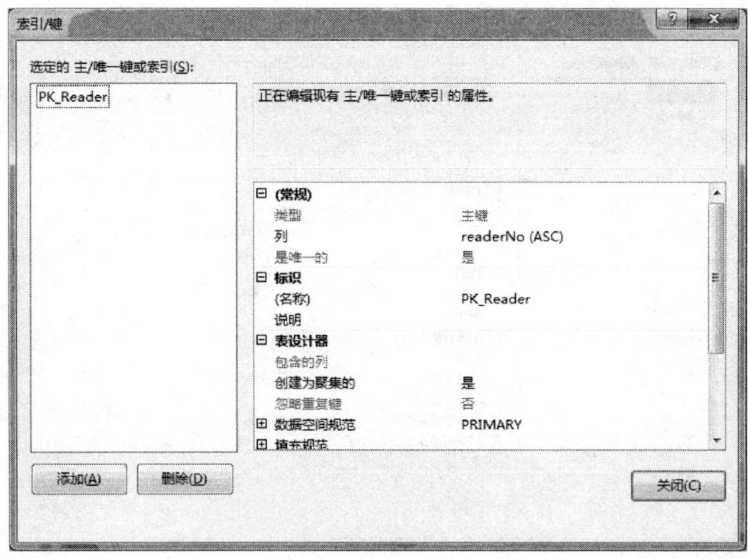

图 4.3.9 创建索引之一

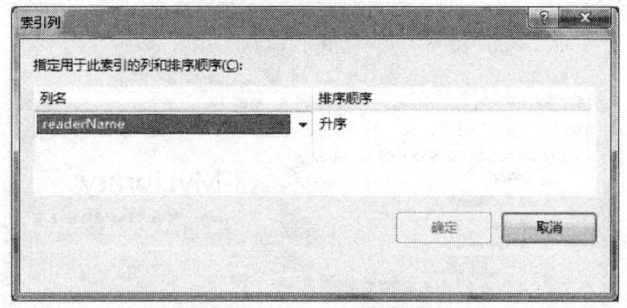

图 4.3.10 创建索引之二——选择字段

① 直接保存数据库文件。

先停止数据库服务器,然后在 Windows 资源管理中找到数据库组成文件(.MDF 和.LDF 文件),复制这两个文件完成备份,下次使用数据库时,可以在 SSMS 中通过展开数据库并右击,在弹出的快捷菜单中选择"所有任务"→"附加数据库"命令,将 MDF 文件追加到数据库服务器中。

② 通过备份保存数据库。

选择需要保存的数据库,然后右击,在快捷菜单中选择"任务"→"备份"命令,将数据库保存到一个文件中并对文件进行命名,以后调用该数据库时,先创建一个空数据库(没有用户表)并在该数据库上右击,在弹出的快捷菜单中选择"任务"→"还原"命令来恢复数据库中的内容。如图 4.3.12 所示。

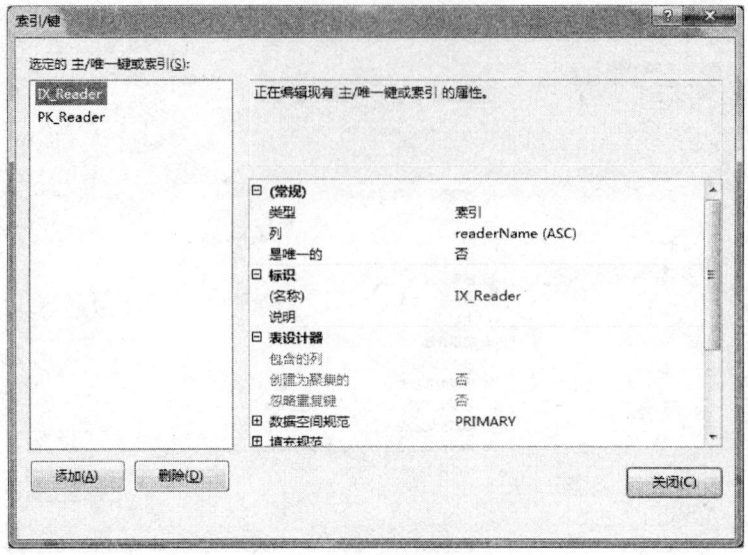

图 4.3.11　索引创建完毕

图 4.3.12　备份和还原数据库

(7) 在 SQL server 2005 中执行 SQL 语句

对数据检索、测试等，经常需要在数据库服务器上直接执行 SQL 语句。有时，在数据库应用系统的开发过程中,为了验证嵌套 SQL 语句的正确性,也需要将程序生成的 SQL 语句在服务器上执行。

在 SQL Server 2005 上执行 SQL 语句的步骤如下。

① 进入 SSMS 窗口,找到要操作的数据库并右击,在弹出的快捷菜单中选择"新建查询"命令,打开查询分析器窗口,如图 4.3.13 所示。

② 在窗口中输入 SQL 语句。

③ 单击工具栏上"执行"按钮,完成 SQL 语句的执行并得到执行结果。

图 4.3.13　SQL 查询分析器窗口

4.4　结构化查询语言

结构化查询语言(Structured Query Language,SQL)是最重要的关系数据库操作语言。自 20 世纪 90 年代初期,SQL 语言已经发展成为标准的计算机数据库语言。1986 年 ANSI 和 ISO 颁布的 SQL 正式标准确认了 SQL 语言是数据库操作的标准语言。现在,从微机到大型机的绝大多数的数据库产品,如 Paradox、FoxPro、Access、MySQL、MS SQL Server、Sybase SQL Server、Oracle、IBM DB2 等都支持 SQL 语句。SQL 语言独立于数据库本身,也独立于所使用的机器、网络和操作系统。

SQL 功能强、简单易掌握,是一种交互式查询语言,它允许用户直接查询已存储的数据库,当然,也可以把 SQL 语句嵌入到某种程序设计语言中,如 VB、C#、C++。需要注意的是,SQL 与普通的程序设计语言不同,它只是提供对数据的定义、操纵和控制功能。SQL 的主要特点如下。

① 一体化：SQL集数据定义语言（DDL）、数据操纵语言（DML）和数据控制语言（DCL）为一体。

② 两种使用方式：一种是联机交互使用方式，另一种是嵌入到某种高级程序设计语言的程序中。前一种方式适合于非程序设计的专业人员使用或DBA使用，后一种适合于程序开发人员如MIS系统的开发人员使用。

③ 高度非过程化：程序设计语言有两种使用风格。一种是要求用户提出"干什么"而无需指出"怎么干"；另一种除要求提出"干什么"外，还要求明确说明"怎么干"。一般称前者为非过程化语言，后者为过程化语言。SQL语言属于前者，SQL语句操作的过程由数据库系统解释后自动完成。

SQL是操纵和检索关系数据库中数据的标准语言，程序员和数据库管理员和普通用户可以通过SQL完成如下任务。

① 数据查询。
② 数据的修改、增加和删除。
③ 创建和删除关系数据库对象，如表、视图、索引、数据库。
④ 权限管理和事务管理。

需要注意的是，SQL的基础是关系和关系代数，它是一个基于关系代数的封闭系统。对于SQL来讲，任何的输入和输出都是关系数据，既使只有一项输出，也应该认为是一个只有一行一列的数据表。

4.4.1 结构化查询语言基础

同任何程序设计语言一样，SQL也有自己的数据类型、表达式、关键字和语句结构。当然，与程序设计语言相比，SQL要简单得多。

1. 数据类型

关系数据库存储的是数据，而数据必须要有数据类型。SQL可以对存储在表中每一列的数据类型进行准确的定义。但同其他许多程序设计语言一样，不同的SQL数据库系统所支持的类型不尽相同，本教材以SQL Server 2005中提供的类型为准。

2. SQL表达式

表达式是具有明确语意的字符串。作为一种数据查询语言，SQL的表达式并不复杂。SQL的表达式可分为两类：值表达式和逻辑表达式。值表达式又包括如下几种：

① 数值表达式：实现数值型数据的算术运算。
② 字串值表达式：完成字串的操作。
③ 日期时间值表达式：处理日期时间数据。

逻辑运算包括与(and)、或(or)、否(not)。此外,SQL还提供了比较谓词如等于(=)、小于(〈)、大于(〉)、不等(〈〉)、小于等于(〈=)、大于等于(〉=),范围谓词 in、like、is 和存在谓词 exist 等。

3. SQL 语言函数(关系数据库系统的内置函数)

SQL 内置函数有 3 类:统计函数、字串处理函数和时间日期处理函数。统计函数包括 count、sum、avg、max 和 min,统计函数是以一个表为范围进行统计的。SQL 字串处理函数包括子串提取函数(Substring)、大小写转换函数(Upper、Lower)、子串位置函数(Position)和串长度函数(Length)。SQL 语言的时间日期处理函数用于返回当前的日期与时间,常用的有:返回当前日期(getDate( ))、日期表达式(Year)、日期表达式(Month)、日期表达式(Day)等函数,可用来获得日期表达式的年、月、日。如 Year(getDate( ))表达式为获得当前的年份。

4.4.2 SQL 数据检索语句

SQL 的数据操纵语句有 select、insert、update、delete 4 类,主要用于完成数据的检索、更新、插入和删除。本节先介绍 select 语句。

select 语句是 SQL 语句中使用最多、最重要、最复杂也是最灵活的语句,它可以表达各种复杂的查询要求,这里用几个例子来说明 select 语句的基本使用及其是如何在 SQL Server 2005 中执行实现的。关于 select 语句更复杂的例子,读者可以参考有关的数据库书籍或 SQL 书籍。

1. select 语句的格式

select 语句的语法格式为:

    select　［all|distinct］目标列
        from 基本表(或视图)
        ［inner|left|right|full outer join 表 on 条件］
        ［where 条件表达式］
        ［group by 列名［having 条件表达式］］
        ［order by 列名［asc/desc］］

select 语句的语法解释如下:

① all|distinct:选择 distinct 为去掉查询结果中重复的行,该栏默认为 all,即列出所有的记录。

② 目标列:格式可以为"列名1［as 别名1］,列名 n［as 别名 n］"。若省略别名,返回的结果集中以字段名标记,否则以别名标记,如果目标列用"＊"表示,则返回表中所有的列。

目标列可以是 SQL 中的库函数或常数表达式。如 sum、count 等函数,也可以为其起别名,如 sum(grade) as sumScore。

③ from 子句指明了从哪些表或视图中得到数据,所有的列名都必须存在于 From 关键字后的表中,或出现于 left join,inner join,full outer join 之后的表,如果一个列名存在于 From 关键字后的多个表中,则必须标明该列来源于哪个表,格式为:表名.列名。

④ inner join,left join,right join,full outer join,表示其后跟随的表与这之前出现的表进行内连接、左、右连接或全连接查询。

出现在 select 语句中的表,可以为其起别名,格式为在表名的后面跟上别名。请见后续 select 语句的具体案例。

⑤ where 子句有双重作用,一是返回符合条件的记录,另一种是建立多表之间的内连接联合查询。

⑥ group by 用来对查询结果进行分组,把某些列值相同的记录分成一组,与统计函数如 sum、count 等联合使用;当 group 子句出现时,可以进一步使用 having 子句对分组后的结果进行过滤显示,是分组提取条件。

⑦ order by 是查询结果的排序方式,后面跟 asc 为升序,desc 为降序,默认为升序。

⑧ 语句中的子句 where、group by、order by,可以根据要求决定是否省略。但在不省略时,必须按 select 语法格式规定的先后次序。即 where 要在 group by 的前面,而 group by 要出现在 order by 的前面。

为方便实例讲解,首先给出 3 个示例表,如表 4.4.1、表 4.4.2、表 4.4.3 所示,各表字段意义分别为:"tblStudent"(学生表):studentNo(学号),studentName(姓名),birthday(生日),sex(性别);"tblCourse"(课程表),courseNo(课程编号),courseName(课程名);"tblSelectCourse"(学生选课表),sutdentNo(学号),courseNo(课程编号),score(成绩)。

表 4.4.1　tblStudent

studentNo	studentName	birthday	Sex
010501	朴寻	1988-3-1	男
010503	顾争	1989-4-1	男
020201	王月	1990-1-1	女
020202	李靖	1987-10-1	男
030101	张成功	1988-7-23	男
030102	蒋云	1988-9-23	女
031731	郭洁	1987-2-9	女
020813	张简	1983-4-8	女

表 4.4.2　tblCourse

courseNo	courseName
F01	德语
F02	日语
F03	英语
J01	软件开发
J02	计算机文化
J03	操作系统
X03	心理学
G05	管理学

表 4.4.3　tblSelectCourse

studentNo	courseNo	score
010501	F01	99
010501	J01	89
020813	G05	76
030101	J01	78
020813	J02	91
020201	F01	98
020201	X03	100
010501	G05	78
020813	X03	87
020201	J01	91

2. 内连接查询

在数据检索过程中,经常需要从不同的表中查找不同的列,形成用户需要的结果集,这就需要用到连接查询。内连接查询使用关系运算符,根据每个表共有列的值匹配表间的行,可以使用关键字 inner join,也可以直接在 where 子语句中让列名相等得到结果集。

例 4.3　查找课号为"J01"的在 90 分以上的学生的姓名、学号、年龄以及具体成绩。

分析：直接观察表 tblSelectCourse 和 tblStudent，可以发现，通过 tblSelectCourse 可以得到应查找"软件开发"课程 90 分以上的学生学号，但无法得到学生的名字和年龄。进一步分析可发现缺少的信息可以通过表 tblStudent 得到，表 tblStudent 和 tblSelectCourse 的 studentNo 如果统一起来，就可以唯一得到所需要的信息，这样，SQL 语句可以按如下的写法来实现：

  Select s. studentNo, studentName, birthday, score

  from tblStudent s, tblSelectCourse sc

  where s. studentNo = sc. studentNo and courseNo = 'J01' and score>90

解释：由于表 tblStudent 和 tblSelectCourse 中都有 studentNo 这个字段，所以需要指明该字段从哪个表中提取，由于两个表中的提取结果是一样的值，所以可以选择 tblStudent，也可以选择 tblSelectCourse，在 where 语句中，让两个表中的 studentNo 的值相等，可以实现两表记录的关联，查询出正确的结果。本例中在 from 子句里为表起了别名。例如，tblStudent 的别名是 s，tblSelectCourse 的别名是 sc。

  上面的语句也可以用内连接 inner join 来实现，其 SQL 语句为：

  select sc. studentNo, s. studentName, birthday, score from tblSelectCourse sc

  inner join tblStudent s on sc. studentNo = s. studentNo

  where score>90

这说明内连接查询可以用合理的 where 条件来代替。

3. 嵌套查询

  select 语句的结果集也是一个表，如果某个表查询返回的结果集只有一列，可以把它看成一个集合，用在另一个查询的条件表达中。这就是子查询，也叫嵌套查询。

  例 4.4 找出成绩(不分课程)大于 80 分的学生的姓名。

  Select studentName from tblStudent

  where studentNo in (select studentNo from tblSelectCourse where score>80)

其中，select studentNo from tblSelectCourse where score>80 返回一个集合，第二个查询使用 in 关键字，判定表 tblStudent 中的 studentNo 是否在返回结果集中。

  将该 SQL 语句输入到 SQL Server 查询分析器中，运行后得到的结果如图 4.4.1 所示。

4. 左连接查询

  内连接查询的实质是，在联合查询的各表中都出现的记录才会出现在结果集中。有时候会有这样的需求，如一个班级的班主任，他需要得到班级所有同学某门课程的成绩单，且如果某同学没有选该课时也需要将其名字列出来，只是成绩一栏不填内容。这时，如果用语句：

  Select s. studentNo, studentName, score from tblStudent s, tblSelectCourse sc

  where s. studentNo = sc. studentNo and courseNo = 'J01'

那么，这位班主任得到的只是班级里选了"软件开发"课程的同学名单，没有选择该课程的同学

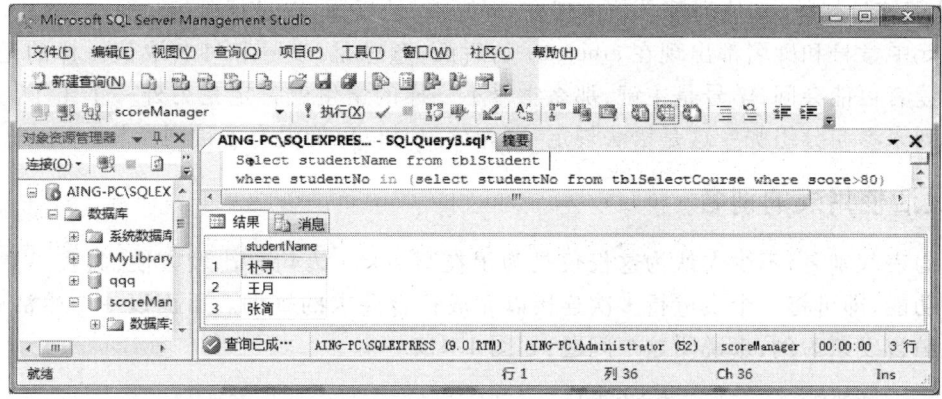

图 4.4.1 查询分析器中执行 SQL 语句后得到的结果

将不出现在列表中,无法达到要求。

为了实现上面目的,可以使用左连接查询,如例 4.5。

例 4.5 班主任得到课号为"J01"的课程的成绩表

  Select s.studentNo,studentName,score
  from tblStudent s
  left join tblSelectCourse sc on (s.studentNo = sc.studentNo and courseNo = 'J01')

左连接查询的实质是,以左表为主,罗列其中的所有记录,若右表中有左表对应的记录,则列出其字段值,否则值为 null。

左连接查询可以一直左连接下去,前面出现的表都可以作后面出现的表的左表,只要有关联字段存在即可。

5. 统计函数和 group by、order by 的使用

例 4.6 设学期结束后为发学生的奖学金时有如下的统计要求:罗列学生的学号、姓名、总成绩并按总成绩倒序方式显示。其 SQL 语句如下:

  select sc.studentNo,studentName,sum(score) as tot
  from tblSelectCourse sc
  inner join tblStudent s on s.studentNo = sc.studentNo
  group by sc.studentNo,studentName
  order by tot desc

使用 order by 子句的时候,如果需要倒序排序,必须使用关键字 desc。升序可以省略 asc 关键字。

使用 group by 时,请注意以下两点:

① 查询列中有统计函数存在时,才有必要使用 group by。

② 除了统计列外,其他列都必须出现在 group by 的后面,以进行分组。

例 4.6 中学号和姓名都出现在 group by 的后面,意思是,学号和姓名取值一样的记录,被分为一组。读者可能会问,学号是主键,那么学号不一样的学生就肯定是另外一个组了,为什么还要用姓名列来参与分组呢?这是语法规定,因为分组时也可能没有主键列参与。

6. 灵活使用表的别名

提起为表起别名,不少人认为这仅仅是为了在写 select 语句时比较方便,其实不然,它有一种重要的功能,即可将一个表进行多次连接以完成符合要求的查询。下面以一个生活中经常见到的商业销售发票为例,来说明这个问题,如图 4.4.2。

发票号		客户名称			开票日期	
品名	规格型号		单价	数量	金额小计	
合计						
开单人					审核人	

图 4.4.2 商业发票的形式

分析发票实体,可以分析出它由以下 4 个实体关系组成:
① 发票(发票号,客户,开票日期,开单人,审核人)。
② 发票商品列表(发票号,商品条码,数量,单价)。
③ 单位职工(职工工号,姓名,性别,生日)。
④ 商品(商品条码,规格型号)。

其中,发票对象中的开单人和审核人记录的都是职工的工号。
为说明查询时表别名的使用,这里仅考虑发票和单位职工两个对象,设其关系表转化如下:
① 发票:invoice(invoiceNo,guest,invoiceDate,doer,checker)。
② 单位职工:worker(workerNo,workerName,sex,birthday)。

接下来的问题是,如果操作者需要得到一张发票的基本信息,即发票号、客户、开票日期、开单人、审核人,那么其 SQL 语句该如何写?关键就在于如何得到开单人和审核人的姓名,因为它们来源于同一个表 worker。解决的方法是,可以将 worker 表用两个别名进行内连接查询得到。
其 SQL 语句如下:

```
select invoiceNo,guest,invoiceDate,a.workerName as writer,b.workerName as check
from invoice
inner join worker a on invoice.doer=a.workerNo
```

inner join worker b on invoice.checker=b.workerNo

上例中，为 worker 表起了两个别名 a 和 b，采用两次内连接的形式得到了开票人和审核人的姓名，分别放在查询列 writer 和 check 中，达到了查询的目的。

4.4.3 SQL 数据更新语句

1. 数据更新语句 update

SQL 的数据更新 update 语句，用来修改表中原有的数据记录。与 select 语句不同，update 语句不存在多表联合操作，每个语句只能针对一个表。

用 update 语句更新表中记录的语法格式为：

update 表 set 字段名=表达式[,字段名=表达式,…]　[where 条件]

例 4.7　将所有学生的软件开发课程成绩加 1 分。

update tblSelectCource set score = score + 1 where courseNo='J01'

例 4.8　将学号为 021101 的学生的 J01 课程成绩加 5 分。

update tblSelectCourse set score = score+5 where studentNo='021101' and courseNo='J01'

2. 插入新记录语句 insert

新的数据要放入数据库的表中，需要使用 Insert 语句，其格式为：

insert into 表名[(字段名1,字段名2…)] values(值1[,值2,…值n])

使用 insert 语句请注意以下要点：

① 表名后面的字段列表和 values 后面的值列表，必须一一对应且类型匹配。

② 如果表名后面省略字段名列表，则插入到表中的值列表，即 values 后面所跟随的值列表，必须是表的一条记录所有的字段的值，且必须按表的字段定义顺序输入值。

③ 在表名后面的字段名列表中，可以只写出表的部分字段，且次序无关，但表定义中不允许为空且没有默认值的字段不能省略。

例 4.9　向学生表中插入一个新同学，数据为"030101,张三,男,1988-10-22 出生"。

insert into tblStudent values('030101','张三','1988-10-22','男')

上面的例子中，假设了学生表的字段定义顺序是：学号、姓名、生日、性别。比较下例：

insert into tblStudent(studentName,studentNo) values('汪于人','980145')

该例放弃了性别和年龄的输入，且名字在前，学号在后，与表定义字段时的顺序不一致，这是允许的。如果表 tblStudent 的 birthday 和 sex 字段允许为空，则上面的语句向数据库中插入的记录中，性别和生日两个字段的值是 null。

例 4.10　向修课表中插入一个新的选课记录，成绩暂时不定。

insert into tblSelectCourse(studentNo,courseNo) values('030010','J04')

需要注意的是,利用插入语句插入数据时,要注意数据的一致性,如主关键字不能与已有的关键字重复,也不能为空等。

3. 删除记录语句 delete

常常碰到这样的情况,需要删除数据库中已经过时了的记录,这时可以用 delete 语句删除这些记录。delete 语句的格式为:

delete from 表名 [where 条件]

如果省略 where 条件,则把表中的所有记录全部删除,只剩下一个空表。

例 4.11 删除表 tblSelectCourse 中学号为 021101 的学生的德语选课记录。

delete from tblSelectCourse where studentNo='021101' and courseNo='F09'

4. 表达式值的匹配

在 C#语言中,对变量类型及其赋值表达式有比较严格的规定。例如语句"int i="abcd""是错误的,"string s=12345"也是错误的。原因是试图将字符串""abcd""付给一个整型变量,或将一个整数赋给一个字符串变量。

SQL 值匹配语法虽然没有 C#那么严格,但也有需要注意的地方。下面以学生选课表 tblSelectCourse 为例,来简单的说明一下字段类型与常数表达式值之间的关系。

tblSelectCourse 表中有 3 个字段,其中 studentNo 和 courseNo 为字符串 char 类型,而 score 为整数 int 类型。设"张三"同学(学号为 021101)的德语课(课程号 F09)成绩是 92 分,则下面的两个语句都可以实现数据保存的目的。

insert into tblSelectCourse(studentNo,courseNo,score) values('021101','F09',92)

insert into tblSelectCourse(studentNo,courseNo,score) values('021101','F09','92')

注意第二条语句针对整数字段 score,其值使用了"'92'",这是合法的。而下面的语句则是不正确的:

insert into tblSelectCourse(studentNo,courseNo,score) values(021101,'F09',92)

也就是说,对于数值型字段,如成绩 score 是整数型,其值表达为"92"或"'92'"都是可以的,而对于字符串字段,如学号 studentNo,其值则必须表达为"'021101'"而不能写成"021101"。这个例子说明,对 SQL 字段,不管其值的类型如何,其常数值表达式两端加"'"都是正确的。但反过来,如果不加"'",则只对数值型字段有效。常数两端必须加"'"的类型有 char、varchar、text、DateTime 等。当然,也不能对所有的常数加"'",例如,将张三的德语课加 10 分,就不能写成:

update tblSelectCourse set score=score+'10' where studentNo='021101' and courseNo='F09'

该语句的错误就在"score=score+'10'"上,也就是数值运算类型不一致了。所以这时不能用"'10'",只能用整数"10"。

4.4.4 SQL 的定义语句

SQL 的数据定义语句包括 3 类对象的定义：表、视图和索引。从用户的角度看，基本的定义语句有 3 类：定义、修改和删除。参见表 4.4.4。针对 SQL 的定义语句，不同的数据库产品都提供了相应的操作工具。

表 4.4.4 SQL 语言的数据定义语句

表	索引	视图
Create table 创建表	Create index 创建索引	Create view 创建视图
Alter table 修改表	Alter index 修改索引	
Drop table 删除表	Drop index 删除索引	Drop view 删除视图

1. 表的创建、修改与删除

表是关系数据库中最基本的对象，主要用于存储各种数据（包括系统数据）。创建表的语句格式为：

create table 表名（列定义[,列定义…]）

其中，列定义的格式为：

列名 列数据类型[not null][default 值]

null 表示列值允许为空，default 指定列的默认值。

如创建学生表 tblStudent，表的第一列是"学号"，命名为 studentNo，长度为 6 个字符，主关键字，不允许为空。第二列为"姓名"，命名为 studentName，也是字符型，长度不定，但最长不超过 20 个字符。第三列为年龄，定义为 age，整数类型，默认值为 20。则 create 语句可以为：

create table tblStudent(studentNo char（6）   not null, studentName varchar（20） not null, age int default 20）
    alter table tblStudent with nocheck add
    constraint [PK_S] primarykey clustered
      (
        [studentNo]
) on [primary]
    go

如果发现表定义有缺陷，可以使用修改表的语句对表进行修改。如表 tblStudent 中，忘记定义学生所在的院系时，可以对相应的语句进行修改。

alter 语句的语法为：

alter table 表名 add 列名 类型

如"alter table tblStudent add department varchar(20)"为增加了学生所在院系属性。

当然要删除一个表也是可能的,而且语法非常简单。用 drop table 语句就可以。如"drop table tblStudent"为删除学生表 tblStudent。

所以 drop 语句的语法为:

drop table 表名

2. 索引的建立和删除

创建表索引的语法为:

create [unique] index 索引名 on 表名(列名[次序][,列名[次序]…])

索引顺序有两种:升序(Asc)和降序(Desc)。可用 Unique 建立唯一索引,也就是不允许出现重复的记录。例如,对 tblStudent 表建立 studentNo 字段的唯一索引,可以用下面的语句:

create unique index studentNo_Index on tblStudent (studentNo)

删除一个索引很容易,例如删除上面建立的索引,可以用下面的语句:

drop index studentNo_Index

3. 创建视图

语法格式为:

Create view view1 as select …

其语义为通过 select 语句,创建一个名字为 view1 的视图。有了视图 view1 后,可以通过将视图放进新的 select 语句中,实现查询。例如:

Select * from view1

可以将视图中的所有数据显示出来。

4.5 数据库访问

数据库应用程序的最终表现是通过程序界面,将数据存储到数据库中,或将存储在数据库中的数据按用户的需要,多侧面抽取出来显示,因此数据库访问技术是该类程序的关键。针对不同的开发系统,访问数据库的技术有所差别,例如在 Java 开发环境中,访问数据库的技术是 JDBC,而在.NET 框架下,开发数据库应用程序离不开 ADO.NET。本节主要介绍基于 ADO.NET 技术的数据库访问方法。

4.5.1 ADO.NET 核心组件

ActiveX Data Object(ADO).NET 是.NET 框架中用于数据访问的组件,被认为是一个"划时代的产品"。它提供了具有平台互用性和可伸缩性的数据访问功能,用于访问关系数据库系统(如 SQL Server 2005、Oracle)和其他许多具有 OLE DB 或 ODBC 提供程序的数据源。ADO.NET 技术是使用.NET 框架进行软件开发的程序员必备的技术之一。

ADO.NET 的主要技术特点是支持断开连接模型。所谓断开连接模型是指一旦获取所需的数据,就断开对数据源的连接,而使用离线数据集在本机上处理数据。该模型可释放宝贵的数据库服务器连接资源,从而生成具有高伸缩性的应用程序。ADO.NET 通过两个核心组件,即数据提供程序(DataProvider)和数据集(DataSet),来实现对断开连接模型的支持,如图 4.5.1 所示。

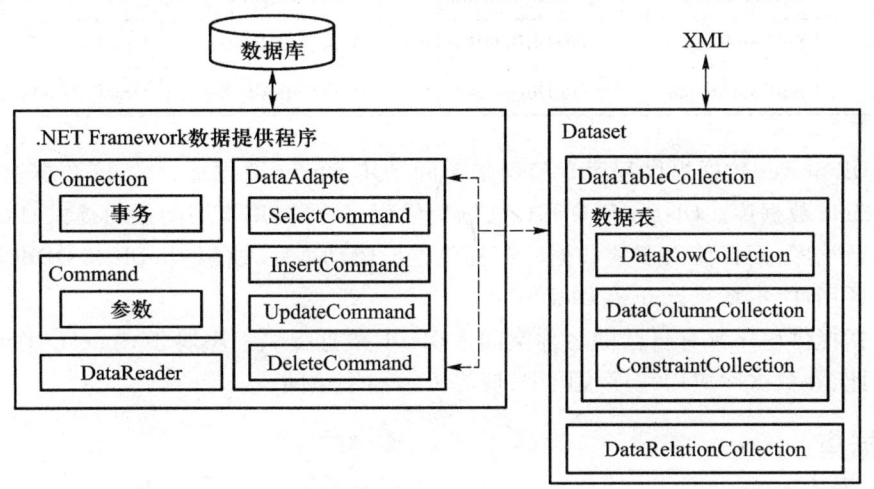

图 4.5.1 ADO.NET 组件

1. 数据提供程序

数据提供程序用于进行数据库联接、执行命令和获取结果。它包含 4 个对象:Connection 对象、Command 对象、DataReader 对象和 DataAdapter 对象。

① Connection 对象:提供与数据源的连接。其 ConnectionString 属性用来设置连接字符串。

② Command 对象:用来执行 SQL 语句或存储过程,其 CommandText 属性用于设置将对数据库执行的 SQL 语句或存储过程。

③ DataReader 对象:用来从数据源获取只读的数据流。它是一个快速的、低开销的对象。注意,该对象不能用 new 运算符直接创建,只能通过 Command 对象的 ExecuteReader 方法来获得。

④ DataAdapter 对象：是 Connection 对象和 DataSet 对象之间的桥梁，用来从数据源返回数据并加载到 DataSet 对象中，它还可以将 DataSet 对象中数据的更改写回数据源。它包含 SelectCommand、UpdateCommand、InsertCommand 和 DeleteCommand 4 个 Command 属性，都属于 Command 对象。其中，SelectCommand 负责获取数据，其他 3 种负责更新数据。DataAdapter 的 Fill 方法用于将 SelectCommand 获取的数据填充到 DataSet 中。

针对不同的数据源，ADO.NET 对上述 4 个对象做了系列设计，给出了 4 个不同的数据提供程序，具体的对象名称如表 4.5.1 所示。

表 4.5.1　ADO.NET 具体对象名称

对象类别	SQL Server 数据库	OleDB 数据源	ODBC 数据源	Oracle 数据库
Connection	SqlConnection	OleDbConnection	OdbcConnection	OracleConnection
Command	SqlCommand	OleDbCommand	OdbcCommand	OracleCommand
DataReader	SqlDataReader	OleDbDataReader	OdbcDataReader	OracleDataReader
DataAdapter	SqlDataAdapter	OleDbDataAdapter	OdbcDataAdapter	OracleDataAdapter

其中，SQL Server 数据提供程序专门用来访问 SQL Server 数据库，Oracle 数据提供程序专门用来访问 Oracle 数据库。OleDb 和 ODBC 数据提供程序，可以用来访问任何提供 OleDb 和 ODBC 驱动程序的数据库，而目前大多数数据库都提供这些驱动程序，所以 OleDb 和 ODBC 数据提供程序有一定的通用性，本章重点介绍 OleDb。

每个数据提供程序都有自己的名称空间。OleDb 数据提供程序属于 System.Data.OleDb 名字空间。因此，在数据库应用程序代码中，应导入该名字空间。

2. 数据集

数据集（Dataset）是数据库表中的记录在内存中的映像，它类似于一个驻留在内存中的关系数据库。它包含表及表间关系。DataSet 中的方法和对象与关系数据模型中的对象和方法是一致的，如图 4.5.2 所示。

DataSet 对象包含两个类型的集合：DataTableCollection 集合和 DataRelationCollection 集合。其中，Tables 属性是 DataTable 对象的集合其对象由数据行和数据列以及主键、外键、约束等组成；每个 DataTable 对象中包含 DataRow 和 DataColumn 集合。DataRow 中包含一个记录的所有信息；DataColumn 表示属性列的信息；DataRelation 对象存储关系表之间的联系信息包括主键和外键之间的对应关系。

由于 DataSet 中的数据是数据源在内存中的数据副本，因此可通过 DataAdapter 对象实现与数据源的通信，将数据库中的数据载入 DataSet 对象中，然后可在其中对数据进行各种操作，最后再利用 DataAdapter 对象将更新反映到数据库中。

4.5 数据库访问

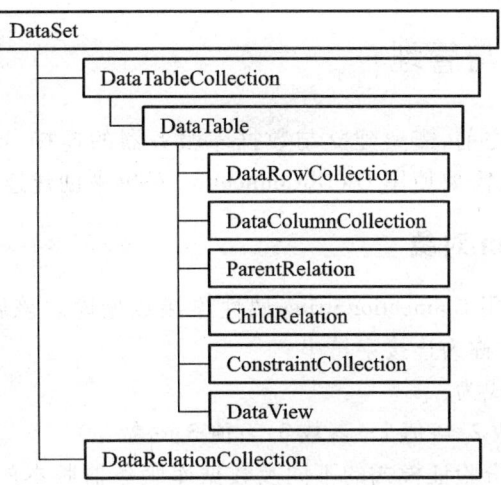

图 4.5.2　DataSet 对象模型组件

3. ADO.NET 数据库访问方法

ADO.NET 访问数据库的方法有以下 3 种,如图 4.5.3 所示。
① 通过 Command 直接访问数据库,进行查询或更新。
② 通过 DataAdapter 和 DataSet 对象进行数据库的数据查询或数据更新操作。
③ 通过数据绑定方法对数据库进行查询和更新操作。

其中,最有特色的是第二种,它是 ADO.NET 数据库访问技术的核心,提供了一种断开式数据访问的新模型,提高了远程数据访问性能。

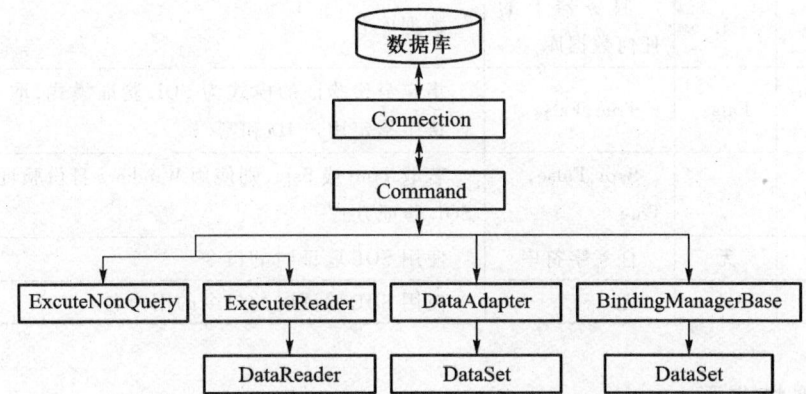

图 4.5.3　ADO.NET 数据库访问技术模型

4.5.2 数据库联接与管理

在对数据库进行操作之前,需要建立与数据库服务器的连接,这就要用到 Connection 对象。针对 OleDb 数据提供程序,需要使用 OleDbConnection 对象来创建连接。

1. OleDbConnection 对象

OleDbConnection 对象用 ConnectionString 属性连接数据库。该属性值是以"参数=值"对的形式组合而成的字符串,常称为连接字符串。

连接字符串的基本格式为:

" 参数 1 = 值 1;参数 2 = 值 2;参数 3 = 值 3;…"

根据目标服务器的身份验证模式的不同及数据库服务器版本的不同,连接字符串参数也有所不同。若指定为 Windows 身份验证模式,连接字符串的具体格式为:

" Provider = 提供者;Data Source = 目标服务器名;Initial Catalog = 目标数据库名;Integrated Security = SSPI "

其中,参数/值对在连接字符串中的先后顺序并无关系。表 4.5.2 列出 OleDb 数据提供程序的连接字符串的基本参数。

表 4.5.2　OleDb 数据提供程序的连接字符串参数

名称	默认值	允许值	说明
Provider	无		指定 OleDb 的提供者,如 SQLOleDb.1 是微软的 SQL Server
Data Source	无	服务器名或网络地址	目标 SQL Server 实例的名称
Initial Catalog	无	服务器上的任何数据库	数据库名
Persist Security Info	False	True,False	指定身份验证的模式为 SQL 验证模式,取 True 时,必须在连接中指定用户 ID 和密码
Integrated Security		Sspi,False,True	若取 True 或 Sspi,则使用 Windows 身份验证模式;否则使用 SQL 验证方式
Password	无	任意字符串	使用 SQL 验证时的口令
User ID	无	无	使用 SQL 验证时的口令的用户名

2. 创建连接步骤

① 先导入 System.Data.OleDb 名称空间。
② 创建 OleDbConnection 对象。

③ 设置 OleDbConnection 对象的连接字符串。

④ 打开连接。

例 4.12 利用 OleDbConnection 对象建立和服务器 WServer 中 MyLibrary 数据库的连接,使用 Windows 认证模式,并打开连接。

关键代码如下:

```
using System.Data.OleDb;//导入名称空间,该语句添加到文件 Form1.cs 的头部
OleDbConnection conn = new OleDbConnection();//创建 OleDbConnection 对象
//设置 OleDbConnection 对象的连接字符串
conn.ConnectionString = "Provider=SQLNCLI.1;Data Source=WServer;Integrated Security=SSPI;Initial Catalog=MyLibrary";
conn.Open();//打开连接
```

3. 关闭连接

使用完数据库之后,就应调用 OleDbConnection 对象的 Close 方法关闭连接。这一点非常重要。因为建立连接这一操作花费代价较高,它需要同时占用客户端和服务器的资源。打开太多的连接会降低服务器的速度,阻碍新连接的建立。因此,应养成及时关闭连接的习惯。

4.5.3 数据库访问

建立与数据库的连接后,ADO.net 主要通过两种方式访问数据库,一是通过 OleDbCommand 对象执行 SQL 命令,从数据源中直接返回结果。另外一种是通过 DataSet 对象。

1. OleDbCommand 对象

(1) 属性和方法

OleDbCommand 对象的常用属性和方法如表 4.5.3、表 4.5.4 所示。

表 4.5.3 OleDbCommand 对象的常用属性

属性	说明
Connection	将命令与数据库的连接关联起来
CommandText	定义命令的可执行文本,包括 SQL 语句、存储过程等

表 4.5.4 执行命令的方法

命令返回的结果类型	对应的方法	说明
不返回结果(非查询)	ExecuteNonQuery	在不使用 DataSet 的情况下,执行数据库中数据更新
单个值(查询)	ExecuteScalar	返回查询的结果集中第 1 行第 1 列的值
0 行或多行(查询)	ExecuteReader	返回结果为一个数据流,存放在 OleDbDataReader 对象中

（2）数据库访问步骤

基于 OleDbCommand 对象进行数据库访问的基本过程如下：

① 创建连接。

② 创建命令。

③ 关联命令与连接。

④ 设置 OleDbCommand 对象的文本。

⑤ 执行命令。

例 4.13 编写 C#访问数据库程序，将 MyLibrary 数据库 Reader 表中读者号为 001 的读者密码改为 567。Reader 表结构为：

Reader(readerNo,readerName,sex,birthday,email,telephone,errState,passwords)

关键步骤如下：

① 创建名为 Example_4_13 的 C#Windows 应用程序。

② 在文件 Form1.cs 的头部添加语句：

  using System.Data.OleDb; //导入名称空间

③ 在 Form1 设计界面中双击鼠标，在生成的 Form1_Load 函数中添加如下代码：

```
        private void Form1_Load(object sender,EventArgs e)
        {   //添加如下代码
            OleDbConnection conn = new OleDbConnection(); //创建连接
            conn.ConnectionString = " Provider=SQLNCLI.1;Data Source=WServer;Integrated Security=SSPI;Initial Catalog=MyLibrary ";
            string password = "567";
            string readerNo = "001";
            OleDbCommand cmd = new OleDbCommand(); //创建命令
            cmd.Connection = conn;    //关联命令与连接
            //保存SQL到命令文本中
            cmd.CommandText = "update Reader set passwords='" + password + "' where readerNo='" + readerNo + "'";
            conn.Open(); //打开连接
            cmd.ExecuteNonQuery(); //execute nonquery to update a record
            MessageBox.Show(readerNo + "读者密码更改成功!","例4.13");    //显示正确
                                                                             的结果信息
            conn.Close(); //关闭连接
        }
```

运行结果如图 4.5.4 所示。

（3）查询数据

查询操作可能产生的结果有两种,即返回单值的查询和返回多个结果的查询。下面将分别举例说明这两种情况的操作方法。

① 返回单值的查询。

例 4.14 已知 MyLibrary 数据库的 book 表,请查询图书类别为"自然"的图书数量,查询结果在 MessageBox 中显示。book 表结构为:

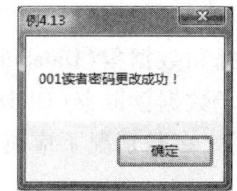

图 4.5.4 例 4.13 运行结果

book(bookNo,bookName,bookType,author,edition,press,price,bState)

关键代码如下。

a. 在文件 Form1.cs 的头部添加语句:

　　using System.Data.OleDb;//导入名称空间

b. 在 Form1 的 Load 事件函数 Form1_Load 中,添加用于实现查询的代码:

　　private void Form1_Load(object sender,EventArgs e)
　　{　　//添加如下代码
　　　　OleDbConnection conn = new OleDbConnection();//创建连接
　　　　conn.ConnectionString = " Provider=SQLNCLI.1;Data Source=WServer;Integrated Security=SSPI;Initial Catalog=MyLibrary ";
　　　　string bookType = "自然";
　　　　int count = 0;
　　　　string sql = "select count(*) from book where bookType ='" + bookType + "'";//OldDbCommand 文本
　　　　OleDbCommand cmd = new OleDbCommand(sql,conn);//创建命令
　　　　conn.Open();//打开连接
　　　　count = (int)cmd.ExecuteScalar();//执行命令,返回结果赋值
　　　　conn.Close();//关闭连接
　　　　MessageBox.Show("馆中" + bookType + "类藏书 " + count + "册!","例4.14");//显示结果信息
　　}

运行结果如图 4.5.5 所示。

说明:ExecuteScalar()的返回类型是 object,也就是.NET Framework 中所有类型的基类。如果把 object 类型的返回值赋值给特定类型的变量(如 int),则必须进行强制类型转换;否则类型无法兼容,系统报错。上述代码中,把从 ExecuteScalar()返回的结果强制转换为 int 型数据,并赋值给 int 型变量 count。

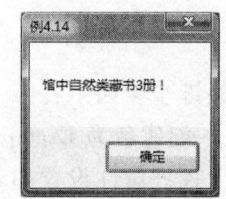

图 4.5.5 例 4.14 运行结果

② 返回多个结果的查询。

对期望返回多行和多列的查询,可以采用两种方法:数据读取器(OleDbDataReader)读取和显示数据和数据集(DataSet)显示数据。

关于数据读取器(OleDbDataReader)和数据集(DataSet)的选择问题,如果只需要读取和显示数据,则大多数情况下应使用数据读取器;如果需要处理数据,然后更新数据库,就需要使用数据集。

OleDbDataReader 是快速的、未缓存的、仅向前的、只读的、已连接数据源的、逐行检索数据的数据流。它在遍历结果集时,一次只能读取一行。它的最大优点是执行效率高,占用内存小。缺点是仅适用于数据浏览,不能写入,并且只能从头至尾往下读,不能只读其中某行数据。OleDbDataReader 是一个抽象类,不能显式实例化,需要通过执行命令对象的 ExecuteReader() 方法来创建它的实例。

下面的例子将演示如何使用 OleDbDataReader 来遍历结果集。

例 4.15 已知 MyLibrary 数据库,请查询超期图书的读者信息如读者号、姓名、电话、email,并通过 ListView 控件显示这些信息。结果界面如图 4.5.6 所示。

MyLibrary 关系模式如下:

  reader(readerNo, readerName, sex, birthday, email, telephone, errState, passwords)
  book(bookNo, bookName, bookType, author, edition, press, price, bState)
  rLend(readerNo, bookNo, borrowDate, dueDate, isExpired)

其中,isExpired 为超期标识。

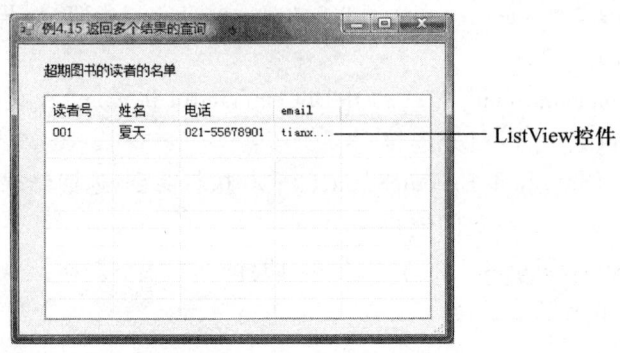

图 4.5.6　例 4.15 运行结果界面

关键步骤如下:

① 创建名为 Example_4_15 的 C#Windows 应用程序,并设计图 4.5.6 所示的窗体界面。该窗体上控件属性设置如表 4.5.5 所示。

表 4.5.5 控件与属性设置

控件类别	控件 name	作用	属性设置项目	属性值
listView	listViewShow	显示查询结果	FullRowSelect	True
			GridLines	True
			View	Details
			MultiSelect	False
			Columns	Collection
Label	Label1	提示信息	Text	超期图书的读者名单

其中,控件 listViewShow 的 Columns 属性值是一个列集合,包含 4 个列,列标题分别设置为:读者号、姓名、电话、email。

② 在文件 Form1.cs 的头部添加语句:

　　using System.Data.OleDb;　//导入名称空间

③ 在 Form1 的 Load 事件函数 Form1_Load 中,添加用于实现查询的代码如下:

```
private void Form1_Load(object sender, EventArgs e)
{
    OleDbConnection conn = new OleDbConnection();   //创建连接
    conn.ConnectionString = " Provider=SQLNCLI.1;Data Source=WServer;Integrated Security=SSPI;Initial Catalog=MyLibrary;";
    string sql = " select distinct RLend.readerNo,readerName,telephone,email from Reader,RLend
    where Reader.readerNo=RLend.readerNo and isExpired='是'";
    OleDbCommand cmd = new OleDbCommand(sql,conn);  //创建命令
    conn.Open();     //打开连接
    OleDbDataReader rdr = cmd.ExecuteReader();  //执行命令,返回结果
    while(rdr.Read())     //循环读取结果集
    {   //每次读取一行
        ListViewItem li = new ListViewItem();
        li.SubItems.Clear();
        li.SubItems[0].Text = rdr["readerNo"].ToString();
        li.SubItems.Add(rdr["readerName"].ToString());
        li.SubItems.Add(rdr["telephone"].ToString());
        li.SubItems.Add(rdr["email"].ToString());
        listViewShow.Items.Add(li);
```

```
        }
    rdr.Close();  //关闭数据读取器
    conn.Close();  //关闭连接
}
```

说明:OleDbDataReader 的 Read 方法用于获得查询结果的下一行。如果存在下一行,该方法就返回 True,并向前移动游标(将游标指向结果集中的下一行);如果没有下一行,该方法就返回 False。调用 Read 方法后,下一行数据就以集合的形式返回,并存储在 OleDbDataReader 对象中。要访问某一列的数据,可通过给数据读取器提供列号或列名来获取值,如上例中的 rdr["readerNo"],它返回一个对象,故使用 ToString()方法将其转化为一个字符串。读取结束后,应调用 OleDbDataReader 的 Close 方法关闭数据读取器。因为,一旦把数据读取器附着到活动的连接上,连接就会一直忙于为读取器获取数据,直到断开读取器为止。

(4)更新数据

数据库中数据更新操作有 3 种:插入、修改和删除。SQL 的数据操作语言(INSERT、UPDATE 和 DELETE)对这 3 种操作予以支持。因此,应用程序若要更新数据库中的数据,必须创建用于实现数据更新的 OleDbCommand 命令。

例 4.16 已知 MyLibrary 数据库,要求根据窗体中文本框的信息实现对 RLend 表的更新操作。程序运行界面如图 4.5.7 所示。RLend 表结构为:

RLend(readerNo,bookNo,borrowDate,dueDate,isExpired)

下面仅以插入操作为例进行代码设计,关键步骤如下。(更新、删除操作的代码设计与插入操作类似。)

① 创建名为 Example_4_16 的 C#Windows 应用程序,并设计图 4.5.7 所示的窗体界面。该窗体上控件属性设置如表 4.5.6 所示。

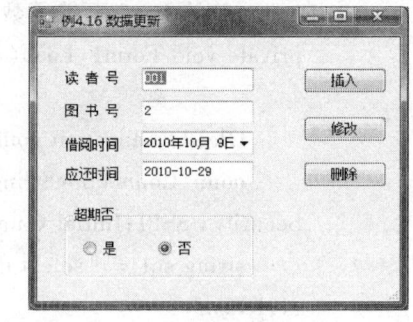

图 4.5.7 例 4.16 运行界面

表 4.5.6 控件与属性设置

控件类别	控件 name	作用	属性设置项目	属性值
Label	Label1	提示信息	Text	读者号
	Label2	提示信息	Text	图书号
	Label3	提示信息	Text	借阅时间
	Label4	提示信息	Text	应还时间
TextBox	tbReaderNo	输入读者号	Text	(留空白)
	tbBookNo	输入图书号	Text	(留空白)
	tbDueDate	显示归还时间	Enable	False

续表

控件类别	控件 name	作用	属性设置项目	属性值
DateTimePicker	dtPicker1	获取借阅时间	添加即可,不做任何设置	
GroupBox	groupBox1	分组	Text	超期否
RadioButton	rbYes	单选"是"	Text	是
	rbNo	单选"否"	Text	否
Button	btInsert	"插入"按钮	Text	插入
	btUpdate	"修改"按钮	Text	修改
	btDelete	"删除"按钮	Text	删除

② 在文件 Form1.cs 的头部添加语句:
　　using System.Data.OleDb;　//导入名称空间

③ 在 Form1 的 btInsert 按钮的单击事件函数 btInsert_Click 中添加如下用于实现插入记录的代码:

```
private void btInsert_Click(object sender, EventArgs e)
{
    string rno = tbReaderNo.Text;
    int bno = Convert.ToInt32(tbBookNo.Text);
    DateTime bdate = dtPicker1.Value;
    string isExp;
    //计算应归还日期
    TimeSpan duration = new TimeSpan(30,0,0,0);
    DateTime dudate = bdate.Add(duration);
    tbDueDate.Text = dudate.Date.ToString();
    //判断是否超期
    if(dudate.Date > DateTime.Now)
    {
        rbNo.Checked = true;　//设置 Checked 为 True,确定 rbNo 控件被选中
        isExp = rbNo.Text;
    }
    else
    {
        rbYes.Checked = true;
        isExp = rbYes.Text;
```

    }
    OleDbConnection conn = new OleDbConnection();//创建连接
    conn.ConnectionString = " Provider=SQLNCLI.1;Data Source=WServer;Integrated Security=SSPI;Initial Catalog=MyLibrary;";
    string sql = "insert into RLend values('" + rno + "','" + bno + "','" + bdate.Date.ToString() + "','" + dudate.Date.ToString() + "','" + isExp + "')";
    OleDbCommand cmd = new OleDbCommand(sql,conn);//创建命令
    try
    {
        conn.Open();   //打开连接
        cmd.ExecuteNonQuery();//执行插入命令
        MessageBox.Show("成功插入一条记录!","例4.16");//提示成功信息
    }
    catch(Exception ex)
    {
        MessageBox.Show(ex.ToString());//错误信息
    }
    conn.Close();
}
```

图 4.5.8  例 4.16 运行结果

运行结果如图 4.5.8 所示。

## 2. 基于 DataSet 对象的数据库访问

根据 http://support.microsoft.com 网站提供的文档，使用数据集 DataSet 更新数据可按以下几个步骤来完成。

① 创建数据适配器 DataAdapter,再创建数据集 DataSet,并用 DataAdapter 填充 DataSet。

② 向表中添加行时，一般使用如下 3 步：

a. 从 DataTable 获取新的 DataRow 对象。

b. 根据需要设置 DataRow 字段值。

c. 将新的对象传递给 DataTable.Rows 对象的 Add 方法。

③ 要编辑现有行，可先用 DataTable 的 Find 方法获取相应的 DataRow 对象，然后调用 DataRow 对象的 BeginEdit 方法，再为一列或多列提供新值，最终再调用 EndEdit 方法执行其验证检查。

④ 将数据变更返回数据库，即更新数据库服务器中的数据。用步骤①中的数据适配器 DataAdapter 创建 OleDbCommandBuilder 对象，然后可将 DataSet 传递到 DataAdapter 对象的 Update 方法即可完成任务。
```

4.5 数据库访问

例 4.17 已知 MyLibrary 数据库,要求根据窗体中文本框的信息实现对 reader 表的追加操作。程序运行界面如图 4.5.9 所示。

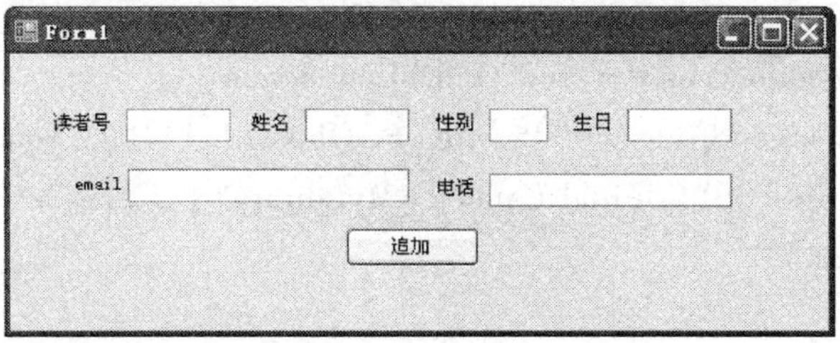

图 4.5.9 例 4.17 运行界面

关键步骤如下。

① 创建名为 Example_4_17 的 C#Windows 应用程序,并设计图 4.5.9 所示的窗体界面。该窗体上控件属性设置如表 4.5.7 所示。

表 4.5.7 控件与属性设置

控件类别	控件 name	作用	属性设置项目	属性值
Label	Label1	提示信息	Text	读者号
	Label2	提示信息	Text	姓名
	Label3	提示信息	Text	性别
	Label4	提示信息	Text	生日
	Label5	提示信息	Text	email
	Label6	提示信息	Text	电话
TextBox	tbReaderNo	输入读者号	Text	空白
	tbReaderName	输入读者名	Text	空白
	tbSex	性别	Text	空白
	tbBirthday	生日	Text	空白
	tbEmail	Email	Text	空白
	tbPhone	电话	Text	空白
Button	Button1	"追加"按钮	Text	追加

② 在文件 Form1.cs 的头部添加语句:
  using System.Data.OleDb; //导入名称空间

③ 在 Form1 的 button1 按钮的单击事件函数 button1_Click 中添加如下用于实现插入记录的代码:

```
private void button1_Click(object sender,EventArgs e)
{
//创建连接
    OleDbConnection conn = new OleDbConnection();
    conn.ConnectionString = "Provider=SQLNCLI.1;Data Source=PC-201010211443;Integrated Security=SSPI;Initial Catalog=MyLibrary";
    conn.Open();
//创建适配器
    OleDbDataAdapter daReaders
            = new OleDbDataAdapter("Select * From reader",conn);
//利用数据库 MyLibrary 创建数据集并从数据库中提取数据,填充数据集
    DataSet dsLib = new DataSet("MyLibrary");
    daReaders.FillSchema(dsLib,SchemaType.Source,"reader");
    daReaders.Fill(dsLib,"reader");
    DataTable tblReader = dsLib.Tables["reader"];
//追加新行
    DataRow drNew = tblReader.NewRow();
    drNew["readerNo"] = tbReaderNo.Text;
    drNew["readerName"] = tbReaderName.Text;
    drNew["sex"] = tbSex.Text;
    drNew["birthday"] = tbBirthday.Text;
    drNew["email"] = tbEmail.Text;
    drNew["telephone"] = tbPhone.Text;
    tblReader.Rows.Add(drNew);
//提交到数据库服务器
    OleDbCommandBuilder objCommandBuilder = new OleDbCommandBuilder(daReaders);
    daReaders.Update(dsLib,"reader");
}
```

该段代码执行完毕后,读者到数据库中打开表 reader 时可以看到新数据已被插入到表中。

思 考 题

1. 关系数据库概念建模的常用模型有哪两种？它们的对应关系如何？

思 考 题

2. 在UML类图中如何表示E-R图中自身有属性的联系？E-R图中自身无属性的联系在UML类图中又如何表示？

3. 请简述E-R图/UML类图到关系模式的转换规则。

4. 第一、第二、第三范式的定义分别是什么？为什么候选键都由单属性构成的关系模式一定是第二范式的？

5. 请为某定位停车场设计一个数据库，要求如下：

(1) 定位停车场数据库应包含汽车信息和车位信息，并且一台汽车只能占一个车位，一个车位只能停一台汽车。

(2) 汽车信息应包含：车号，品牌，车型、车主姓名、车主电话。

(3) 车位信息应包含：车位号，位置，收费标准。

请根据上述需求分析，完成下列数据库设计：

(1) 画出该系统的E-R图。

(2) 将E-R图转换成关系模式集，并标明每个关系的主键。

(3) 根据关系模式设计相应表，给出各属性的数据类型、长度、空值约束。

(4) 设置车位号取值必须以'T'首字母的CHECK约束。

6. 请总结一下内连接查询和左连接查询的不同之处。

7. 在表中创建索引的目的是什么？建立的原则是什么？

8. 已知学生选课数据库有3个关系：tblStudent（studentNo，studentName，birthday，sex）、tblCourse（courseNo，courseName）、tblSelectCourse（studentNo，courseNo，score）（见表4.5.1所示），请分别写出完成下述操作的SQL语句：

(1) 查询所有可选课程的课程号、课程名。

(2) 查询所有学生的姓名、学号、年龄（表里存储的是生日）。

(3) 查询学号、姓名、所选课程的总分，按总分从大到小次序排列。

(4) 查询学号、姓名、课程号、课程名、成绩，按学号从小到大排列。

(5) 在tblStudent表中插入"091203 张华 女"。注意，该同学的生日未知。

第3部分

开发实例与实验篇

软件开发实例

第 5 章

本章以开发一个简单的数据库应用系统为例,从系统的需求分析、数据建模、数据库设计到软件的层次构架、编码,逐步讲解系统的开发过程。读者通过本章的实例,能够了解完成系统需求分析、建模的方法和过程,掌握软件多层构架设计,嵌入式 SQL 语句的形成,以及通过将嵌入式 SQL 语句提交给数据库服务器进而完成数据操作的整个过程。

本章提供的实例开发环境为 VS. NET 2005 和 Microsoft SQL Server 2000/2005,且实例涉及的所有程序已在该开发环境下调试通过。

5.1 系统的需求分析

5.1.1 系统的需求简述

按选课系统功能要求(为使问题简单化,系统中只考虑学生和教务工作管理者两类参与者。),可以确定如下内容。

① 教务员可以输入一个新学生并可更新和查询学生的信息。
② 教务员可以输入一门新课程并可更新和查询课程的信息,还可指定教师开设一门课程。
③ 教务员可以查询一门课程所有的选课学生名单及总人数。
④ 教务员可以为学生选课并可输入学生成绩。
⑤ 学生可以查询自己所有的选课信息,包括已选课程和待选课程,还可选课,并可对任课教师进行评价。

5.1.2 系统的用例图

按 5.1.1 节描述的系统功能,可以画出系统用例图。

1. 学生管理用例

如图 5.1.1 所示为学生选课系统中教务员进行学生管理的用例图。如图 5.1(a)所示为学生信息输入用例图。如图 5.1.1(b)所示为查询学生信息用例图,查询过程可以通过输入学生的学号、姓名,也可以通过输入课程号查询对应班级学生的名单。如图 5.1.1(c)所示为更新学生信息用例图,该用例中需要用查询学生信息的用例,其过程是先查询到学生原来的信息再进行更新确认。

2. 课程管理用例

如图 5.1.2 所示为课程管理用例图,它简单地描述了学校开设课程的输入、查询和修改等任务。注意,这些课程只是静态的课程,在没有安排教师任课前,学生是不能选的。

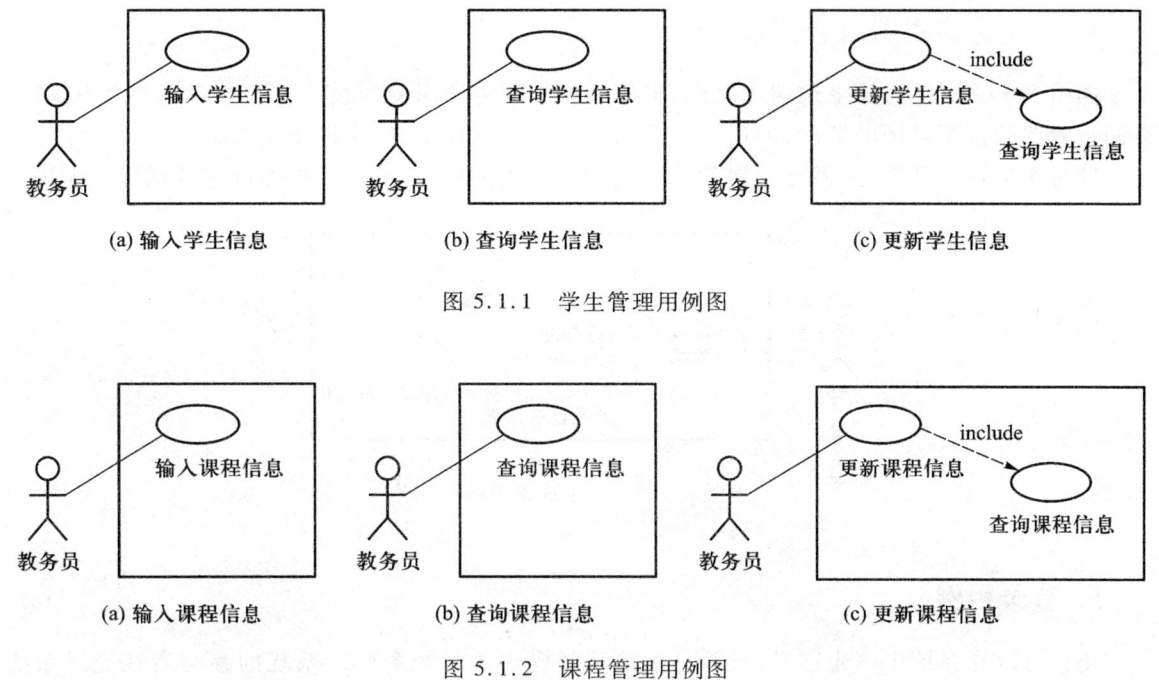

图 5.1.1 学生管理用例图

图 5.1.2 课程管理用例图

3. 开课及成绩管理用例

开课及成绩管理用例图如图 5.1.3 所示。开课用例需要得到课程信息和教师信息。课程开出后,可以供学生选课,在课程结束时需要给学生成绩。从这点出发,输入成绩的过程也是一个修改的过程,是将没有成绩修改为有具体的成绩;如果发现学生的成绩需要更改,则是一个从现有成绩修改到新成绩的过程,所以,可统一命名为"成绩输入"。成绩输入用例需要调用开课查询用例以得到学生的名单,在教务员输入了课程编号后,罗列本门课程所有的学生名单,然后为学生输入成绩,这也符合学校教务的工作习惯。

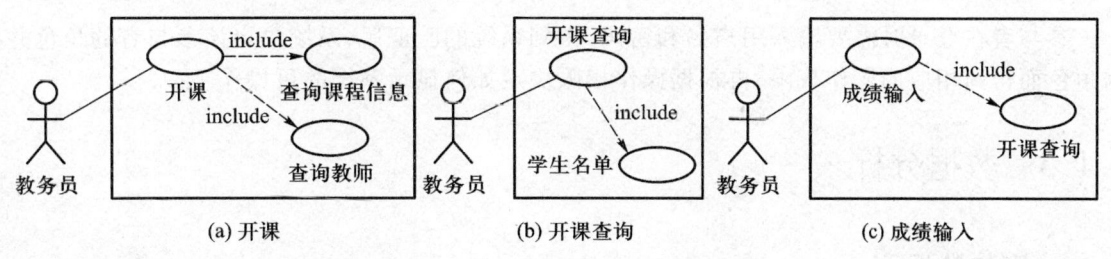

图 5.1.3 开课及成绩管理用例图

4. 学生选课用例

如图 5.1.4 所示为学生选课用例图，选课需要查询待选课的列表。在待选课的列表中，可以查询每门课程任课教师的情况，即以往学生对任课教师的评价，以帮助学生决策。

针对学生选课系统，还需要的在学生学完课程后查询成绩，它可以在查询已选课程中实现。

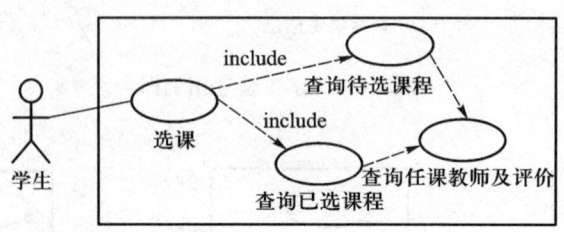

图 5.1.4　学生选课用例图

5. 登录用例

角色可以在系统中事先定义，然后分配给某些操作者。每个登录系统的参与者在经过系统认证后得到其具体操作的权限。为此，定义系统的登录用例如图 5.1.5 所示。

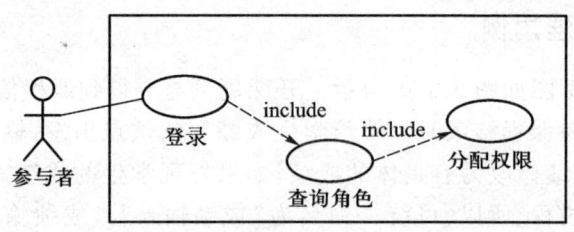

图 5.1.5　登录用例图

参与者在登录时需要输入用户名和密码，得到系统的验证后，系统决定该参与者的角色并根据角色而得到相应的操作权限，再根据操作权限决定如何显示系统的可操作项。

5.1.3　数据分析

1. 实体数据

根据系统选课功能的用例图，可以分析得出，系统中明确存在的概念数据如表 5.1.1 所示。

表 5.1.1　选课系统中的概念数据

Student
<<PK>>studentNo
studentName
sex
deptId

Teacher
<<PK>>workerNo
workerName
sex
deptId

Course
<<PK>>courseNo
courseName

Department
<<PK>>deptId
deptName

这些概念数据,是选课系统中存在的实体。上面曾提到,为简化系统,参与者只有学生和教务员,课程信息只保留了课程的名字和编号。在真正的选课系统中,课程信息包括很多内容,包括课程适合于什么专业、课程进度信息、课程的时间和地点安排、教学大纲等,在这里都被忽略了。

由于在学校中,教务员也是教职工中的一类,所以将其归类到 Teacher 中。以上概念数据中的 deptId 代表学校某个组织的代码,例如某高校中交通学院的部门 Id 用 1600 表示,教务处的 Id 用 0420 表示。

登录用例中,为了限制参与者对系统的操作,需要得到登录者的角色及其拥有的权限,以确定其可操作的内容。按登录用例图,得到如表 5.1.2 所示的概念数据。

表 5.1.2　角色和权限概念数据

Role
<<PK>>roleId
roleName

Right
<<PK>>rightId
rightName

Account
<<PK>>accountId
password

表 5.1.2 中,系统用户是为了登录而设定的,它的域为 accountId。对学生来说,可以用学号,而对教职工来说,可以用工号。在一个学校中,这些数据都是唯一的,因此可以作为主键。

2. 实体关系

学生和部门、教师和部门之间,存在如图 5.1.6 所示的两个二元关系。

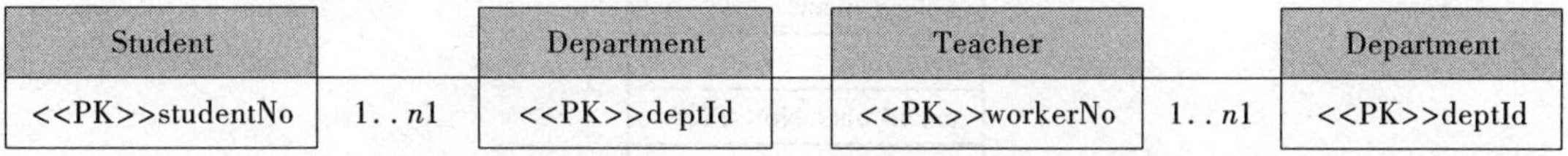

Student		Department
<<PK>>studentNo	1..n1	<<PK>>deptId

Teacher		Department
<<PK>>workerNo	1..n1	<<PK>>deptId

图 5.1.6　学生和部门、教师和部门之间的二元关系

3. 关联类

选课系统中,除了上面的概念数据以及它们之间可以存在的关系外,还存在着诸多产生关联类的关联关系,这些关联关系主要有如下几种。

(1) 教师开课

如表 5.1.1 所示的 Course 只是一个静态的数据,在教务处安排教师来授课之前没有意义。教师开课关联类的 UML 图如图 5.1.7 所示。

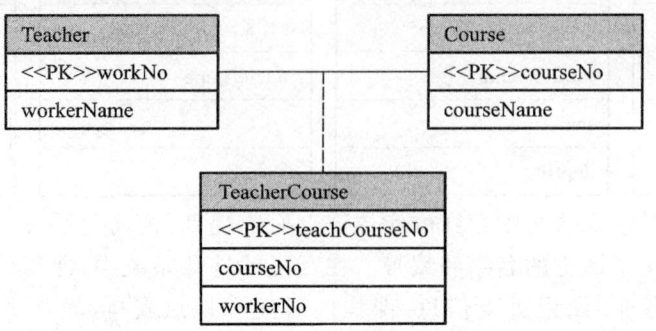

图 5.1.7　教师开课关联类 UML 图

教师开课关联中,为教师开设的课程重新定义了开课号 teachCourseNo 作为主键,这似乎违反了关联类到关系模型的转换原则,因为在概念模式向关系模式的转换中,只需 courseNo 和 workerNo 联合主键。那这里为什么要改变原则进行设计呢? 原因是,不同的教师可以开设同一门课,同一名教师又可以在不同的班级开设同一门课程。例如,高老师在一个学期中,同时在 3 个班级开设 C++课程,这就导致对应这 3 个班级的记录中的 courseNo 和 workerNo 重复。因此,需要设置开课号,以供学生选课。

(2) 学生选课

教师开课后,学生就可以选择,以取得成绩。因此,学生和教师开设的课程之间也产生关联类,如图 5.1.8 所示。

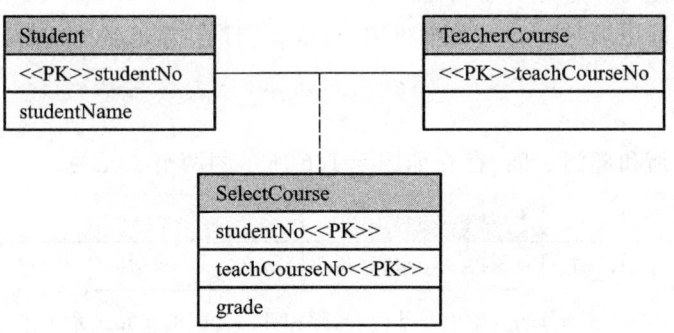

图 5.1.8　学生选课关联

(3) 学生对开课教师的评价

学生和教师开设课程之间,如果有了选择关系,则可以对该教师进行评价,因此,也产生关联类,如图 5.1.9 所示。

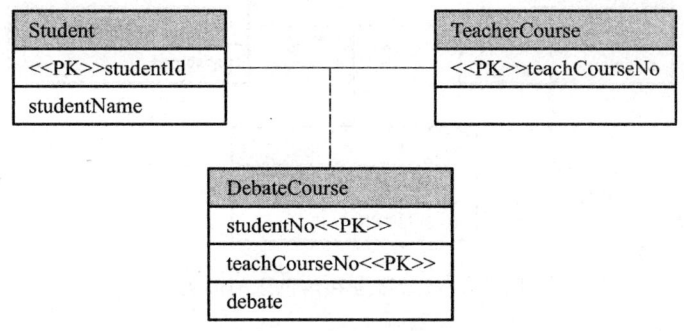

图 5.1.9 学生对任课教师的评价关联

（4）角色和权限

在组织职能行使的过程中，参与者靠其扮演的角色来行使职权，例如，某部门的一个处长，原来由张三担任，则张三行使该职权，但由于人事变动，现在由李四来担任处长，则李四就拥有该权限。在建立信息化系统时，为了保证系统运行的连续性和稳健性，通常都是通过对参与者定义角色来使系统运行的。因此，角色和权限之间也存在着关联类，如图 5.1.10 所示。

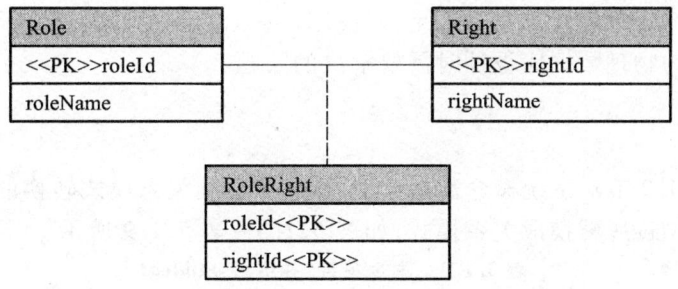

图 5.1.10 角色和权限关联，形成实际可行的角色

通过关联，一个角色拥有了不同的权限的组合。例如，一个教务处的职员，可能只有权限来安排课程、登录成绩。而处长，除了职员的权限外，可能还有统计教师评价的统计资料查询功能等这两种权限并在一起，就形成了处长角色。

（5）用户和角色的关联

如图 5.1.11 所示，在角色和账号之间的关联中记录了角色和账号之间的关系。一个账号可以拥有多种角色，这也符合组织的运行原则，例如，某高校组织中教务处处长恰好是某学院的一位副院长，而他同时还是一名教师并开设了某门课程，那么这位处长就具有三重角色身份，很显然，在这种情况下他是这三个角色权限的并集。

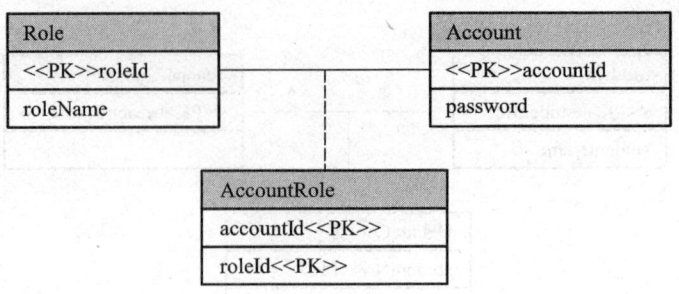

图 5.1.11 账号和角色之间的关联

5.1.4 关系数据库设计

按关系数据库设计理论,概念数据建模结束后,需要将其转换为关系模式后再进行物理数据库设计,由于从关系模式到物理数据库的转换较简单,所以本节将这两步工作结合在一起完成。

对系统数据的分析,确定了系统中的数据以及它们之间的关系,只是它们可能还不够细致。例如,在对学生进行描述时,并没有确切的指定学号用什么类型的数据来进行描述,如果用字符串来描述学生的姓名时,用多长的字符串才是合理的?选择什么样的数据库服务器,它都支持哪些数据类型?对查询效率的要求能否满足,以使用户在查询时可以忍受的等待时间?这些都是关系模式数据转化为物理数据库设计时需要解决的问题。

1. 实体关系

根据 4.1 节和 4.2 节对系统概念数据模型、概念数据到关系模式转换的相关知识,将 5.1.3 节中各概念数据模型逐一转换成关系模式,如表 5.1.3 ~ 表 5.1.9 所示。

表 5.1.3 学生关系,关系名:Student

字段名称	物理意义	数据类型	备注
studentNo	学号	char(6)	PK,数字组成
birthday	出生日期	datetime	非空
studentName	学生姓名	Varchar(20)	非空
sex	性别	Varchar(2)	男或女
deptId	所在院系的 ID	char(4)	4 位数字组成,非空

5.1 系统的需求分析

表 5.1.4 教师关系,关系名:Teacher

字段名称	物理意义	数据类型	备注
workerNo	工号	char(5)	PK,数字组成
workerName	职工姓名	Varchar(20)	非空
sex	性别	Varchar(2)	男或女
deptId	所在院系的ID	char(4)	4位数字组成,非空

表 5.1.5 课程关系,关系名:Course

字段名称	物理意义	数据类型	备注
courseNo	课程号	char(8)	PK,数字组成
courseName	课程名	Varchar(50)	非空

表 5.1.6 部门关系,关系名:Department

字段名称	物理意义	数据类型	备注
deptId	部门编号	char(4)	PK,数字组成
deptName	部门名称	Varchar(30)	

表 5.1.7 角色关系,关系名:Role

字段名称	物理意义	数据类型	备注
roleId	角色编号	int	PK,标识种子
roleName	角色名称	Varchar(30)	非空

表 5.1.8 权限关系,关系名:Rights

字段名称	物理意义	数据类型	备注
rightId	权限编号	int	PK,标识种子
rightName	权限名称	varchar(30)	非空

表 5.1.9 系统账号关系,关系名:Account

字段名称	物理意义	数据类型	备注
accountId	账号	Varchar(6)	PK
password	账号密码	Varchar(30)	可空

后续的各个关系将不再提建立索引的问题,读者可以根据第4章中索引的相关知识及对系统的理解来决定每个关系是否需要建立索引。

2. 关联类

用同样的方法,分析 5.1.3 节中的关联类并将其转换成如表 5.1.10 ~ 表 5.1.14 所示的关系。

表 5.1.10 开课关系,关系名:TeachCourse

字段名称	物理意义	数据类型	备注
teachCourseNo	开课编号	char(10)	PK
courseNo	课程号	char(8)	对应于 Course 关系的同名字段,非空
workerNo	教师工号	char(5)	对应于 Teacher 关系的同名字段
amount	容纳人数	int	课程容纳的总人数

开课关系中的 teachCourseNo 定义为 10 位是基于这样的假设,课程编号 courseNo 本身假设是 8 位的,一门课程由 100 位老师同时开出,足以满足系统的需求,因此定义 teachCourseNo 是 10 位。

表 5.1.11 选课关系,关系名:SelectCourse

字段名称	物理意义	数据类型	备注
studentNo	学号	char(6)	非空,PK
teachCourseNo	开课号	char(10)	非空,PK
grade	成绩	int	可空

选课关系中,grade 字段可空,因为学生选课时并不知道成绩。设置其为整数字段而不使用 varchar 类型,是因为需要在该字段上进行数值运算,如求平均成绩、一个学生所有课程的成绩总和等运算。

表 5.1.12 课程评价关系,关系名:DebateCourse

字段名称	物理意义	数据类型	备注
studentNo	学号	char(6)	非空,PK
teachCourseNo	开课号	char(10)	非空,PK
debate	评价	varchar(200)	可空

课程评价关系中的 debate 字段,假设允许每个学生的评价最多可以写 100 个汉字。如果系统的需求是可以写大量的文字,可以选择 text 类型。

表 5.1.13 角色权限关系,关系名:RoleRight

字段名称	物理意义	数据类型	备注
roleId	角色 Id	int	非空,同 Role 关系同名字段,PK
rightId	权限 Id	int	非空,同 Rights 关系同名字段,PK

角色权限关系记录一个角色的所有权限的组合。在该关系中,如果一个角色有多个权限,则每个权限作为一条记录存在。

表 5.1.14 账号角色关系,关系名:AccountRole

字段名称	物理意义	数据类型	备注
accountId	账号	varchar(6)	非空,同 Account 关系同名字段,PK
roleId	角色 Id	int	非空,同 Role 关系同名字段,PK

账号角色关系中,一个账号可以有多种角色。一条记录代表账号的一个角色。

请读者在 SQL Server 中创建上述表。为系统程序的设计和运行提供基础,数据库的命名可以自己决定,本教材提供的程序中,将数据库名字定义为 NTier。

5.2 系统设计

5.2.1 模块的划分及主窗体

1. 模块划分

根据系统的功能需求分析和用例图,可以将系统的功能分成五大块。

① 角色和权限管理:包括角色和权限的输入、角色的权限分配,参与者角色分配,登录系统的验证。

② 学生管理:包括输入、修改、查询,帮助学生选课。

③ 课程管理:包括课程的输入、修改、查询,开设课程、开设课程的查询、学生选课。

④ 教师管理:教师信息的输入、修改、查询,为教师开设课程。

⑤ 成绩管理:成绩输入、修改、查询和统计。

针对上面划分的 5 大模块,将其和系统的功能需求进行对比,分析还有哪些功能无法做到?总结下来,有如下的功能似乎不能实现。

① 教务员查询一门课程选课学生名单以及选课总人数。

② 学生查询自己所有的待选课程信息并实现选课;输入对某门课程教师的评价。

从用例图看,教务员查询一门课程的学生名单以及总人数时,可以通过"课程管理"的"开课查询"来实现。

学生自己查询成绩时，可以在"课程管理"中的"开课查询"来实现。而学生对教师的评价也可以实现，只需要先查询到课程，再输入对任课教师的评价即可。

以上罗列的 5 个功能模块，对不同的角色显示的内容是不一样的。例如，可以这样认为，"教师管理"整个内容对学生角色都不可见，"成绩管理"中，成绩输入、修改对学生角色也不可见。所以，将系统功能模块的划分与操作者的角色联系在一起，可以总结权限分配如表 5.2.1 所示。

表 5.2.1　系统功能权限的划分

功能	拥有该功能的角色
角色和权限管理	系统管理员
学生管理	教务员
课程管理	教务员
开课查询	教务员、学生。开课查询教务员和学生都可以操作，但功能则完全不同。教务员可以查询任何开设课程以便进行修改等，而学生则可以查找已选课程和待选课程并可以进行选课或者退选操作
教师管理	教务员
成绩管理	教务员可以使用该菜单里的所有功能，学生只可以查询、统计自己的成绩

2. 主窗体及菜单

按前面的功能划分，设计主窗体及菜单如图 5.2.1 所示。

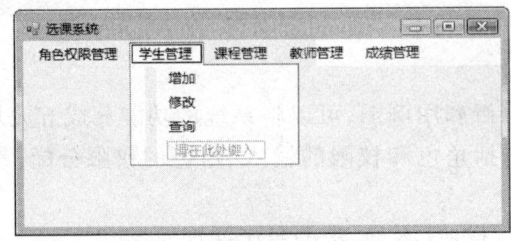

图 5.2.1　选课系统的主窗体

接下来将根据如图 5.2.1 所示的菜单功能的划分，按软件逻辑多层体系构架设计实现每一个菜单的功能。

5.2.2　项目目录管理

1. 目录管理的作用

一个软件项目通常会由多个模块组成，每个模块又包含很多文件，且是由多名程序员共同开发完成的。这带来一个管理上的问题,那就是如何管理好不同模块中的源程序文件,以达到软件易维护、易协同开发的目的。.NET平台通过在主程序框架中创建不同的目录,将系统不同功能的类组织在不同的名字空间里,以达到管理的目的。

2. 项目目录

学生选课系统已经被划分成不同的模块,因此,可以为每个模块创建自己的目录结构。为此,创建项目的目录如下。

① StudentManager:负责学生管理的模块。
② TeacherManager:负责教师管理的模块。
③ CourseManager:负责课程管理的模块。
④ UserManager:负责登录及登录后设置权限的模块。

假设把选课系统命名为nTierStudent,并按图5.2.1所示创建了主窗体,则创建一个目录的过程如下。

① 在项目的解决方案中用单击并选中解决方案的名字"nTierStudent",如图5.2.2所示。
② 选择"项目"→"新建文件夹"命令,将创建的新文件夹改名即可。

注意,当在项目目录下创建程序时,这些程序源文件的名字空间即namespace所引导的行。例如,在目录StudentManager目录下创建的程序,其名字空间被定义为namespace nTierStudent. StudentManager,其中,nTierStudent是主名字空间,也就是项目定义的名字空间,StudentManager是主名字空间的下一级名字空间。在创建了这样的目录结构后,不同目录中程序之间的访问,需要在程序的开始段增加名字空间引用语句。例如,要在nTier-Student. StudentManager中的程序中引用CourseManager中的类,需要增加"using nTierStudent. CourseManager"语句。

图5.2.2 项目的目录结构

5.2.3 命名规则

通过用例图组织好系统的需求后,接下来需要分析体系每个用例中的对象及对象之间的联系,即类分析。为表达用例功能的实现,类被分成了实体类、边界类和控制类。为了能有效地实现多程序员协同开发,本小节对不同类型的类的命名及窗体设计中的控件命名作一简单约定,为后续程序的编码提供良好的规范,以供读者在今后的实例开发中作为参考。

1. 实体类、边界类、控制类命名规则

以学生信息输入用例为例，该用例的目的是通过屏幕采集一个学生的信息并保存到数据库中，其中涉及的实体类、边界类和控制类很容易被设计出来。故对实现学生信息输入用例的3个类分别命名为：

① 边界类：就是采集学生信息的窗体，它是一个窗体类，所以将其命名为 NewStudentForm。
② 实体类：输入信息后生成的学生对象，将其定义为 Student。
③ 控制类：负责将生成的具体学生对象保存到数据库中，鉴于系统还有修改学生信息、删除学生信息等要求，都可以用该控制类的不同方法实现，因此将控制类命名为 StudentManagerAction。

总结起来，以上的命名遵循了如下的准则。

① 窗体类：最后都跟上了关键字 Form，如输入新学生窗体命名为 NewStudentForm，查询学生的窗体命名为 SearchStudentForm 等。
② 控制类：最后都跟上了 Action，如学生管理控制类，定义为 StudentManagerAction，对课程管理的控制类，定义为 CourseManagerAction。
③ 实体类：直接根据意义命名，如学生类 Student、课程类 Course 等。

项目的目录管理和可区分的命名法使工程的管理、代码的维护和修改变得更加容易。

2. 窗体中控件的命名规则

对于窗体设计中使用的控件，C#窗体会给出默认的命名。例如，如果在窗体设计中放置3个 TextBox 控件，它们会被默认命名为 textBox1、textBox2 和 textBox3。很显然，它们没有任何物理意义，不利于程序的阅读。为此，编程者最好采用合适的命名规则对设计窗体中的控件进行命名，建议采用两段式的命名法，即"控件类别的小写缩写+变量的物理意义"，且单词之间的首字母大写。例如，输入学生学号的文本框命名为 tbStudentNo，输入学生性别的下拉组合框命名为 cbSex，等等。

当然，也不必完全拘泥这样的格式，例如一些信息采集窗体中大量的 Label，它们只起提示作用，在程序的代码中根本用不到，这种情况下就不必将标签重命名。

5.2.4 软件的层次构架

1. 层次划分

在软件逻辑多层体系构架技术中，软件的体系被分为4个层次，即表示层、逻辑层、数据访问层(包括数据链路层)和数据存储层。这些层与每个用例的类分析有对应关系。

可以这么理解，一个用例的边界类对应于软件的表示层，而控制类对应于逻辑层和数据访问

层,实体类则是在控制类中被逻辑操作的主体,往往与数据的永久存储(数据存储层)有对应关系。

学生选课系统的每个用例在功能实现时,都会被分割成表示层、逻辑层、数据访问层、数据存储层。这些层中,有些是所有用例都共有的,如数据链路、数据存储层。而对逻辑层,不同的用例则需要单独处理。下面仅介绍所有用例的公共部分——数据存储层和数据链路层。

2. 数据存储层

可参照 5.1.4 节中对关系数据库设计的介绍,在 SQL Server 中建立一个数据库 Ntier,这样,数据存储层就建立完毕。

3. 数据链路层

数据链路层的作用是提供程序与数据库通信的通道,实际上就是在应用程序中创建的一个数据库联接。

编写数据库应用程序时,一种方法是在设计窗体上直接使用. NET 平台上提供的数据库联接控件,如 OleDbConnection、SqlDbConnection 等,作为程序与数据库联系的通道。但这样做有一个很大的缺陷,那就是在工程的很多窗体设计中都需要存在着数据库联接控件,导致系统臃肿,同时也限制了系统的可伸缩性。例如,更换了数据库服务器软件或者仅简单地更换了数据库服务器计算机时,都会导致系统的维护工作量增大。因此,可用另一种方法,即通过封装. NET 平台里的 OleDbConnection 类来形成一个独立的数据库链路层,如选课系统中所有与数据库相关的存取操作都通过该数据链路实现。这样,当发生了数据库变更的需求时,仅需修改数据链路层类即可。

完整的数据链路层由如下部分组成。

(1) 链路层类

在解决方案的根目录下,选择"项目"→"添加类"命令,在弹出的对话框中将类命名为 DbConnection. cs,然后输入下面的代码。

```
using System;
using System. Data. OleDb;
using System. Xml;
using System. Windows. Forms;
namespaceNTierStudent
{
    public class DbConnection
    {
        protected static OleDbConnection conn = new OleDbConnection();    //共派生
                                                                              类继承
```

```csharp
static DbConnection()    //静态构造函数,第一次调用时被初始化,后续调用
                         //就不再执行
{
    try
    {
        string s = Application.ExecutablePath;//获得完整的应用程序路径
        int dotPos = s.LastIndexOf(".");    //应用程序以 path\xxx.exe 为
                                            //名,找到.所在的位置
        s = s.Substring(0, dotPos);         //截取.exe 前面的部分
        s += ".xml";                        //将文件后缀名从 exe 改成 xml
        XmlDocument doc = new XmlDocument();
        doc.Load(s);    //加载 xml 文件
        XmlNode root = doc.DocumentElement;    //找到文件的根节点
        XmlNode setttingNode = root.SelectSingleNode("setting");//找到 setting
                                                                //节点
        string server = setttingNode.SelectSingleNode("server").InnerText;
        //获得 server 节点的内容,即数据库服务器电脑名
        string db = setttingNode.SelectSingleNode("db").InnerText;//获得数据
                                                                  //库名
        string user = setttingNode.SelectSingleNode("user").InnerText;
        //获得数据库登录账户
        string password = setttingNode.SelectSingleNode("password").InnerText;
        //获得数据库登录账户的密码
        string conStr = "Provider=SQLNCLI.1;Password=" + password;
        //创建连接字符串
        conStr += ";Persist Security Info=True;User ID=" + user;
        conStr += ";Initial Catalog=" + db + ";Data Source=" + server;
        conn.ConnectionString = conStr;
    }
    catch (Exception ex)
    {
        MessageBox.Show(ex.Message, "Error", MessageBoxButtons.OK,
        MessageBoxIcon.Error);
    }
}
```

     }
  }
  以上类在被调用时,它将在程序的运行目录里去查找与程序名同名的 xml 文件,然后解析该文件,获得登录数据库的数据库服务器名、数据库名、登录账户、登录密码等信息,然后建立与数据库的连接 conn。

  以上代码中,conStr 字符串的内容是连接数据库服务器时所使用的认证串,被称为数据库联接字符串,对不同的开发环境和不同的认证方式,该串的值是不同的,以上代码中 conStr 的取值是在 VS.NET 2005 环境下,以 SQL server 登录认证方式时的取值。如果用户使用的开发环境是 VS.NET 2003,或者数据库登录采用的是 Windows 认证方式,则字符串的值会有很大的差别,读者可参见第 4 章中的相关内容加以理解。

  (2) 数据库联接字符串

  数据库联接字符串的值是一个很长的字符串,难以被记忆,但可以通过.NET 平台提供的控件来获得。具体操作方法如下。

  ① 在工程的任何一个设计窗体上,从工具箱中选择 OleDbConnection 对象,拖动到窗体中 VS.NET 2005 中。有关数据库控件可以从"选择工具箱项"菜单中选择出来。

  ② 在属性窗口中,找到 ConnectionString 属性,如图 5.2.3 所示,单击其右侧向下的箭头,在下拉列表中选择"新建连接"项。

  ③ 新建连接窗口如图 5.2.4 所示。在该对话框中,选择要连接的服务器名(一台已经安装了 SQL Server 并已经启动的计算机)。在"登录到服务器"选项中,建议使用 SQL Server 身份认证(DbConnection 类的设计,也是假设采用了 SQL 认证方式)。在"连接到一个数据库"选项中,选择要操作的数据库。单击"测试连接"按钮验证设置。验证通过后,单击"确定"按钮,生成连接字符串。该步骤创建的连接字符串值如下:

  Provider = SQLNCLI.1; Data Source = **PSHCONG**; Persist Security Info = True; User ID = **sa**; Password = **sa**; Initial Catalog = **NTier**

  (3) XML 文件内容

  对照图 5.2.4,比较连接字符串中被标记为粗体的内容,可以知道,字符串中的"PSHCONG"对应的是"服务器"名字。用户名是"sa",密码也是"sa",使用的数据库是"Ntier"。

  因此,连接字符串中有 4 个关键的部分,分别是服务器计算机名、登录用户名、密码和使用的数据库。如果将这 4 个值作相应的修改,程序就可以使用其他的数据库服务器。

  进一步推断,如果将这 4 个值保存在一个外部配置文件中,程序运行时由 DbConnection 类读配置文件获得这 4 个值并动态生成数据库联接字符串,就可以动态连接数据库,从而大大增强程序的适应性。

  为此,编写 XML 文件以保存数据库联接的关键信息,代码如下:

    <? xml version = "1.0" encoding = "UTF-8"? >
    <appConfig>

```
    <setting>
        <server>PSHCONG</server>
        <db>NTier</db>
        <user>sa</user>
        <password>sa</password>
    </setting>
</appConfig>
```

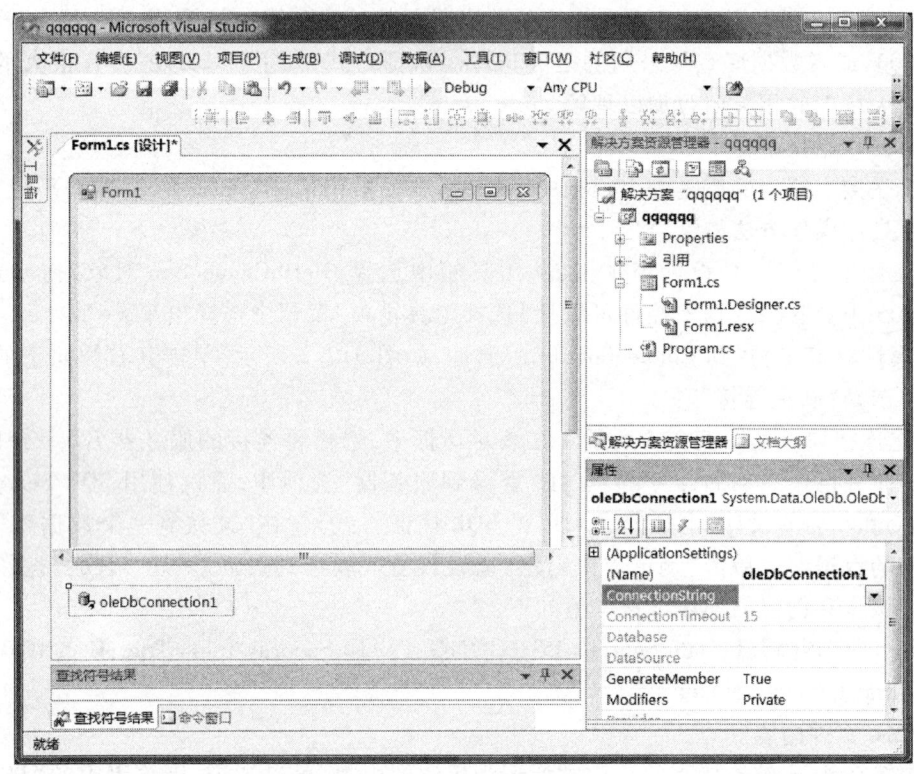

图 5.2.3　OleDbConnection 的属性 ConnectionString

　　XML 文件中,第一行必须按要求写,它指明了 XML 文件的版本和编码,后续成对的<>和</>称为节点。

　　<server>节点是指安装数据库服务器的计算机名字,<db>节点是程序将要操作的数据库,它建立在<server>节点里定义的数据库服务器上,<user>节点是登录数据库的用户名,<password>节点则是登录数据库用户的密码。

　　(4) XML 文件的存放位置和命名

　　对比 DbConnection 类开始的几行代码:

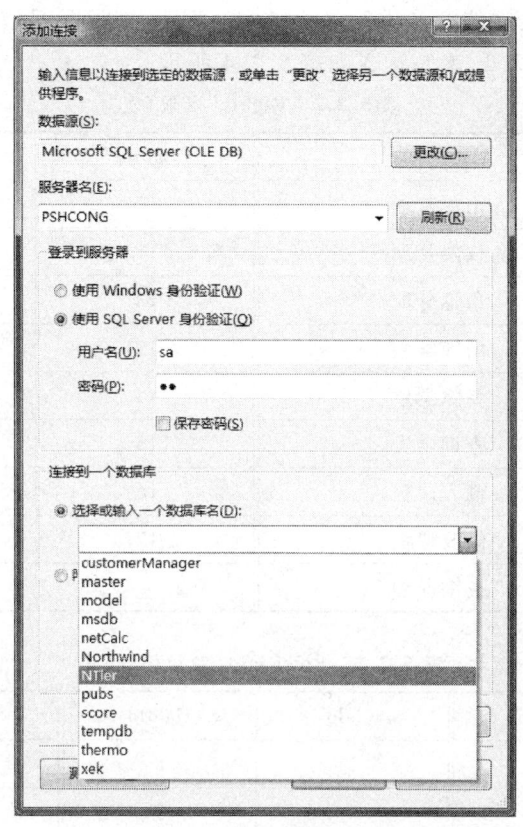

图 5.2.4　创建连接字符串

```
string s = Application.ExecutablePath;//获得完整的应用程序路径
int dotPos = s.LastIndexOf(".");    //应用程序以 path\xxx.exe 为名,该语句为找.所在
                                       位置
s = s.Substring(0, dotPos);          //截取.exe 前面的部分,即 path\xxx
s += ".xml";//将文件后缀名从 exe 改成 xml,即 path\xxx.xml
```

这几句代码的逻辑是在可执行应用程序文件所在目录中寻找与应用程序同名的 XML 文件。C#生成的应用程序放在工程目录中的 bin\debug 目录下,因建立的工程名是 NTierStudent,所以应用程序名为 NTierStudent.exe。因此,XML 文件应该被命名为 NTierStudent.xml,并被放置在 bin\debug 目录下。

5.2.5　数据准备

为了使系统容易启动运行,需要将系统中的部分数据进行初始化,以保证在没有实现角色、

权限管理等程序代码之前,就能开始编写学生信息、课程信息、选课信息等模块的程序代码。需要初始化的数据参见表 5.2.2、表 5.2.3 和表 5.2.4 所示。

表 5.2.2 Rights(权限)表

rightId	rightName	rightId	rightName
1	角色管理	10	输入教师
2	权限管理	11	修改教师
3	角色分配	12	查询教师
4	增加学生	13	输入成绩
5	删除学生	14	修改成绩
6	查询学生	15	查询成绩
7	输入课程	16	统计成绩
8	修改课程	17	开课查询
9	查询课程		

表 5.2.3 RoleRight(角色权限)表

roleId	rightId	roleId	rightId	roleId	rightId
1	1	2	8	2	15
1	2	2	9	2	16
1	3	2	10	2	17
2	4	2	11	3	9
2	5	2	12	3	15
2	6	2	13	3	16
2	7	2	14	3	17

表 5.2.4 Role 表

roleId	roleName
1	管理员
2	教务员
3	学生

这 3 个表确定了系统设计时规定的角色及权限。对照这 3 个表,系统中定义的"管理员"、"教务员"和"学生"3 个角色所拥有的权限一目了然。

接下来,要使系统可以运行,还需要在 AccountRole 表中,确定一个系统的参与者作为管理员。系统的运行和角色分配由该管理员开始,假设教务处有一个工作人员,其工号是 57012,定义他为系统的管理员。同时,另外增加两个操作者,一个是学生,学号为 061287,另一个是教务员,工号为 85012。把按要求把这 3 个角色写入表 AccountRole 中,以备程序测试之用,如表 5.2.5 所示。

表 5.2.5 AccountRole(系统角色)表

accountId	roleId	备注
57012	1	作为管理员
061287	3	作为学生
85012	2	作为教务员

为配合系统的登录,将上述的 3 个账号写到 Account 表中,假设密码就是其工号或学号,如表 5.2.6 所示。

表 5.2.6 Account(账户)表

accountId	password
57012	57012
061287	061287
85012	85012

为使程序能快速地搭建起来,可为其他的几个表初始化数据,如部门表 department、教师表 teacher、课程表 course、开课表 TeachCourse、学生表 student。读者可以按数据库设计假设部分数据,也可参照如表 5.2.7~表 5.2.11 所示的数据。

在程序全部编写完毕进入部署阶段时,除了系统的权限和管理员数据是系统必须初始化的外,其他的数据可以在系统的运行中通过相应功能模块不断收集。

表 5.2.7 department 表

deptId	deptName
0411	电信学院
0480	生命学院

表 5.2.8 teacher 表

workerNo	workerName	sex	deptId
88037	张遥	男	0411
92011	高敏	女	0411

表 5.2.9　course 表

courseNo	courseName
31800001	软件开发技术
04110002	C/C++程序设计

表 5.2.10　teachCourse 表

teachCourseNo	courseNo	workerNo	amount
3180000101	31800001	88037	180
0411000201	04110002	92011	180

表 5.2.11　student 表

studentNo	studentName	sex	birthday	deptId
061287	顾同	男	1988-12-23	0480

5.3　编码实现

5.3.1　学生输入

为使系统的理解变得容易，可从最容易入手的地方开始，读者可以暂时不考虑操作者的权限问题，假设登录系统的用户角色就是教务员（工号和密码都是 85012），该教务员有输入学生信息的权限。

1. 界面

根据数据库表 student 的设计，界面层需要收集的学生信息包括学号、姓名、性别、出生日期、所在院系。注意，数据库学生表中所在院系记录的是院系的 ID，而不是院系的名称。为此，设计如图 5.3.1 所示的窗体。

① 在项目的解决方案里选中 StudentManager 目录。

② 选择"项目"→"添加 Windows 窗体"命令，将窗体命名为 InputStudentForm，单击"确定"

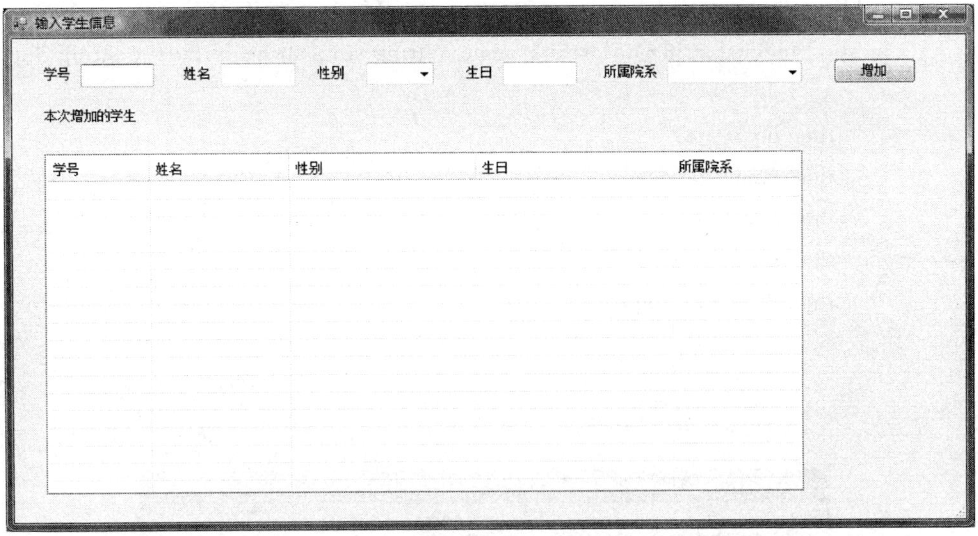

5.3 编码实现

图 5.3.1 学生输入窗体

按钮。

③ 将窗体的 Text 属性值修改为"输入学生信息"。

④ 按图 5.3.1 设计界面,并按命名规则确定窗体中每个控件的名称。

⑤ 修改性别控件 cbSex 的 Item 属性,设定值为"男"和"女"。

⑥ 按如下的操作设置 lvStudentList 的属性值:

a. GridLines 为 true,让 ListView 显示数据时划网格线。

b. View 为 Detail,显示格式为详细信息,如 Windows 资源管理器的详细信息。

c. FullRowSelect 为 true,在一行上单击时,整行被选中。

d. MultiSelect 为 false,不允许在 ListView 中进行多行选择。

e. 选择 ListView 对象的 Columns 属性右侧的"…",出现如图 5.3.2 所示的对话框。

f. 选择"添加"按钮,增加一列,在窗口的右边部分,设置 Text 属性的值作为标题,通过 TextAlign 调整对齐方式,通过 Width 调节列宽。把学生的每列信息逐一增加到 ListView 对象的列中,就可得到如图 5.3.1 所示的结果。

2. 建立实体类

在项目的解决方案中选择 StudentManager 目录,选择"项目"→"添加类"命令,并将该类命名为 Student,代码如下:

```
public class Student
{
```

public string no, name, sex, birthday, deptId;   //学生的信息
public Student(string no, string name, string sex, string birthday, string deptId)
{
    this.no = no;
    this.name = name;
    this.sex = sex;
    this.birthday = birthday;
    this.deptId = deptId;
}
}

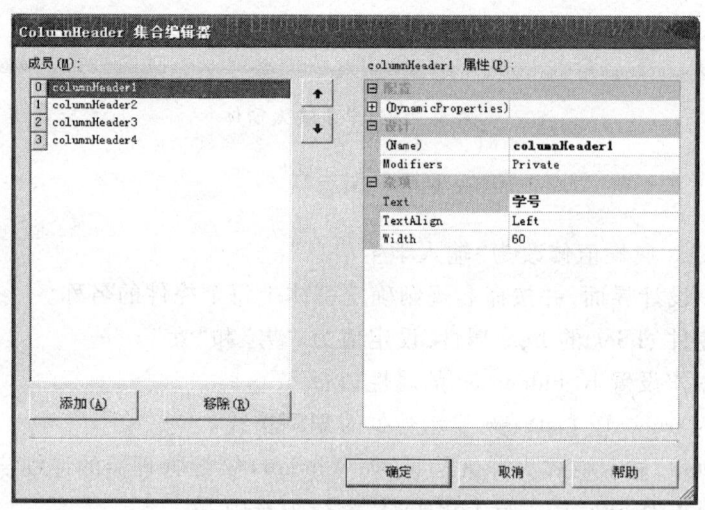

图 5.3.2　为 ListView 对象增加列

注意,以上代码只罗列了类的主体部分,类所在的名字空间及系统自动创建的 using 语句被省略。

Student 类很简单,它只能生成一个简单的对象,并能返回对象的各个属性值。将学生类与如图 5.3.1 所示的窗体结合起来,在用户单击"增加"按钮时,可以很方便地根据用户的输入,调用类的构造函数并生成一个 Student 对象。

3. 数据访问层

在用户单击界面中的"增加"后,系统将采集的学生信息生成对象。数据访问层的任务是将学生存入数据库并将信息显示在 ListView 中。为此,建立一个数据访问层,让其继承 5.2.4 小节

中定义的数据链路层完成相应的任务。

在项目的解决方案中选择 StudentManager 目录，选择"项目"→"添加类"命令并将类命名为 StudentManagerAction，它继承前文定义的数据链路层类 DbConnection。类的具体代码如下：

```csharp
using System;
using System.Collections.Generic;
using System.Text;
using System.Data.OleDb;
using System.Windows.Forms;
namespace NTierStudent.StudentManager
{
    public class StudentManagerAction : DbConnection   //①
    {
        private Student student;
        public void setStudent(Student st)        //将被管理的学生传递进来
        {
            this.student = st;
        }
        public bool save()                         //把被管理的学生保存到数据库中
        {
            bool saved=true;                       //先假设能保存成功
            string sql;
            sql = "insert into Student(studentNo, studentName, birthday, sex, deptId) values('" + student.no;   //②
            sql += "','" +student.name+"','" +student.birthday+"','" +student.sex;
            sql += "','" +student.deptId + "')";
            try                                    //③
            {
                conn.Open();                       //打开数据库联接,conn 是父类里的静
                                                   //  态变量,已经被初始化
                OleDbCommand cmd = new OleDbCommand(sql, conn);
                cmd.ExecuteNonQuery();             //插入数据库
            }
            catch (OleDbException ex)
            {
                string s = ex.Message;             //④
```

                MessageBox. Show(s,"Error", MessageBoxButtons. OK, MessageBoxI-
                con. Error);
                saved = false;   //保存失败
            }
            finally   //⑤
            {
                conn. Close();   //不管数据库操作结果如何,执行完毕
                                             都关闭数据库联接
            }
            return saved;
        }
    }
}

控制类的主要思路是,通过 setStudent 方法将被管理的学生传递进来,然后调用 save 方法将学生的数据保存到数据库中。

上述代码有一些关键部分,解释如下。

代码①:通过继承数据链路层的类,得到与数据库访问连接的通道。

代码②:是形成嵌入式 SQL 语句部分,理解如下:

如图 5.3.1 中所示的"学号"、"姓名"、"性别"、"生日"、"所属院系"对应的 5 个输入框,设操作者在 5 个输入框中依次输入:"062912"、"张慧"、"男"、"1987-9-3"、"0411",则当用户单击"增加"按钮时,系统需要将输入的数据作为一条记录插入到 Student 表中。按上面假设的输入数据,完成数据插入的 SQL 语句应该为:

insert into Student(studentNo, studentName, sex, birthday, deptId) values('062912','张慧','男','1987-9-3','0411')

问题是,以上的 SQL 语句会随着操作者输入内容而改变,改变的部分就是 values 后面一些用户输入的值。分析以上的 insert 语句,将其重写为:

insert into Student(studentNo, studentName, sex, birthday, deptId) values *('062912','张慧','男','1987-9-3','0411')*

可以看出,在形成的字符串中,只有斜体粗体部分的文字,才会根据操作者的输入而变化。

按命名规则,采集学生信息的控件名字依次为 tbStudentNo、tbStudentName、cbSex、tbBirthday、cbDeptId,用户输入的值分别放在以上 5 个对象的 Text 属性中。因此,可以用如下程序语句形成可变化的 SQL 语句:

String sql = "insert into Student(studentNo, studentName, sex, birthday,deptId) values('";
sql += tbStudentNo. Text + "','" + tbStudentName. text + "','" + cbSex. Text + "','"
    + tbBirthday. Text + "','" + cbDeptId. text + "')";

代码③:是将程序生成的嵌入式 SQL 语句提交给数据库服务器。对于 update 和 insert 以及 delete 语句,都可以按该方式进行。

代码④:对数据库操作的部分,放到一个 try catch 块中,如果数据库操作出错,则错误信息就存储到 s 字符串中,通过输出 s 的值可以得到出错信息。例如,可以通过下面的语句来完成错误的提示,其中 MessageBox 是系统提供的类。

MessageBox.Show(s,"Error", MessageBoxButtons.OK, MessageBoxIcon.Error);

代码⑤:使用 finally 语句强行关闭数据库的连接,以保证数据库操作程序段不管是否正确执行,都能收回数据库联接的资源,确保后面程序的正确运行。

4. 界面层的逻辑

窗体设计时,院系代码控件 cbDept 中的内容没有设置,现在通过窗体的 Load 事件从数据库中读数据,将其初始化。

① 从数据库读取院系名称/代码。

院系信息组成是典型的键/值对,即院系名称/代码,因此可以通过数据结构 Hashtable 来记录。由于院系信息在多个地方(如教师的信息登记表)都会用到,所以,将其放到一个控制类中作为一个静态方法比较合适,这里为简单起见,将它放进 StudentManagerAction 类中。

首先修改 StudentManagerAction 类,在程序开头增加 using System.Collections。再编写提取院系信息的代码。方法如下:

```
public static Hashtable getDeptList()
{
    Hashtable ht = new Hashtable();
    string sql="select deptId,deptName from Department order by deptId ";//读院系信息
    OleDbCommand cmd = new OleDbCommand(sql, conn);
    try
    {
        conn.Open();
        OleDbDataReader dbReader = cmd.ExecuteReader();
        while (dbReader.Read())
        {
            string deptId = dbReader["deptId"].ToString();
            string deptName = dbReader["deptName"].ToString();
            ht.Add(deptName, deptId);    //以院系名字为键、院系代码为值,形成
                                         键/值对
        }
    }
```

```
        catch(OleDbException ex)
        {
            string ss = ex.Message;
            MessageBox.Show(ss,"Error",MessageBoxButtons.OK,MessageBoxIcon.Error);
        }
        finally
        {
            conn.Close();
        }
        return ht;
    }
```

上述代码从数据库表 Department 中读取院系的名称/代码,以院系名称为键、以代码为值,形成一个 Hashtable 返回。

② 初始化 cbDept 控件。

首先,修改 InputStudentForm,引用名字空间 System.Collections,

using System.Collections;

然后,为窗体定义一个私有成员:

private Hashtable htDept;

在 InputStudentForm 窗体的 Load 方法中,调用控制类的静态方法 getDeptList()初始化 cbDept 控件的选项,代码如下:

```
        private void InputStudentForm_Load(object sender, EventArgs e)   //窗体的 Load 事件
        {
            htDept = StudentManagerAction.getDeptList(); //获得院系代码名称哈希表
            //htDept 是窗体类中定义的一个 Hashtable 对象
            cbDept.Items.Clear();
            foreach(DictionaryEntry de in htDept)
            {
                cbDept.Items.Add((string)de.Key);          //将院系名称追加到下拉列表中
            }
        }
```

这样做的好处是,当表 Department 中有更多的院系时,会自动出现在组合列表中,而不必更改程序,增加了程序的适应性。

③ "增加"按钮事件。

在设计窗体上双击"增加"按钮,在形成的事件方法中编写如下逻辑:

```
        private void btnAdd_Click(object sender, EventArgs e)
```

```
            string deptId = (string)htDept[cbDept.Text];  //以给定院系名称为键,得到其院
                                                          系代码
        //根据下拉列表框 cbDept 的选择,从哈希表中找到院系的 Id,htDept 在窗体的
            Load 事件中已经被初始化
        StudentManagerAction sma = new StudentManagerAction();
        Student student = new Student(tbNo.Text, tbName.Text, cbSex.Text, tbBirthday.
            Text, deptId);
        sma.setStudent(student);   //设定 sma 的学生属性
        if(sma.save())   //学生被保存成功
        {
            //在保存成功的情况下,将学生信息写入列表中
            ListViewItem li = new ListViewItem();  //生成一个表项
            li.SubItems.Clear();
            li.SubItems[0].Text = No.Text;   //以下语句填充表项的内容
            li.SubItems.Add(name.Text);
            li.SubItems.Add(cbSex.Text);
            li.SubItems.Add(birthday.Text);
            li.SubItems.Add(cdDept.Text);
            lvStudentList.Items.Add(li);   //将新表项追加到列表中
        }
    }
```

以上代码中,将用户输入的信息生成学生对象并保存到数据库。在保存成功后,再形成一条 ListView 表项,添加到 ListView 中,完成显示。

5. 将学生输入窗体与菜单联系起来

(1) 引用学生管理名字空间

因为学生管理的名字空间与主窗体名字空间不同,为调用学生输入窗体,需要修改主窗体类,在代码开始,增加如下语句:

```
using nTierStudent.StudentManager;
```

(2) 菜单事件

回到主窗体设计,在"学生管理"菜单中的"增加"子菜单上双击,形成事件方法,将方法中的代码修改为:

```
private void 增加ToolStripMenuItem_Click(object sender, EventArgs e)
{
```

        InputStudentForm isf = new InputStudentForm();   //生成输入学生窗体对象
        isf.ShowDialog();//以对话框的方式显示,该窗体被关闭前,总在应用程序的最前端
    }

完毕后,运行程序,选择"学生管理"中的"增加"命令,就会出现增加学生的窗口,实现学生信息的输入。后续的章节中,会存在大量的窗体之间的相互调用,也可参照上述步骤设置。

5.3.2 学生查询

学生查询的目的是删除、修改学生信息及帮助学生选课、查寻学生课程成绩等。

1. 界面表达

设查询的目的是为了帮助学生实现选课,可以设计如图5.3.3所示的界面。窗体中的各控件分别命名如下。

学号:tbStudentNo,姓名:tbStudentName,查找按钮:btnSearch,学生列表:lvStudentList,学生课程列表按钮:btnCourseSearch,已选课程列表:lvSelectedCourse,待选课程列表:lvUnselectedCourse。

注意,该窗体仍然建立在StudentManager目录中。

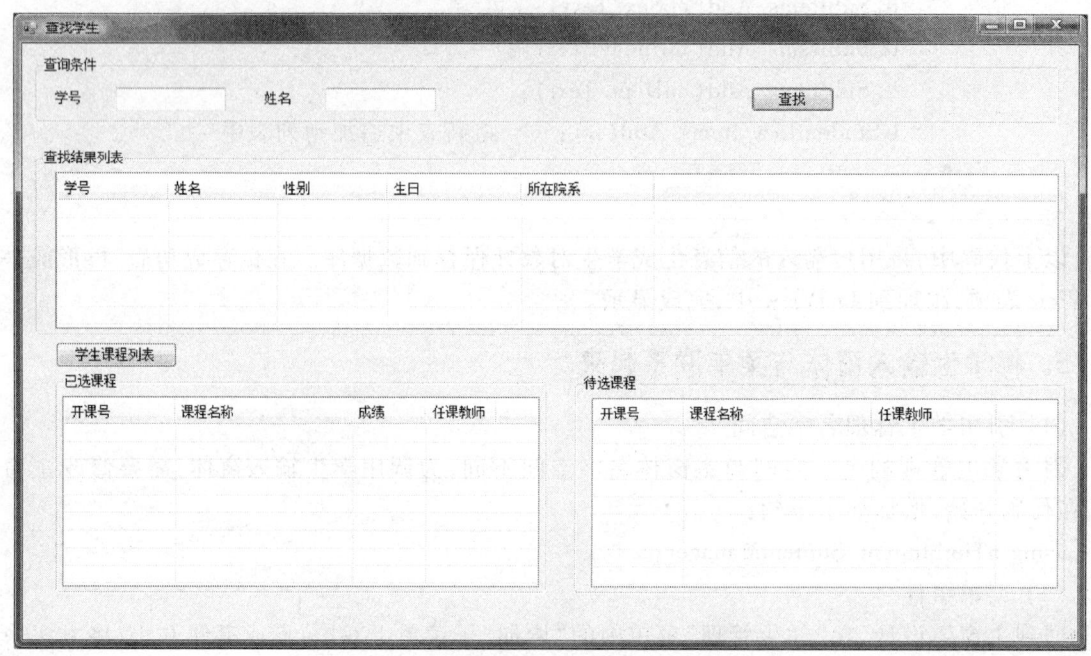

图 5.3.3 学生查询界面

2. 数据访问层

"查询学生"模块的数据访问层的任务有如下两个。

① 操作者输入学号或姓名后,按模糊查找方式找到符合条件的学生罗列到列表中。

② 操作者在列表中选择了一个学生后,单击"学生课程列表"按钮后,罗列学生已选课程和待选课程。

(1) 学生查找

① 查找条件分析。

对如图5.3.3中所示的两个查询条件,可以对用户的操作意图作这样一个假设,如果姓名tbStudentName 文本框中没有输入,就假设操作者对该条件不作约束,对学号也作同样的假设。根据这样的假设,那么两个限制条件的组合就有3种可能,分别为姓名输入、学号不输入、学号输入和姓名不输入。因此,为了实现动态的 SQL 语句,就有4种写法。编程者自然会想到使用 if 语句来实现这样的逻辑。但如果真的是这样,就掉入到陷阱中,因为在条件数增加的时候,程序会变成一个复杂度无限增加的 if 嵌套语句中,很容易出错。如有4个条件,就有16种组合。为解决这个问题,可以通过使用一个永远为真的条件 1=1,将它与剩余条件进行 and 操作来使逻辑简单化。这样,n 个条件,只需写 n 个简单的 if 语句来最终形成 SQL 查询语句。

② 程序实现。

学生查找任务属于模糊查找,其任务是将查找的结果集添加到学生列表 ListView 控件中,仍可把这个任务放到 StudentManagerAction 控制类中,为其增加一个静态方法如下:

```
public static void loadAllStudent(System.Windows.Forms.ListView lv, string name, string no)
{
    //给定 name 和 no 的随意组合,查找符合条件的学生,允许模糊查找
    //并将查询的结果集合填充到给定的 lv 列表视图中
    string sql = "select studentNo, studentName, sex, birthday, deptName ";
    sql+=" from Student inner join department on Student.deptId=department.deptId ";
    sql += " where 1=1   ";
    //where 1=1 用一个真条件,与后续可能的条件"与"操作,简化查询条件的形成逻辑
    if(! name.Equals(""))//如果学生姓名栏有输入,则将其加入到查询限制条件里
    {
        sql += " and studentName like '" + name + "%'";//使用 like,模糊匹配
    }
    if(! no.Equals(""))//如果学生学号栏有输入,则将其加入到查询限制条件里
    {
        sql += " and studentNo like '" + no + "%'"; //使用 like,实现模糊匹配查询
    }
```

//以上逻辑完成 select 语句的形成,如果两个条件都不输入,SQL 最后的过滤条件
为 where 1=1,不影响查询结果
OleDbCommand cmd = new OleDbCommand(sql, conn);
try   //将 SQL 语句提交数据库服务器
{
    conn.Open();   //conn 继承而来
    OleDbDataReader dbReader = cmd.ExecuteReader();   //得到查询结果集,在
                                                        dbReader 中
    while(dbReader.Read()) //读查询集合,一次读一条记录,读出来放进 List
                            View 中
    {
        ListViewItem li = new ListViewItem();
        li.SubItems.Clear();
        li.SubItems[0].Text=dbReader["studentNo"].ToString();//转化成字符
                                                   串添加到 ListView 中
        li.SubItems.Add(dbReader["studentName"].ToString());
        li.SubItems.Add(dbReader["sex"].ToString());
        li.SubItems.Add(dbReader["birthday"].ToString());
        li.SubItems.Add(dbReader["deptName"].ToString());
        lv.Items.Add(li);
    }
    //以上的 while 循环是 C#提取查询结果集的典型方法
}
catch(OleDbException ex) //捕捉错误
{
    string s = ex.Message;
    MessageBox.Show(s,"Error", MessageBoxButtons.OK, MessageBoxIcon.Error);
}
finally
{
    conn.Close();   //执行完毕关闭数据库联接
}
```

上面程序段中,3 个形式参数的意义是:根据给定的学生名字 name 和学号 no,以模糊查找的方式将符合条件的记录写到 lv 列表视图对象中。
```

③ 读数据库操作逻辑。

参见上述的 loadAllStudent 方法，从数据库中读取数据遵循如下过程。

a. 打开连接。

b. 生成命令。

c. 读数据。

d. 关闭连接。

数据查询语句 select 得到的结果是一个数据集合，它是用 cmd.ExecuteReader() 得到的一个 dbReader 对象，程序员可以用 dbReader.Read() 方法不断的获得查询结果集合中的每一条记录，然后用 dbReader["字段名"] 的格式得到当前记录某一列的值。由于是向 ListView 的每列中增加，ListView 表项的每一列都是字符串类型，所以每个字段都调用了 toString() 方法，将字段值全部转换为字符串类型。

（2）查询待选和已选课程

① 获得选定学生的学号。

查询指定学生已选课程和待选课程的列表，前提是已得到学生的学号，然后在 SelectCourse 表中查找到学生已选择课程。在得到学生的已选课程后，使用 not in 关键字，采用嵌套查询，可以在开设课程表 teachCourse 中得到待选课程列表。

下面的语句，可以得到 ListView 中被选择行的首列值，对照图 5.3.3 所示，该值就是学号。

```
if ( this.lvStudentList.SelectedItems.Count ! = 1 )    //检查 ListView 中是否已经被选择了一行
    return ;    //如果没有选，则直接返回
string studentNo = this.lvStudentList.SelectedItems[0].Text.ToString( );
//学号在 ListView 的第一列，该语句得到被选择学生的学号
```

程序段中，首先确认 ListView 中被选中了一行，然后取该行的第一列，保存到变量 studentNo 中。

② 查询学生已选课程。

有了学生的学号，可以先生成一个只有学号信息的 Student 对象，再传递给 StudentManagerAction 类的一个对象，然后在 StudentManagerAction 类中增加如下的程序代码，提取学生已选课程列表。

```
public void loadSelectedCourse( System.Windows.Forms.ListView lv )
//提取选择的课程，形参 lv 对应于界面中的学生已选课程的 ListView 控件
{
    string sql = "select sc.teachCourseNo,grade,courseName,c.courseNo,workerName ";
    sql += " from SelectCourse sc ";
    sql += " inner join teachCourse tc on sc.teachCourseNo = tc.teachCourseNo ";
    sql += " inner join Course c on c.courseNo = tc.courseNo ";
```

```
sql += " inner join Teacher t on tc.workerNo = t.workerNo ";
sql += " where studentNo='" + student.no + "'";
//SQL 字符串的值就是查询学生已选课程的 select 语句
lv.Items.Clear();
OleDbCommand cmd = new OleDbCommand(sql, conn);
try
{
    conn.Open();
    OleDbDataReader dbReader = cmd.ExecuteReader();
    while(dbReader.Read())    //用循环向 lv 列表视图中填充
    {
        ListViewItem li = new ListViewItem();    //形成一个 ListView 表项
        li.SubItems.Clear();
        li.SubItems[0].Text = dbReader["teachCourseNo"].ToString();
        //填充表项第一列
        li.SubItems.Add(dbReader["courseName"].ToString());//填充后
                                                            续列
        li.SubItems.Add(dbReader["grade"].ToString());
        li.SubItems.Add(dbReader["workerName"].ToString());
        lv.Items.Add(li);    //将表项增加到 listView 中
    }
}
catch(OleDbException ex)    //捕捉数据操作错误,如 SQL 语句不对,字段名
                              字写错等
{
    string ss = ex.ToString();
    MessageBox.Show(s,"Error",MessageBoxButtons.OK,MessageBoxIcon.Error);
}
finally
{
    conn.Close();//不管数据库操作结果如何,执行完毕都关闭数据库联接
}
}
```

上面的程序段,使用了 4 个表内连接查询,得到学生已选课程的信息,包括任课教师的信息和开设课程的课程号。

③ 查询学生待选课程。

同理,可以参照上述代码来编写学生待选课程列表的代码。这里只写出其 SQL 语句,设方法的名字定义为 public void loadUnselectedCourse(System. Windows. Forms. ListView lv),罗列待选课程的 SQL 语句为:

```
string sql = " select teachCourseNo, workerNo,workerName,  courseName,c. courseNo ";
sql + = " from TeachCourse tc ";
sql + = " inner join Teacher t on tc. workerNo = t. workerNo ";
sql + = " inner join Course c on c. courseNo = tc. courseNo ";
sql + = " where  teachCourseNo  not in (";
sql = "select sc. teachCourseNo ";   //从此处到最后是已选课程的课程号集合
sql + = " from SelectCourse sc ";
sql + = " where studentNo ='" + student. getNo( ) + "')";
```

上述 SQL 语句中,使用了 not in 来排除被选课程,自然就得到待选课程。

至此,已经在 StudentManagerAction 类中实现了 3 个方法,即 loadAllStudent 负责查询符合条件的学生,loadSelectedCourse 负责完成查询学生的已选课程,而 loadUnselectedCourse 则负责完成待选课程的查询。接下来可以在边界类中调用这 3 个方法,实现对应的逻辑。

3. 完成界面层的逻辑

(1) 实现学生列表的逻辑

双击界面上的"查找"按钮,在生成的方法中将界面中的 ListView 控件及用户输入的学生名字和学号信息传递给上面编写的方法,输入如下的代码:

```
private void bntSearch_Click(object sender, EventArgs e)
{
    StudentManagerAction. loadAllStudent(lvStudentList, tbStudentNo. Text, tbStudentName. Text);
}
```

由于 loadAllStudent 是静态方法,所以采用类直接调用的方式。

(2) 实现罗列学生已选课程和待选课程的逻辑

双击界面的"学生课程列表"按钮,输入如下的代码:

```
private void btnCourseSearch _Click(object sender, EventArgs e)
{
    if (this. lvStudentList. SelectedItems. Count ! = 1)
    //查找 ListView 中是否已经被选择了一行
        return;    //如果没有选,则直接返回
    string studentNo = this. lvStudentList. SelectedItems[0]. Text. ToString( );
```

```
                //得到被选择学生的学号
    Student st = new Student(studentNo,"","","","");//生成一个只有学号信息
                                                    的学生对象
    StudentManagerAction sma = new StudentManagerAction();
    sma.setStudent(st);//将学生对象赋给控制类对象
    sma.loadSelectedCourse(lvSelectedCourse);//lvSelectedCourse 里罗列学生的已选
                                              课程
    sma.loadUnselectedCourse(lvUnselectedCourse);  //lvUnselectedCourse 里罗列待选
                                                    课程
}
```

4. 主菜单调用

回到主窗体设计,双击"学生管理"下的"查询"命令,输入如下的代码:

```
private void 查询ToolStripMenuItem_Click(object sender, EventArgs e)
{
    StudentSearchForm ssf = new StudentSearchForm();//生成学生查询窗体对象
    ssf.ShowDialog();    //显示学生查询窗体
}
```

输入完毕后,运行程序并查看结果。

5.3.3 课程查询

课程查询属课程管理模块的内容,程序放置在项目的 courseManager 目录中。首先假设"课程管理"中的"输入"命令是为 Course 表而设的,代表学校开设了什么课程,该段程序读者可以参照对学生的输入来进行设计、编写。

课程查询功能为教务员而设,它需要完成如下任务。

① 查询 Course 表中的课程,得到查询结果后,可以进行修改或删除。
② 安排教师来开设相应的课程,以供学生选课。
③ 查询某门课程对应的开课情况。

1. 界面

由于课程查询可以辅助完成很多任务,所以设计如图 5.3.4 所示的界面,布局了为实现各个任务而设置的按钮,窗体中各控件按从左到右、自上而下的顺序分别命名如下。

tbCourseNo:课程号,tbCourseName:课程名称,btnSearch:搜索按钮,lvCourseList:课程列表视图,btnUpdate:修改按钮,btnDelete:删除按钮,btnOpenCourse:开课按钮,btnSearchOpenCourse:对

5.3 编码实现

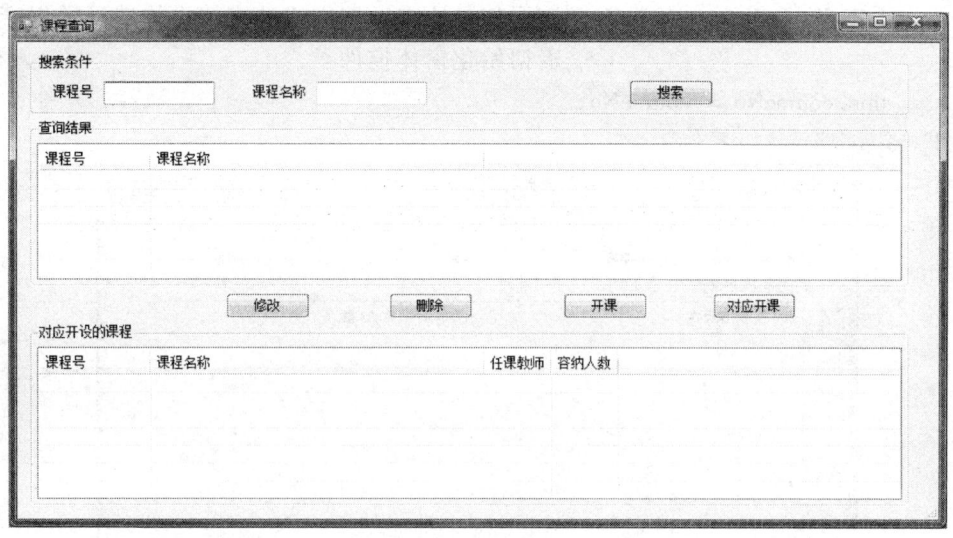

图 5.3.4 课程查询窗体的布局

应开课按钮，lvOpenCourseList：对应开设的课程列表。

界面上的各个按钮完成的任务如下：

① "搜索"按钮：将查询符合条件的课程显示到 lvCourseList 中。
② "修改"按钮：对选择的课程信息进行修改。
③ "删除"按钮：删除指定的课程。
④ "开课"按钮：为课程安排任课教师。
⑤ "对应开课"按钮：查询选定课程的开课记录并罗列到 lvOpenCourseList 中。

对于①、②、③、⑤4 项，读者可模仿"学生管理"菜单中 StudentManagerAction 类来建立一个课程管理类 CourseManagerAction，然后模仿学生查询程序——实现，本节仅对界面上的"开课"按钮逻辑进行介绍。

"开课"按钮的目的是为课程安排上课教师，为尽量简化逻辑，设计如图 5.3.5 所示的界面（窗体名为 AddTeachCourseForm）。单击图 5.3.4 中所示的"开课"按钮后，弹出如图 5.3.5 所示的界面。

因为 AddTeachCourseForm 窗体操作的具体课程是在图 5.3.4 窗体中选定的，因此，需要对 AddTeachCourseForm 类修改，注意如下两点。

① 为 AddTeachCourseForm 类增加一个私有成员 private string courseNo，以记录被选择的课程号。
② 为类增加一个新的构造函数，以使课程号被初始化。

```
public AddTeachCourseForm( string courseNo)
{
```

第5章 软件开发实例

```
        InitializeComponent( );      //该语句是原来系统生成的窗体类构造函数里产生的，负
                                     责初始化窗体控件
this.courseNo = courseNo;
    }
```

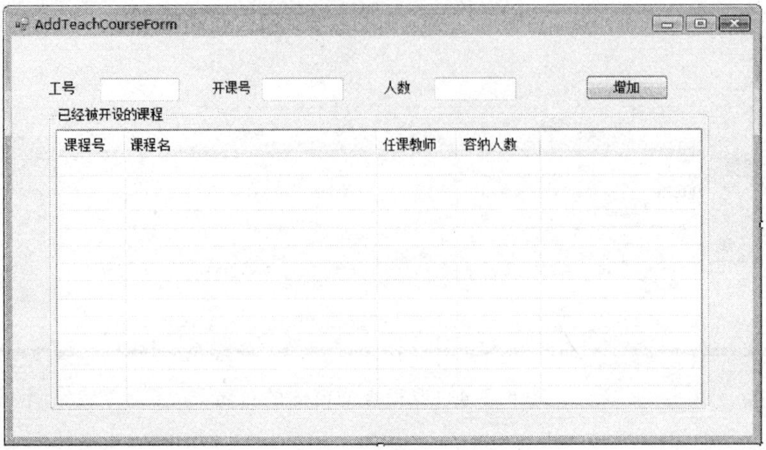

图 5.3.5 "开课"按钮对应窗体

在生成 AddTeachCourseForm 窗体对象时，需调用新的构造函数，传递将要开设课程的课程号。

2. 数据访问层

假设为课程管理而设计的控制类是 CourseManagerAction。为其增加如下的静态方法，完成开设课程数据的输入。

```
        public static void addTeachCourse(string courseNo, string teachCourseNo, string workerNo,
string amount)
//参数分别为：courseNo(课程号)，teachCourseNo(开课号)，workerNo(教师工号)，a-
    mount(课程人数)
        {
            string sql;
            sql = "insert into TeachCourse(teachCourseNo, courseNo, workerNo, amount) ";
            sql += " values('" + teachCourseNo+ "','" + courseNo + "','" + workerNo + "','"
+ amount + "')";
            try
            {
                conn.Open( );                //数据库联接，父类里的静态变量，已经被初始化
```

```
            OleDbCommand cmd = new OleDbCommand(sql, conn);
            cmd.ExecuteNonQuery();      //插入数据库
        }
        catch(OleDbException ex)
        {
            string s = ex.ToString();
            MessageBox.Show(s,"Error",MessageBoxButtons.OK,MessageBoxIcon.Error);
        }
        finally
        {
            conn.Close();          //不管数据库操作结果如何,执行完毕都关闭数据库联接
        }
    }
```

3. 界面逻辑

(1)"开课"按钮 Click 事件

在如图 5.3.4 所示的界面中双击"开课"按钮,输入下面代码:

```
    private void btnOpenCourse_Click(object sender, EventArgs e)
    {
        if(this.lvCourseList.SelectedItems.Count! = 1)//ListView 中是否已经被选择了
                                一行
            return;                          //如果没有选,则直接返回
        string courseNo = this.lvCourseList.SelectedItems[0].Text.ToString();
        AddTeachCourseForm atcf = new AddTeachCourseForm(courseNo);//调用新定义的
                                                        构造方法
        atcf.ShowDialog();
    }
```

(2)"增加"按钮事件

在如图 5.3.5 所示的界面中双击"增加"按钮,填写如下代码,完成界面逻辑。

```
    CourseManagerAction.addTeachCourse(this.courseNo, tbTeachCourseNo.Text, tbWorker-
No.Text,
            tbAmount.Text);
```

如图 5.3.5 所示的增加开设课程的设计是有缺陷的:操作者输入的教师工号可能是数据库中不存在的(读者可以思考如何修改)。另外,"开课号"让操作者输入也是违反常规的,因为这意味着教务人员需要用手工来编排"开课号",这是难以操作的(读者可以考虑如何对其改进)。

上面程序在测试时,请根据 teacher 表初始化情况,输入 Teacher 表中存在的教师的工号。

5.3.4 用户登录及身份认证

前面章节程序的实现,都是假设教务员登录到系统中进行操作。后续系统功能实现中,很多情况下必须分清操作者角色以决定用户可实现的操作,所以本节先完成用户登录及身份认证,为后续的内容打下基础。

从数据库设计中可以了解到到,在表 Account 中通过账号和密码可以检测用户的合法性。用户认证通过后,从 AccountRole、Role、Rights 表中可以得到用户的角色和权限,从而决定用户的操作,即显示对应的菜单。

1. 登录界面

登录界面如图 5.3.6 所示,将其命名为 LoginForm。在操作者正确输入用户名和密码后,可以被认证通过,并根据权限进行相应的操作。单击"退出"按钮时,则关闭整个系统。为保护用户密码,可以将 tbPassword 的 PasswordChar 属性值设置为" * "。

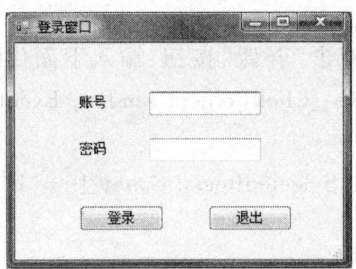

图 5.3.6 用户的登录界面

2. 逻辑层

(1) 定义实体类 User

登录窗体负责收集登录者的用户信息、权限和角色信息,记录在 User 对象中并返回给主窗体。为此,在 UserManager 目录里定义用户类 User 且属于实体类,其代码如下:

```
public class User
{
    private string account, userName;
    private ArrayList roleList = null;   //用户角色列表
    private ArrayList rightList = null;  //用户权限列表
    public User(string account, string userName)  //构造函数
```

```
            }
                this.account = account;
                this.userName = userName;
            }
            public string getAccount()
            {
                return account;
            }
            public bool hasRight(string rightName)    //判断用户是否有指定的权限
            {
                return rightList == null ? false : rightList.Contains(rightName);
            }
            public bool isRole(string roleName)    //判断用户是否是指定的角色
            {
                return roleList == null? false : roleList.Contains(roleName);
            }
            public void assignRight(ArrayList rights)    //给用户赋予权限列表
            {
                this.rightList = rights;
            }
            public void assignRole(ArrayList roles)    //给用户赋予角色列表
            {
                this.roleList = roles;
            }
        }
```

User 类的定义，考虑两方面的因素，一是用户的 ID，即 User 类的 acount 属性，用来辅助完成某些任务，如对学生而言，用该属性来得到学生的学号，可以完成选课。二是确定用户的权限列表和角色列表，以确定用户能否进行指定的操作。例如，可用 if(user.hasRight("开课查询")){…}等语句来确定用户是否可以进行开课查询。

（2）身份认证

在确定用户登录成功后，通过下面定义的控制类 UserManagerAction，生成一个 User 类的对象并返回给调用程序。

```
        public class UserManagerAction : DbConnection    //继承数据库联接类
        {
            public static User validUser(string account, string password)
```

```csharp
//传递用户的登录账号和密码,在登录窗体中输入得到
{
    string sql = "select * from Account where accountId='" + account
            + "' and password='" + password + "'";  //到表account中查询
    OleDbCommand cmd = new OleDbCommand(sql, conn);
    try
    {
        conn.Open();
        OleDbDataReader dbReader = cmd.ExecuteReader();
        if(! dbReader.HasRows)  //如果查询结果集合为空,则不存在该用户
        {
            return null;  //登录的账户和密码没有对应的记录,登录失败,返回
                          空用户
        }
    }
    catch(OleDbException ex)
    {
        string s = ex.Message;
        MessageBox.Show(s,"Error",MessageBoxButtons.OK,MessageBoxIcon.Error);
    }
    finally
    {
        conn.Close();//不管数据库操作结果如何,执行完毕都关闭数据库联接
        return null;
    }
    User user = new User(account,"");  //认证成功,生成用户
    //获得用户的角色列表
    sql = "select roleName ";
    sql += " from AccountRole ar, Role r ";
    sql += "where ar.roleId=r.roleId ";
    sql += " and accountId='" + account + "'";
    cmd = new OleDbCommand(sql, conn);
    try
    {
        conn.Open();
```

```
            OleDbDataReader dbReader = cmd.ExecuteReader();
            ArrayList al = new ArrayList();
            while (dbReader.Read())
            {
                string roleName = dbReader["roleName"].ToString();
                al.Add(roleName);//每得到一个角色,就将其增加到列表中
            }
            user.assignRole(al);    //把角色分配给用户
    }
    catch (OleDbException ex)
    {
            string s = ex.Message;
            MessageBox.Show(s,"Error", MessageBoxButtons.OK, MessageBoxIcon.
             Error);
    }
    finally
    {
            conn.Close();//不管数据库操作结果如何,执行完毕都关闭数据库联接
    }
//获得用户的权限列表
sql = "select rightName ";
sql += "from AccountRole ar, RoleRight rr, Rights ";
sql += "where ar.roleId = rr.roleId ";
sql += "and rr.rightId = Rights.rightId and accountId = '" + account + "'";
cmd = new OleDbCommand(sql, conn);
try
{
            conn.Open();
            OleDbDataReader dbReader = cmd.ExecuteReader();
            ArrayList al = new ArrayList();
            while (dbReader.Read())
            {
                string rightName = dbReader["rightName"].ToString();
                al.Add(rightName);//每得到一个权限,就将其增加到顺序表中
            }
```

```
        user.assignRight(al);    //把权利分配给用户
    }
    catch(OleDbException ex)
    {
        string s = ex.Message;
        MessageBox.Show(s,"Error", MessageBoxButtons.OK, MessageBoxIcon.Error);
    }
    finally
    {
        conn.Close();//不管数据库操作结果如何,执行完毕都关闭数据库联接
    }
    return user;
}
```

3. 界面层对逻辑层的调用

（1）修改 LoginForm 窗体

先在 LoginForm 窗体类中定义一个私有成员：

```
private User user = null;
```

（2）"登录"按钮事件

操作者在登录界面上单击"登录"按钮后,进行用户验证,如果验证通过,则生成 user 对象。如果验证不通过,得到的 user 将是 null。其代码实现如下：

```
private void btnLogin_Click(object sender, EventArgs e)
{
    string userAccount =tbAccount.Text;     //窗体中输入的用户账号
    string password = tbPassword.Text;      //窗体中输入的用户密码
    user = UserManagerAction.validUser(userAccount, password);//得到 user
    //user 是 LoginForm 窗体类中定义的一个私有 User 对象,默认值为 null
    if(user! = null)                        //! =null,则用户被认证
    {
        this.Close();                       //用户登录成功,自动关闭登录窗体
    }
    else
    {
```

```
            //登录不成功,显示错误信息,登录窗体继续显示,等待用户输入用户名和密码
            MessageBox.Show("登录失败,请检查用户名和密码"
                ,"Error", MessageBoxButtons.OK, MessageBoxIcon.Error);
        }
    }
```

上面代码表明,在用户单击"登录"按钮后,只有被认证通过后,登录窗体才会被关闭,否则显示登录失败的信息,继续等待用户登录。

单击"退出"按钮后,用户放弃登录,其代码如下:

```
    private void btnExit_Click(object sender, EventArgs e)
    {
        this.Close();  //user 对象被初始化为 null,如果用户直接关闭登录窗体,user 的值
                        为 null
    }
```

(3) 从登录窗体返回 user 对象

为了将 LoginForm 窗体生成的 user 对象返回给主窗体,还需要为 LonginForm 窗体类增加如下方法:

```
    public User getUser()
    {
        return this.user;
    }
```

(4) 主窗体的 Load 事件

登录窗体在主窗体显示前显示,如果用户登录成功,则显示主窗体,得到登录窗体中的 user 对象,并根据 user 对象的角色和权限设定菜单的显示逻辑,否则直接退出应用程序。所以要对主窗体进行修改。

① 定义主窗体的 user 对象如下:

```
    private User user = null;
```

② 主窗体的 load 事件如下:

```
    private void MainForm_Load(object sender, EventArgs e)
    {
        LoginForm lf = new LoginForm();
        lf.ShowDialog();          //主窗体显示前,首先显示登录窗体
        user = lf.getUser();       //得到登录窗体创建的 user 对象
        if (user == null)
        {
            this.Close();          //如果用户选择退出,关闭系统
```

```
        }
        else
            setMenuShow();     //登录成功,根据权限和角色决定菜单显示
    }
```

③ 设置主菜单的显示。主窗体中设定菜单显示的方法 setMenuShow()代码如下:

```
private void setMenuShow()    //设定菜单显示
{
    if(! user.isRole("管理员"))
        角色权限管理 ToolStripMenuItem.Visible = false;//如果不是管理员,不显示
                                            角色等系统管理菜单
    if(! user.isRole("教务员"))
    {
        this.学生管理 ToolStripMenuItem.Visible = false;//学生管理只对教务员开放
        this.教师管理 ToolStripMenuItem.Visible = false;//教师管理只对教务员开放
        this.输入 ToolStripMenuItem.Visible = false;//课程输入只对教务员开放
        this.修改 ToolStripMenuItem1.Visible = false;//课程修改只对教务员开放
        this.查询 ToolStripMenuItem.Visible = false;//课程查询只对教务员开放
        this.输入 ToolStripMenuItem2.Visible = false;//成绩输入只对教务员开放
        this.修改 ToolStripMenuItem3.Visible = false ;//成绩修改只对教务员开放
    }
    if(! user.hasRight("开课查询"))
    {
        this.开课查询 ToolStripMenuItem.Visible = false;
    }
}
```

在设计系统的各菜单项时,其默认的 Visible 属性皆为 True,即这些菜单项都是可显示的。setMenuShow 根据用户的角色,对各菜单项进行过滤,将某些菜单项设置为不可见,以达到限制用户操作的目的。

通过上面的程序设计,系统的菜单会根据登录者角色的不同而显示不同的内容,从而有效地实现了对操作的限制。读者可以根据本章中提供的用户账号表、角色表和权限表中的相关内容,分别以管理员、教务员和学生身份登录系统,检查菜单显示的效果。

5.3.5 开课查询

开设课程的查询对不同的角色有不同的目的。

① 教务员：可以通过该查询实现成绩的输入、查看对教师的评价、查看学生名单。
② 教师：可以查询自己开设课程的学生名单、上课时间地点、输入学生成绩。
③ 学生：可以查看对教师以往的评价、查看自己的得分、对任课教师进行评价。

因此，开设课程的查询，对不同的角色显示的界面是不一样的，本节以教务员角色为例作介绍。

1. 界面

对教务员这一角色可以设计如图 5.3.7 所示的界面 SearchTearchCourseForm。其目的是根据查询条件找到一门开设的课程后，实现成绩输入、查询学生对开课教师的评价、得到学生名单等内容。

(1) "查询评价"按钮事件

读者可以参考学生查询及 AddTeachCourseForm 窗体的思路来实现"查询评价"按钮事件的代码：设计一个新窗体，将如图 5.3.7 所示界面中的列表中选择的"开课号"号传递给该窗体，根据开课号，在新窗体的 Load 方法中，从 DebateCourse 表中查询到学生对任课教师的评价，写到一个 ListView 列表中即可。

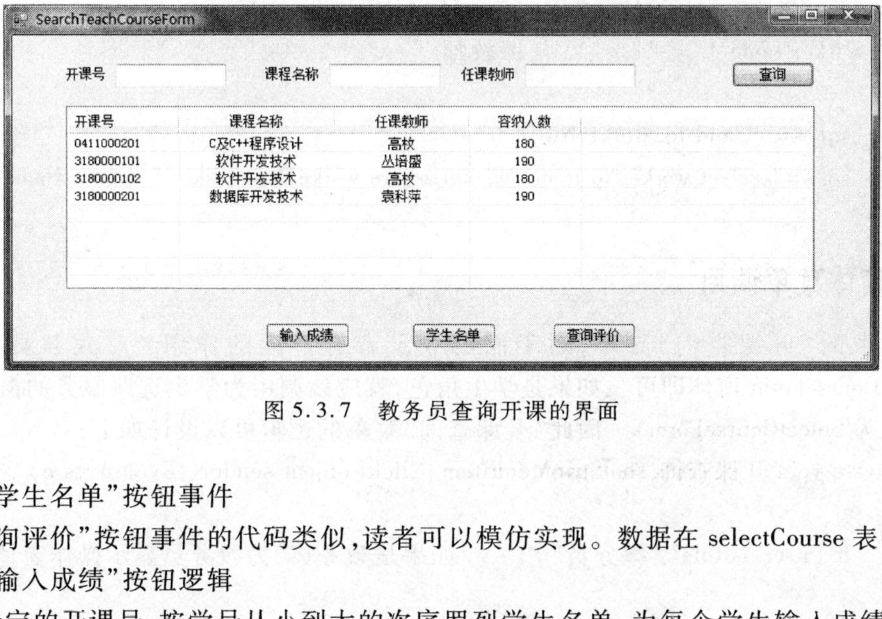

图 5.3.7 教务员查询开课的界面

(2) "学生名单"按钮事件

与"查询评价"按钮事件的代码类似，读者可以模仿实现。数据在 selectCourse 表中。

(3) "输入成绩"按钮逻辑

根据给定的开课号，按学号从小到大的次序罗列学生名单，为每个学生输入成绩并保存，请读者思考如何实现。这个工作有一定的难度，因为通常选课的学生比较多。因此友好的设计是进行分页，逐页输入学生的成绩。

(4) "查询"按钮逻辑

该功能请读者参考 5.3.2 "学生查询"一节实现，这里仅考虑针对界面条件书写 SQL 语句时

需要考虑的问题。

在如图5.3.7所示的获得的查询条件中,因为课程名和教师名都不出现在teachCourse表中,所以SQL语句需要采用间接查询的方式实现,代码如下:

```
string sql = "select teachCourseNo, courseName, workerName, amount";
sql += " from TeachCourse tc ";
sql += " inner join Course c on tc.courseNo=c.courseNo";
sql += " inner join Teacher t on tc.workerNo = t.workerNo where 1=1";
if(teachCourseNo!="")    //开设课程号
{
    sql += " and tc.courseNo like '" + teachCourseNo + "%'";
}
if(courseName!="")    //课程名字
{
    sql += " and tc.courseNo in (";
    sql += " select courseNo from Course where courseName like '" + courseName + "%')";
}
if(workerName!="")    //任课教师
{
    sql += " and tc.workerNo in (";
    sql+=" select workerNo from Teacher where workerName like '"+workerName+"%')";
}
```

2. 主窗体菜单调用

主菜单中的"开课查询"菜单,对不同的登录者有不同的作用。对教务员而言,调用SearchTeachCourseForm窗体即可。如果是学生角色,就应该调用为学生选课服务的窗体(这里暂时将其命名为SelectCourseForm)。因此"开课查询"菜单的逻辑可以设计如下:

```
private void 开课查询ToolStripMenuItem_Click(object sender, EventArgs e)
{
    if(user.isRole("教务员"))    //如果是教务员,为教务员显示操作窗体
    {
        SearchTeachCourseForm stcf = new SearchTeachCourseForm();
        stcf.ShowDialog();
    }
    if(user.isRole("学生"))
    {
```

```
        SelectCourseForm scf = new SelectCourseForm(user);//user 对象已经由登录窗
                                                                              体产生
        //SelectCourseForm 窗体的设计,见 5.3.6"学生选课"一节
        scf.ShowDialog( );
    }
}
```

5.3.6 学生选课

教务员和学生都有"课程管理"中的"开课查询"权限。教务员的查询实现在前面章节中已经介绍过,这里以学生角色登录系统来查看开设的课程,以帮助学生选课。

1. 界面

将该窗体定义为 SelectCourseForm,窗体设计如图 5.3.8。

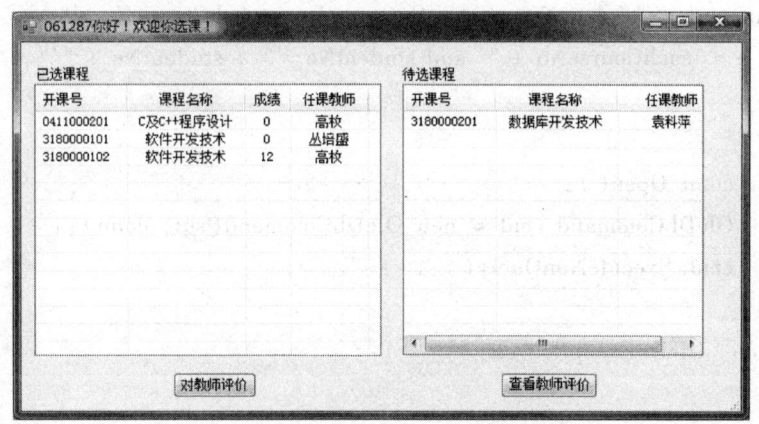

图 5.3.8 学生查看开设课程的界面

该窗体实现的逻辑如下:
① 界面显示时(窗体的 load 事件),就将登录学生的已选课程和待选课程罗列出。
② 学生通过在两边的列表中双击,实现课程的选课和退选。
③ 通过在待选课列表中选一门课程,然后单击"查看教师评价"按钮,可以将前一学期学生对任课教师的评价列出来,该工作的实现已经解释过,请读者自行实现。
④ 通过在已选课程中选择一门课,然后单击"对教师评价"按钮,实现对任课教师的评价,这项工作读者可以参照其他程序实现。

2. 逻辑实现

（1）罗列已选、待选课程

查询指定学生已选课程和待选课程的功能,在学生查询里已经实现过,代码放在 StudentManagerAction 类中,所以这里可以使用原来的代码。

（2）选课、退选

在学生操作前,已经有如下的信息。

① 双击一行,该行对应的开课号可以得到。

② 通过登录者的信息,可以得到学生的学号。

在有了这两个信息后,在 CourseManagerAction 类中,增加两个静态方法,根据开课号和学号,退选功能代码如下：

```
public static void unselectCourse(string teachCourseNo,string studentNo)
    //退选课程,传递开课号和学号
{
    string sql = "delete from SelectCourse where teachCourseNo='";
    sql += teachCourseNo + "' and studentNo='" + studentNo + "'";
    try
    {
        conn.Open();
        OleDbCommand cmd = new OleDbCommand(sql, conn);
        cmd.ExecuteNonQuery();
    }
    catch (OleDbException ex)
    {
        string ss = ex.ToString();
        MessageBox.Show(ss,"Error", MessageBoxButtons.OK, MessageBoxIcon.Error);
    }
    finally
    {
        conn.Close();//不管数据库操作结果如何,执行完毕都关闭数据库联接
    }
}
```

选课功能代码如下：

```
public static void selectCourse(string teachCourseNo,string studentNo)
    //选择课程,传递开课号和学生号
```

```csharp
            string sql = "insert into SelectCourse(teachCourseNo,studentNo) values('";
            sql += teachCourseNo + "','" + studentNo + "')";
            try
            {
                conn.Open();
                OleDbCommand cmd = new OleDbCommand(sql,conn);
                cmd.ExecuteNonQuery();
            }
            catch(OleDbException ex)
            {
                string ss = ex.ToString();
                MessageBox.Show(ss,"Error",MessageBoxButtons.OK,MessageBoxIcon.Error);
            }
            finally
            {
                conn.Close();//不管数据库操作结果如何,执行完毕都关闭数据库联接
            }
        }
```

3. 界面层对逻辑层的调用

(1) 窗体的 Load 方法逻辑

由于界面显示后就立即罗列课程信息,所以将逻辑层的调用放在窗体 SelectCourseForm 的 load 方法里,其代码如下:

```csharp
private void SelectCourseForm_Load(object sender, EventArgs e)
{
    this.Text = user.getAccount() + "你好!欢迎你选课!";
    //设置窗体标题,user 对象由主窗体传递进来
    fillData();
}
private void fillData()    //为窗体增加的一个私有方法,完成罗列已选和待选课程
{
    string studentNo = user.getAccount();  //user 是登录到系统中操作的用户,以工
                                           号或学号登录
    //得到登录系统学生的学号。
```

```
        Student st = new Student(studentNo,"","","","");  //生成登录学生学号的
                                                           一个学生对象
    //以下代码与教务员为学生选课的代码一致
        StudentManagerAction sma = new StudentManagerAction();//调用前面学生查询时
                                                              定义的类
        sma.setStudent(st);
        sma.loadSelectedCourse(lvSelectedList);   //该方法在教务员帮助学生选课时已经
                                                  实现
        sma.loadUnselectedCourse(lvNotSelectedList); //该方法在教务员帮助学生选课时
                                                     已经实现
    }
```

(2) lvSelectedList 列表视图的 DoubleClick 事件(退选)

在如图 5.3.8 所示的界面上选择已选课程的 ListView 控件,然后找到它的 DoubleClick 事件,双击后,输入如下代码:

```
    private void lvSelectedList_DoubleClick(object sender, EventArgs e)
    {
        if (lvSelectedList.SelectedItems.Count! = 1)
            return;    //如果操作者没有选择一门课,则退出
        string teachCourseNo = lvSelectedList.SelectedItems[0].Text;   //得到开课号
        CourseManagerAction.unselectCourse(teachCourseNo, user.getAccount());//实现
                                                                              退选
        fillData();    //退选后,修改课程列表,该方法在前面已经定义
    }
```

(3) lvNotSelectedList 列表视图的 DoubleClick 事件(选课)

在如图 5.3.8 所示的界面上选择待选课程的 ListView 控件,然后找到它的 DoubleClick 事件,双击后,输入如下代码:

```
    private void lvNotSelectedList_DoubleClick(object sender, EventArgs e)
    {
        if (lvNotSelectedList.SelectedItems.Count! = 1)
            return;//如果操作者没有选择一门课,则退出
        string teachCourseNo = lvNotSelectedList.SelectedItems[0].Text;//得到开课号
        CourseManagerAction.selectCourse(teachCourseNo, user.getAccount());//实现选课
        fillData();//选课结束后,修改课程列表
    }
```

(4) 修改 SelectCourseForm

以上的代码中,有好几处调用了登录者的信息 user.getAccount( ),而登录者 user 对象保存在主窗体中,因此,需要将 user 对象由主窗体传递给选课窗体 SelectCourseForm。为此,为选课窗体类 SelectCourseForm 增加一个私有成员:

  private User user;

再对选课窗体 SelectCourseForm 的构造方法进行如下修改:

  public SelectCourseForm(User u) //用于接收主窗体传递进来的 user 对象
  {
    InitializeComponent( );
    this.user = u;
  }

主窗体调用 SelectCourseForm 窗体时,请使用上面的构造函数。

4. 代码复用

仔细的读者在阅读前面章节代码的时候,可以发现,很多查询列表,包括学生查询、课程查询、教师查询等,使用的代码逻辑相似度非常高,表现为以下两点,一是 SQL 得到查询结果集合,二是用查询结果填充列表视图。这两点的差别在于 SQL 查询语句的不同和列表视图列标题、列数的不同。因此,软件有需要改进的地方。

另外,在前面章节中已实现的功能都使用了如下所示的同一段代码:

```
String sql = ……;
try
{
    conn.Open( );
    OleDbCommand cmd = new OleDbCommand( sql, conn );
    cmd.ExecuteNonQuery( );
}
catch ( OleDbException ex )
{
    string ss = ex.ToString( );
    MessageBox.Show( ss,"Error", MessageBoxButtons.OK, MessageBoxIcon.Error );
}
finally
{
    conn.Close( );//不管数据库操作结果如何,执行完毕都关闭数据库联接
}
```

这也说明程序需要改进。

(1) 定义通用类

在确定了 SQL 语句及列标题的内容后,可以设计如下的类 Utils 来动态的实现一个列表的显示(保存在文件 Utils.cs 中并放到工程的根目录中)。

```
//先定义一个表头类
public class ColumnHeader                    //表头类,包含列标题、列显示宽度
{
    public string title;                     //列标题
    public int width;                        //列显示宽度
    public ColumnHeader(string title, int width)
    {
        this.title = title;
        this.width = width;
    }
}

public class Utils
{
    public static void dbReaderFillListView(ListView lv, ColumnHeader[] ch,
        string sql, OleDbConnection conn)
    //方法目的:以 ch 来初始化列表视图 lv 的表头,然后以 SQL 语句的查询结果来填充 lv
    {
        lv.View = View.Details;                              //定义列表显示的方式
        lv.MultiSelect = false;                              //不可以多行选择
        lv.HeaderStyle = ColumnHeaderStyle.Nonclickable;     //列表表头的风格
        lv.Visible = true;                                   //可见
        lv.GridLines = true;                                 //列表中网格线
        lv.FullRowSelect = true;                             //单击时整行被标记
        lv.Columns.Clear();                                  //列清空
        lv.Items.Clear();                                    //表项清空
        //for 循环根据 ch 提供的表头,建立列表视图的列
        for (int i = 0; i < ch.Length; i++)
        {
            lv.Columns.Add(ch[i].title, ch[i].width, HorizontalAlignment.Center);
            //用 ch 的列标题、列宽、中间对齐的方式增加一列
        }
        //以下根据提供的 SQL 语句和数据库联接 conn,查询结果集
```

5.3 编码实现

```csharp
OleDbCommand cmd = new OleDbCommand(sql, conn);
try
{
    conn.Open();
    OleDbDataReader dbReader = cmd.ExecuteReader();
    object[] values = new object[dbReader.FieldCount];//FieldCount 代表
                                                      //        列数
    //定义一个与一条记录列数相等的数组
    //dbReader.FieldCount 是一条记录的列数
    while(dbReader.Read())
    {
        dbReader.GetValues(values);    //将一条记录的内容读进数组 values 中
        ListViewItem li = new ListViewItem();
        li.SubItems.Clear();
        li.SubItems[0].Text = values[0].ToString();    //第一列的内容
        for(int i = 1; i < values.Length; i++)
            li.SubItems.Add(values[i].ToString());//后续列的内容
            lv.Items.Add(li);//增加到列表中
    }
}
catch(OleDbException ex)
{
    string s = ex.Message;
    MessageBox.Show(s,"Error",MessageBoxButtons.OK,MessageBoxIcon.Error);
}
finally
{
    conn.Close();                    //关闭数据库联接
}
}
```

上面代码中定义了一个类 ColumnHeader,它实际上只有两个属性,一个是列标题,另一个是列宽。dbReaderFillListView 方法使用传递进来的列标题和 SQL 语句,利用查询结果来动态的填写列表。

同样,在确定了非查询 SQL 语句后,可以编写统一的代码如下:

```
public static void execNonQuery(string sql, OleDbConnection conn)//执行非查询语句,增
                                                                  加到 Utils 类中
{
    try
    {
        conn.Open();
        OleDbCommand cmd = new OleDbCommand(sql, conn);
        cmd.ExecuteNonQuery();
    }
    catch(OleDbException ex)
    {
        string ss = ex.ToString();
        MessageBox.Show(ss,"Error", MessageBoxButtons.OK, MessageBoxIcon.Error);
    }
    finally
    {
        conn.Close();//不管数据库操作结果如何,执行完毕都关闭数据库联接
    }
}
```

(2) 通用类的使用

建立了上面的类后,只要在生成 SQL 语句后,根据查询结果定义列表的表头,然后调用该方法即可实现查询并列表。下面以查询学生为例,修改 StudentManagerAction 类的 loadAllStudent 方法如下:

```
public static void loadAllStudent(System.Windows.Forms.ListView lv, string no, string name)
{
    string sql = "select studentNo, studentName, sex, birthday, deptName ";
    sql += " from Student inner join department on Student.deptId = department.deptId ";
    if(!name.Equals(""))
    {
        sql += " and studentName like '" + name + "%'";
    }
    if(!no.Equals(""))
    {
```

```
            sql += " and studentNo like '" + no + "%'";
        }
        ColumnHeader[ ] ch = new ColumnHeader[5];//定义列表的列标题
        //因为SQL语句查询出了5个字段,因此,数组需定义5个列
        ch[0] = new ColumnHeader("学号", 80);
        //学号对应SQL语句的第一列,所以放在数组第0列中,宽度定义为80
        ch[1] = new ColumnHeader("姓名", 100);
        ch[2] = new ColumnHeader("性别", 80);
        ch[3] = new ColumnHeader("出生日期", 120);
        ch[4] = new ColumnHeader("所属院系", 120);
        Utils.dbReaderFillListView(lv, ch, sql, conn);   //调用实用类实现数据列表
    }
```

上面的程序段中,根据 SQL 的查询列,定义一个 ColumnHeader 数组。注意,数组的大小和 SQL 语句的查询列数一定要相等。然后将 ListView 控件、SQL 语句、数据库联接一起传递给 Utils 程序,就可以得到显示列表。有兴趣的读者可以将所有的查询列表程序按上面的方法进行调整,并将所有的执行非查询功能也进行调整,使程序通过代码的复用而更加简洁、易于管理。

5.4 程序最终部署

应用程序开发的最终目的是交付用户使用并得到用户的认可。而部署是指将开发好的应用程序在客户的实际环境中安装并运行。

就本章所描述的应用程序,在开发测试完毕后交付给用户时,需要完成两方面的工作,即数据库的配置和应用程序的配置。

1. 数据库配置

数据库的配置,就是将已经设计好的数据库迁移到客户的数据库服务器上,并将数据合理的初始化。一个常见的情况是,开发团队会将程序开发过程中的测试数据带给了使用方,导致使用方数据库中的数据混乱,这种情况应尽量避免。以本章数据为例,程序交付使用方时,只需要初始化用户和权限等相关的表,特别是对管理员账号的设定。

但有时将程序交付用户使用时,用户仍会再进行测试,这种测试的结果又会产生一些垃圾数据,到真正开始使用系统时,又需要再次初始化数据库。鉴于这种情况,可以采用两种方法来解

决。一种方法是,将一个已经初始化好的数据库备份,在需要的时候将其恢复过来。另一种办法是建立一个 SQL 语句文档,该文档为将数据库中所有的表进行初始化的语句,一般是由 delete 语句和 insert 语句组成。delete 语句负责将数据库中所有表中的数据清空,insert 语句则是将初始化的数据插入到对应的表中,在每次数据需要被初始化的时候,将该文档调入查询分析器中执行即可。

2. 程序配置

多数情况下,.NET 开发环境编写的应用程序,正如 Microsoft 公司所说的那样,不需要安装,直接复制即可。在开发项目的 bin\debug 目录下,找到工程的可执行文件及其对应的配置文件,复制到其他计算机上就可以运行。但理想和现实往往是有差距的,实际情况是,Microsoft 公司是假设了用户的计算机上已经安装了.NET Framework,只有这样才可以直接运行.NET 平台开发的程序。但 Windows XP 以及更早期的 Windows 版本是不带.NET Framework 的,所以,针对 Windows XP 及其早期版本,用户需要到微软网站去下载并安装.NET Framework。而在 Vista 及后期的 Windows 版本中,系统已经自带了.NET Framework。

思 考 题

1. 参考学生管理程序,实现如图 5.3.4 所示的课程管理界面中的各项功能。
2. 参见如图 5.3.7 所示的界面,编程实现某门课程学生名单的查询。
3. 如果要实现开设课程用例中实现过程的友好,而不是直接输入开课号和教师工号,程序应该怎样设计才比较完美?
4. 根据学生的登记信息用例,设计其边界类、实体类和控制类来实现课程登记、教师登记的用例。
5. 参见如图 5.3.7 所示的界面,尝试编写程序以实现批量学生成绩的录入。
6. 描述一下学生选课用例实现的边界类、控制类和数据库访问类之间的调用关系,并根据软件多层构架的理论描述它们各自所处的层。
7. 如果由于特定环境的需要,系统需要使用 Oracle 数据库,请提出合理的系统修改方案,在不需要对系统进行大的改动前提下对哪些类进行替代设计?
8. 根据需求分析中的相关知识,判断本章中所编写的应用实例遵循了软件的多层构架理论是属于胖客户端还是瘦客户端?

实　　验

第 6 章

实验 1　窗体设计

一、实验目的

1. 掌握在窗体设计中添加、布局控件的方法。
2. 掌握控件属性窗口的使用及控件属性的修改方法。
3. 掌握容器控件的使用方法。
4. 学会用 Ctrl+C 和 Ctrl+V 快速设计窗体。

二、实验内容

1. 创建一个 C#项目并命名为 WinFormTest。

2. 创建如图 6.1.1 的窗体：信息分在两个组框中显示。第一组框的 Font 用 12 号、宋体显示，字体颜色为红色，第二个组框 Font 用 14 号、宋体显示，字体颜色为蓝色。每个组框中包含的控件如图 6.1.1 所示。

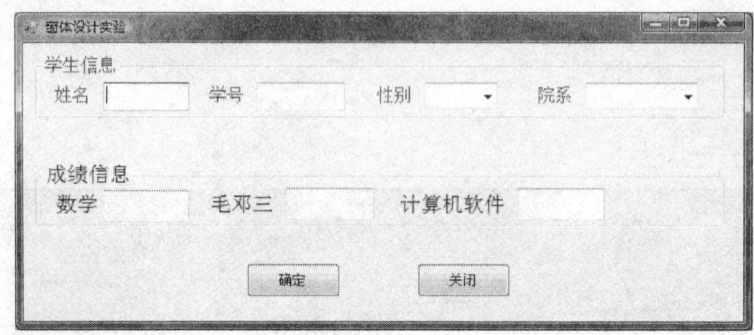

图 6.1.1　窗体设计实验效果图

3. 按窗体所示，修改每个控件的 Text 属性。按"控件类型缩写+物理意义"的命名规则修改控件的 Name 属性。控件类型缩写采用 TextBox-tb、Button-btn、Label-lb、ListView-lv、Combobox-cb 等缩写。

三、实验指导

1. 启动 V S. NET 后，打开"新建项目"对话框，在"项目类型"列表框中选择"Visual C#"，在"模板"列表中选择"Windows 应用程序"，在"名称"文本框中输入项目名称"WinformTest"，在"位置"下拉列表中选择项目存放的文件夹。

2. 使用以下步骤完成实验内容 2。

（1）在主窗体设计中，首先从工具箱中拖动一个 GroupBox 控件到窗体上，得到 groupBox1 对象，调整其大小，将其 Text 属性改为"学生信息"，Font 属性修改为"宋体"、"12"、GB2312。

（2）在工具箱中拖动一个 Label 和 TextBox 控件到 groupBox1 框内，得到 label1 和 textBox1 对象，将 label1 的 Text 属性修改为"姓名"。

（3）按住 Ctrl 键并单击将 label1 和 textBox1 控件都选中，再按 Ctrl+C 键和 Ctrl+V 键复制一个备份，生成 label2 和 textBox2 对象，用鼠标将 label2 和 textBox2 拖动到 groupBox1 框内合适的位置，并将 lable2 的 Text 属性修改为"学号"。

（4）用同样的操作方法，生成"性别" label 和其对应的 ComboBox 以及"院系"对应的 ComboBox。

（5）分别修改姓名、学号、性别、院系后面的输入信息框对应的控件的 Name 属性，分别将其修改为 tbName、tbNo、cbSex、cbDept，前面的小写缩写代表控件类型，后续的单词代表意义。

（6）单击 cbSex 控件，找到其 Item 属性，输入"男"和"女"，一行一个，再单击 cbDept 控件，找到其 Item 属性，输入如图 6.1.2 中所示的内容。

图 6.1.2　cbDept 的 Item 属性输入的信息

（7）单击选中 groupBox1，按 Ctrl+C 键和 Ctrl+V 键，复制一个备份，可以看到 groupBox1 连同其内部的控件一起被复制了，生成 groupBox2 控件，拖动 groupBox2 到合适的位置。
（8）将 groupBox2 的 Text 属性修改为成绩信息。
（9）将 groupBox2 中控件进行变更或修改，如图 6.1.1 所示。
（10）在窗体上放置两个按钮，分别修改其 Text 属性，如图 6.1.1 所示，再修改其 Name 属性，分别修改为 btnConfirm 和 btnClose。
（11）双击 btnClose 按钮，在事件中输入"this.Close( );"。
（12）运行程序，查看效果，单击"关闭"按钮，程序停止。

实验 2　面向对象的程序设计及调试

一、实验目的

1. 掌握在项目中编写自己的类的过程。
2. 掌握通过窗体界面调用自己编写的类方法。
3. 掌握程序跟踪调试的过程。
4. 掌握 out 类形参的使用。

二、实验内容

1. 创建一个C#项目并命名为EquationTest。
2. 编写类Equation用于求解一元二次方程的解。
3. 创建如图6.2.1所示的窗体,在该窗体中可输入一元二次方程的系数并求解根。

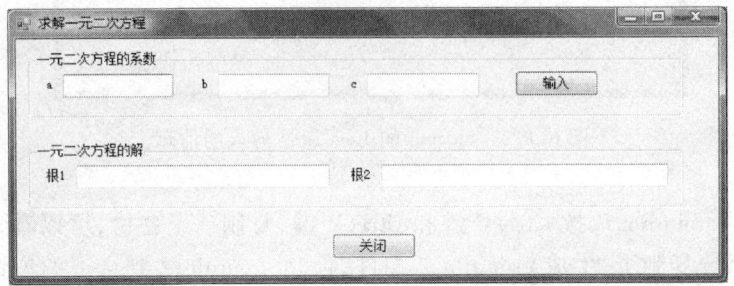

图6.2.1　求解一元二次方程

三、实验指导

1. 创建C# Windows项目,输入项目名称EquationTest。
2. 将窗体的Text属性修改为"求解一元二次方程"。
3. 设计如图6.2.1所示的窗体,修改窗体中的所有label控件的Text属性即可,其Name属性不变。将其他接受输入的控件及按钮分别命名为:tbA、tbB、tbC、btnInput、tbRoot1、tbRoot2、btnClose。(与实验1的控件命名规则一致。)
4. 选择"项目"→"添加类"命令,输入类名Equation,如图6.2.2所示。
5. 设计类代码如下:

```
using System;
using System.Collections.Generic;
using System.Text;
namespace EquationTest
{
    public class Equation
    {
        private double a,b,c;//对象的属性,3个参数
        private double root1,root2;   //求解的根放这里
```

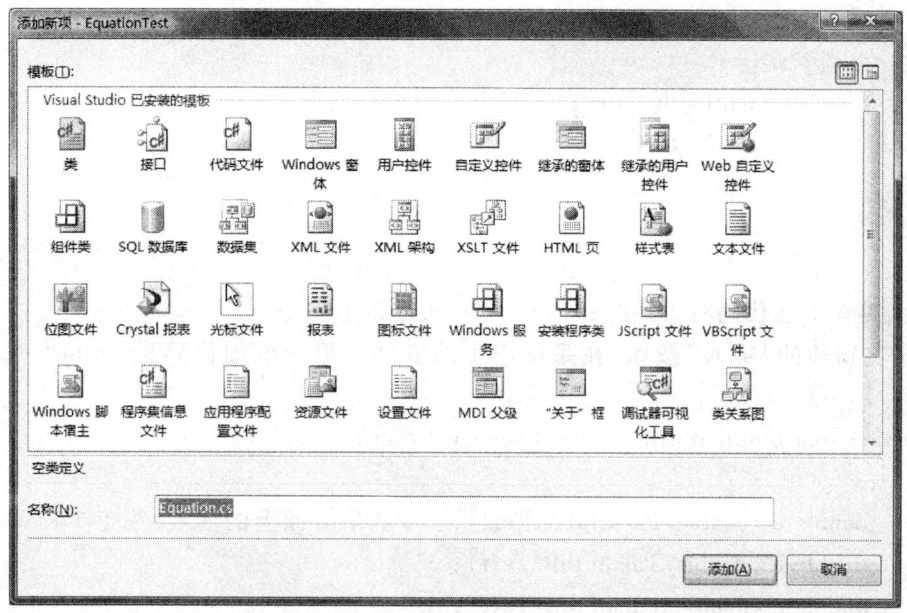

图 6.2.2 添加新类 Equation.cs

```
public Equation(double a,double b,double c)    //构造函数,接受系数 a、b、c
{
    this.a = a;
    this.b = b;
    this.c = c;
}
public bool solve()    //求解方程,如果可解,返回 True,否则返回 False
{
    double delta = b * b-4 * a * c;
    if(delta<0)
    {
        return false;    //无解,不用计算,直接返回 False
    }
    root1 = (-b+Math.Sqrt(delta))/(2 * a);
    root2 = (-b-Math.Sqrt(delta))/(2 * a);
    return true;
}
```

```
public void getRoot(out double root1, out double root2)
//使用 out 类型形参,获取求得的根
{
    root1 = this.root1;//把求得的根赋给形式采参数
    root2 = this.root2;
}
}
```

请注意,编写上述代码时,可在系统产生的模板基础上编写。

6. 双击主窗体的"输入"按钮,在系统产生的事件模板中添加代码进行求解,完整的代码如下:

```
private void btnInput_Click(object sender, EventArgs e)
{
    double a = double.Parse(tbA.Text);    //获取界面上的输入,并变换为 double 类型
    double b = double.Parse(tbB.Text);
    double c = double.Parse(tbC.Text);
    Equation equ = new Equation(a,b,c);//生成一元二次方程对象
    if(equ.solve())    //看是否可以求解
    {
        double root1,root2;   //对应 out 形参的实参,不需要初始化,定义即可
        equ.getRoot(out root1, out root2);
        //如果有解,则通过 out 参数传过来,注意实参前也必须加 out
        tbRoot1.Text = " " +root1;//将解转化为字符串在界面上输出,
        tbRoot2.Text = " " +root2;
    }
    else
    {
        tbRoot1.Text = "无解";
        tbRoot2.Text = "无解";
    }
}
```

7. 单击界面上的"关闭"按钮,在模板中输入"this.Close();"。

8. 单击工具栏上的运行按钮▶,运行程序。结果类似图 6.2.3。

实验 2　面向对象的程序设计及调试

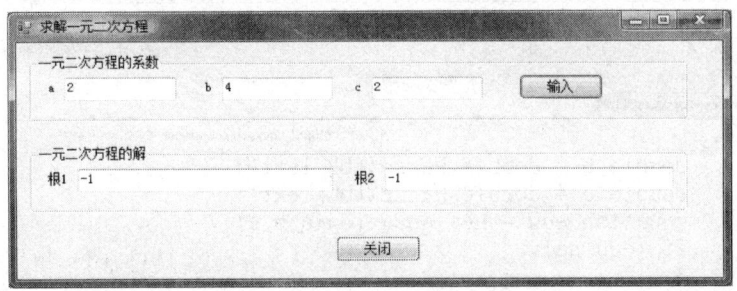

图 6.2.3　一个求解结果

9. 终止程序运行,双击"输入"按钮,再单击第一行的左侧,设置断点,如图 6.2.4 所示。

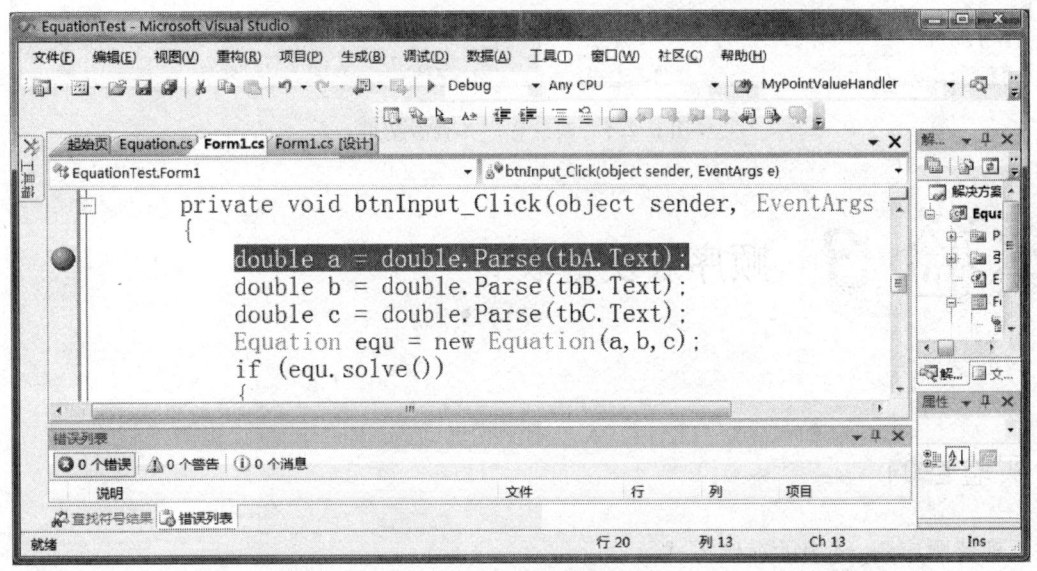

图 6.2.4　设置断点

10. 重新启动程序,输入 a、b、c 后,单击"输入"按钮,程序停留在刚才设定的断点处,按 4 下 F10 键,让程序执行到 if 语句上,然后用鼠标指向 equ 对象,查看 equ 对象的内容,也可以在局部变量窗口查看各变量的取值。如图 6.2.5 所示。

11. 选择"调试"→"停止调试"命令停止程序,重新启动程序,按 F10 键,当程序执行到 Equation equ = new Equation(a,b,c);语句时,按 F11 键,可以看到程序跟踪到 Equation 类的构造函数里。

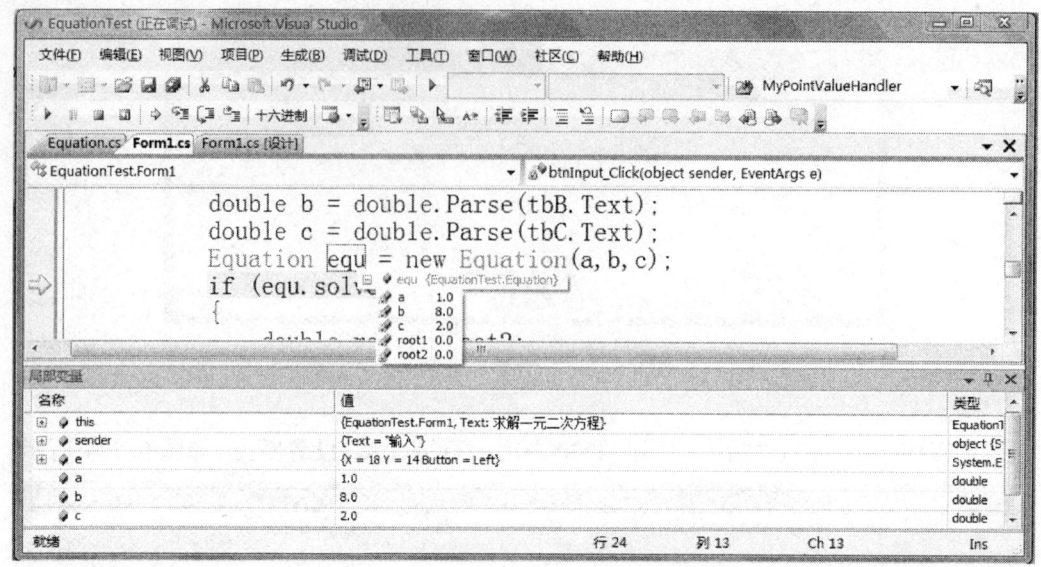

图 6.2.5 跟踪程序并查看结果

实验 3　顺序表及链表

一、实验目的

1. 理解顺序表、链表的存储方式。
2. 理解并掌握顺序表、链表的属性及方法定义，比较两者的相似性及差异。
3. 理解窗体类，掌握对 C#系统自动生成类的修改方法。
4. 掌握界面事件驱动的编程方法。
5. 掌握根据需要引用名字空间的方法。
6. 掌握按格式读文本文件的方法。
* 7. 掌握类的抽象、继承和多态方法。

二、实验内容

1. 创建一个 C#项目，命名为 ListTest。

2. 参考例 2.3,编写自己的 ArrayList 类。
3. 参考例 2.6,编写自己的 LinkedList 类。
4. 创建如图 6.3.1 的窗体,并实现窗体中各按钮的逻辑。

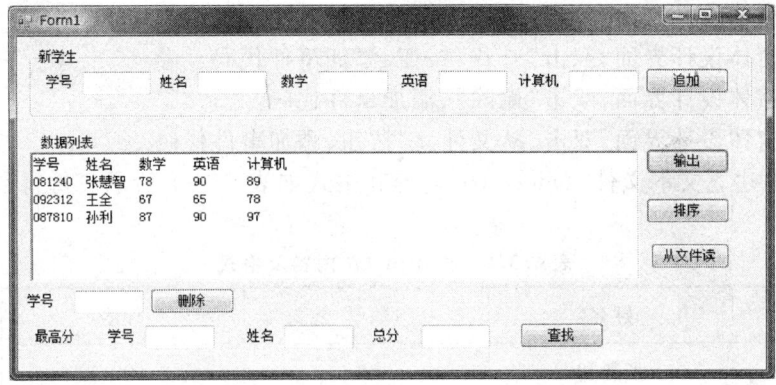

图 6.3.1 实践顺序表和链表类的操作

三、顺序表实验指导

1. 创建 C# Windows 项目,输入项目名称"ListTest;"。
2. 将窗体的 Text 属性修改为"线性表—顺序表和链表测试"。
3. 设计如图 6.3.1 所示的窗体,修改窗体中的所有 label、groupBox 控件的 Text 属性即可,其 Name 属性不变。将其他接受输入的控件如 TextBox、按钮及富文本框自从上到下、从左到右的顺序分别命名为 tbNo、tbName、tbMath、tbEnglish、tbComputer、btnAppend、rtbScoreList、btnPrintAll、btnSort、btnReadFile、tbNoDelete、btnDelete、tbNoSearch、tbNameSearch、tbTotal、btnSearch。
4. 选择"项目"→"添加类"命令,输入类名 Student,参照如图 6.3.1 中所示的"数据列表"设计类代码。
5. 选择"项目"→"添加类"命令,输入类名 ArrayList 并编写类代码。编写代码时,请在系统产生的模板基础上编写,特别是不要修改名字空间和系统自动添加的引用。
6. 进入主窗体的代码区(Form1.cs 文件),找到窗体构造函数 public Form1(),在该行的上面,增加一行代码:

  private ArrayList al = new ArrayList(200);

7. 引用新名字空间。
将光标移动到 Form1.cs 文件的开头,找到一组 using 语句,在 using 语句的后面,增加一行代码:

  using System.IO;

8. 双击主窗体设计界面上的"追加"按钮,在系统产生的事件模板中添加代码。

9. 回到主窗体的设计界面,双击"输出"按钮,在系统产生的事件模板中添加代码的{}后内,填写代码。

10. 回到主窗体设计界面,双击"排序"按钮,添加事件代码。

11. 回到主窗体设计界面,双击"查找"按钮,添加事件代码。

12. 回到主窗体设计界面,双击"删除",添加事件代码。

13. 回到主窗体设计界面,双击"从文件读"按钮,添加事件代码。

14. 在 d:\中建立文本文件 student.txt,内容和格式如表 6.3.1 所示。每行数据的各列之间用 Tab 键间隔。

表 6.3.1 student.txt 内容及格式

学号	姓名	数学	外语	计算机
081240	张慧智	78	90	89
092312	王全	67	65	78
087810	孙利	87	90	97

Form1.cs 中加 using System.IO 的原因是使用到了文件。

15. 运行程序,尝试输入 3 个学生的信息并测试查找、排序、打印、删除等功能。

16. 在输入 3 个学生的数据后,单击"从文件读"按钮,完毕后,单击"输出"按钮显示数据的总体结果。

思考:

(1) 假设有两个按数据元素值递增有序排列的数组线性表 A 和 B,如何编写程序将 A 表和 B 表归并成一个按元素值递增有序排列的线性表 C?

(2) 如何设计程序将该顺序表中的值就地逆置,且只能利用原表的存储空间进行操作?

(3) 假定一个顺序表中的元素是非递减有序排列的,如何设计程序删除其中的重复数据?

四、链表实验指导

在上面测试顺序表工程的基础上,按以下步骤操作:

1. 选择"项目"→"添加类"命令,输入类名 Node.cs,编写其代码。

2. 选择"项目"→"添加类"命令,输入类名 LinkedList.cs,编写其代码。

3. 进入主窗体的代码区(Form1.cs 文件),找到窗体构造函数 public Form1(),在该行的上面,增加一行代码:

   private LinkedList ll = new LinkedList();

4. 根据顺序表类的实现,逐步实现界面各按钮的功能,原来针对顺序表的事件编码,只需简单的修改即可实现对链表的测试,(建议将原来有关的顺序表的语句注释掉,而不是删除)。请读者实现链表的操作。

5. 将链表稍加修改,变为一个带表头结点的单链表,并测试其结果。

6. 为链表增加一个功能,即将表中的值就地逆置。

提示:

首先将工作指针指向第一个结点,将其前驱指针置空;然后将链表各结点从第一结点开始直至最后一个结点,依次前插至其前驱结点之前,这样,最后插入的结点成为链表的第一结点,第一个插入的结点成为链表的最后结点。

7. 为链表增加去重功能,即只罗列不重复的节点,且作为一个新链表返回。

*五、类继承、多态——提高指导

1. 建立抽象类,在项目里添加类 List。

总结上面的顺序表和链表,可抽象出它们共同的特征,形成一个公共的抽象类,如下:

```
public abstract class List
{
    public abstract bool append(Student s);
    public abstract bool delete(Student s);
    public abstract Student getMax();
    public abstract void sort();
    public abstract void gotoHead();
    public abstract Student getValue();
    public abstract void next();
    public abstract bool isEnd();
}
```

2. 修改顺序表类 ArrayList。

(1) 将类定义语句修改为如下,以实现对 List 的继承。

```
public class ArrayList:List
```

(2) 将原来 ArrayList 类中已有的方法的头修改为:

```
public override bool append(Student s)
public override bool delete(Student s)
public override Student getMax()
public override void sort()
```

(3) 为 ArrayList 类定义私有成员:

```
private int index;
```

然后增加如下的方法,以配合 LinkedList 类共同抽象。

```
public override void gotoHead( )
{
    index = 0;
}
public override Student getValue( )
{
    return data[ index ];
}
public override void next( )
{
    index++;
}
public override bool isEnd( )
{
    return index == length;
}
```

3. 修改 LinkedList 类。

(1) 将类定义语句修改为如下,以实现对 List 的继承。

```
public class LinkdList:List
```

(2) 在 LinkedList 类的方法的定义中添加 override 关键字,修改为:

```
public override bool append(Student s)
public override bool delete(Student s)
public override Student getMax( )
public override void sort( )
public override void gotoHead( )
public override Student getValue( )
public override void next( )
public override bool isEnd( )
```

(3) 为 LinkedList 类增加排序方法如下:

```
public override void sort( )
{
    if( isEmpty( ) )
        return;
    Node i = head;
```

```
            while(i.next! =null)
            {
                Node j=head.next;
                while(j! =null)
                {
                    if(i.student.no.CompareTo(j.student.no)>0)
                    {
                        Student s=i.student;
                        i.student=j.student;
                        j.student=s;
                    }
                    j=j.next;
                }
                i=i.next;
            }
        }
```

至此,ArrayList 和 LinkedList 类都继承了 List 类,可以利用多态来实现程序。

4. 修改主窗体类 From1.cs 文件,将原来测试顺序表和链表时定义的窗体类的私有成员 al 和 ll 注释,然后定义如下的私用成员。

   private List list;

5. 在窗体类的构造函数 Form1( )中,将 list 实例化,如果使用链表,则语句为:

   list=new LinkedList( );

如果使用顺序表,则语句为:

   list=new ArrayList( );

下面 list 将根据实例化时所选用的构造函数,自动利用多态实现界面上的任务。

6. 在原来链表测试时使用代码的基础上,将主窗体上的所有 ll 对象修改为 list。

7. 随意选择窗体构造函数中的对 list 对象的实例化的语句中的一个,运行程序,会发现无论使用顺序表或链表,其他地方的代码都不需要改动。

实验 4 堆栈的操作

一、实验目的

1. 了解堆栈数据进出的特点。
2. 了解顺序栈和链式栈两种存储方式的特点。
3. 熟练掌握进栈、退栈的操作和栈空、栈满状态的判别方法。
4. 理解顺序存储堆栈的实现过程。

二、实验内容

1. 创建一个 C#项目,命名为 StackTest。
2. 参照例 2.7,编写自己的 ArrayStack 类。
3. 创建如图 6.4.1 的窗体,测试 ArrayStack 类。

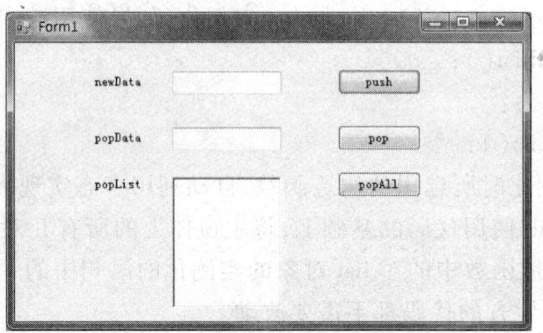

图 6.4.1 堆栈类的操作

三、实验指导

1. 创建 C# Windows 项目,输入项目名称"StackTest;"。
2. 设计如图 6.4.1 所示的窗体,修改窗体中的所有 label 控件的 Text 属性即可,其 Name 属性不变。将其他接受输入的控件如 TextBox、按钮、富文本框自从上到下、从左到右的顺序分别命名为 tbNewData、tbPopData、rtbPopList、btnPush、btnPop、btnPopAll。

3. 选择"项目"→"添加类"命令，输入类名 ArrayStack，实现其代码。

4. 进入主窗体的代码区（Form1.cs 文件），找到窗体构造函数 public Form1()，在该行的上面，增加一行代码：

    private ArrayStack arrayStack = new ArrayStack(200);

5. 双击主窗体设计界面上的"push"按钮，在系统产生的事件模板中添加代码。

6. 回到主窗体的设计界面，双击"pop"按钮，在系统产生的事件模板中添加代码。

7. 回到主窗体设计界面，双击"popAll"按钮，添加事件代码。

8. 运行程序，如果设定数据入栈的先后次序是 1、2、3、4，请思考一下，如何操作 push 和 pop 按钮，使弹出的数据序列为 2、1、4、3。

9. 另行设计链表存储的栈，实现同样的功能。

10. 编写一段程序，调用上述已实现的堆栈类，实现将十进制整数 N 转换为 d 进制整数的数值转换功能。

提示：将十进制整数 N 转换为 d 进制整数的算法原理如下：

N = (N div d)×d+N mod d

例如：$(1348)_{10} = (2504)_8$，其运算过程如下：

N	N div 8	N mod 8
1348	168	4
168	21	0
21	2	5
2	0	2

以上转换的运算过程是自上而下进行的，而输出结果的过程则是自下而上进行的，这一过程恰好可以通过入栈、出栈的过程来描述。

实验 5　队列

一、实验目的

1. 掌握队列数据进出的特点。

2. 熟练掌握队列的入队、出队操作及对队空、队满(对循环队列)状态的判断。
3. 掌握链式存储队列的实现。

二、实验内容

1. 创建一个 C#项目,命名为 QueueTest。
2. 参照链表类的相关知识,根据队列的特点,编写自己的 LinkedQueue 类。
3. 创建如图 6.5.1 所示的窗体,测试 LinkedQueue 类。

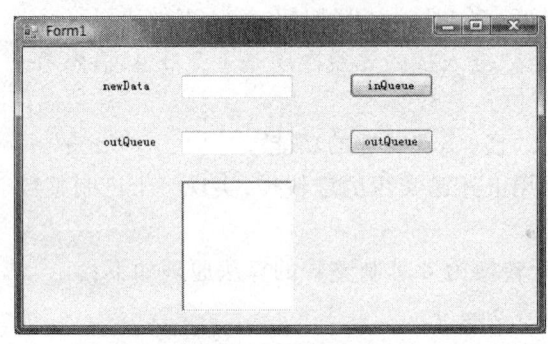

图 6.5.1 队列操作

三、实验指导

1. 创建 C# Windows 项目,输入项目名称"QueueTest;"。
2. 设计如图 6.5.1 所示的窗体,修改窗体中的所有 label 控件的 Text 属性即可,其 Name 属性不变。将其他接受输入的控件如 TextBox、按钮、富文本框自从上到下、从左到右的顺序分别命名为 tbNewData、tbOutQueueData、rtbQueueList、btnInQueue、btnOutQueue。
3. 选择"项目"→"添加类"命令,输入类名 LinkedQueue。
4. 进入主窗体的代码区(Form1.cs 文件),找到窗体构造函数 public Form1(),在该行的上面,增加一行代码:

   private LinkedQueue que = new LinkedQueue();

5. 双击主窗体设计界面上的"inQueue"按钮,在系统产生的事件模板中添加代码。
6. 回到主窗体的设计界面,双击"outQueue"按钮,在系统产生的事件模板中添加代码。
7. 运行程序,针对 1、2、3、4、5、6、7、8 这样的数据序列,用不同的入列和出列次序操作次序(例如可以先让 1、2、3 入列,然后出列一个数,再入列两个数,再出列两个数),此时发现,不管 inQueue 按钮和 outQueue 按钮按动的次序有何的不同,出列的次序都是 1、2、3、4、5、6、7、8。将这个过程和堆栈作比较,理解队列和堆栈的特点。

8. 实现循环队列类。

9. 设计一个程序,该程序的功能是将计算机产生的 20 个随机数分为奇数、偶数两组,并将这两组分别放入两个链式队列中,再将这两个队列中的元素依次在文本框中输出。程序界面请自行设计。

实验 6　二叉树

一、实验目的

1. 掌握树型结构链式存储的构造方法。
2. 掌握方法递归的方法。
3. 掌握面向对象程序设计的方法重载方法。

二、实验内容

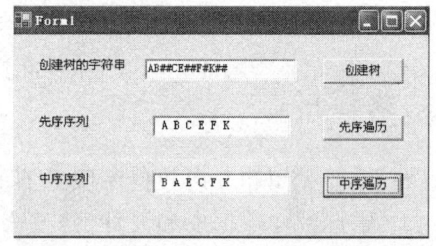

图 6.6.1　二叉树操作

1. 创建一个 C# 项目,命名为 BiTreeTest。
2. 编写二叉树 BiTree 类。
3. 创建如图 6.6.1 所示的窗体。
4. 测试二叉树的各种遍历。

三、实验指导

1. 创建 C# Windows 项目,输入项目名称"BiTreeTest;"。

2. 设计图 6.6.1 所示的窗体,修改窗体中的所有 label 控件的 Text 属性即可,其 Name 属性不变。将其他接受输入的控件 TextBox、按钮自从上到下、从左到右的顺序分别命名为 tbCreatString、tbPreorderList、tbMidorderList、btnCreateTree、btnPreorder、btnMidorder。

3. 选择"项目"→"添加类"命令,输入类名 TreeNode,创建二叉树节点类。

4. 选择"项目"→"添加类"命令,输入类名 BiTree,创建二叉树类。理解方法重载如 public string preOrder() 和 private void preOrder(TreeNode t),两个方法名字相同,但形式参数、返回值均不同,这就是方法重载。

5. 进入主窗体的代码区(Form1.cs 文件),找到窗体构造函数 public Form1(),在该行的上面,增加一行代码:

    private BiTree bt = new BiTree();

6. 双击主窗体设计界面上的"创建树"按钮,在系统产生的事件模板中添加代码。

7. 回到主窗体的设计界面,双击"先序遍历"按钮,在系统产生的事件模板中添加代码。

8. 回到主窗体的设计界面,双击"中序遍历"按钮,在系统产生的事件模板中添加代码。

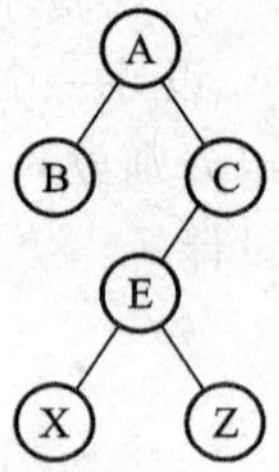

图 6.6.2 测试程序的二叉树

9. 运行程序,针对如图 6.6.2 所示的二叉树写出其先序遍历的结果,以"#"代表节点的左右子树为空,输入到程序,看运行结果。

实验 7 数据库操作

一、实验目的

1. 掌握关闭和开启数据库服务器的方法。
2. 掌握创建数据库和设计、修改表、输入数据的方法,熟悉非空、设置主键、默认值等操作。
3. 掌握创建表间的关联方法,实现参照完整性。
4. 掌握数据库的备份和恢复方法。

二、实验内容

1. 开启和关闭数据库服务器。
2. 创建数据库 scoreManager。
3. 创建 tblStudent、tblCourse、tblSelectCourse 表,设置其主键并为其输入数据。
4. 创建 tblSelectCourse 和 tblStudent、tblCourse 之间的参照完整性。
5. 保存 scoreManager 数据库,然后将其删除,再用备份将其恢复。

三、实验指导

1. 开启和关闭数据库服务器。

（1）选择"开始"→"所有程序"→"Microsoft SQL Server2005"→"配置工具"→"SQL Server Configuration Manager"命令，打开"SQL Server Configuration Manager"窗口，如图6.7.1所示。

图 6.7.1 "SQL Server Configuration Manager"窗口

（2）在 SQL Server 配置管理器树形结构中，单击"SQL Server2005 服务"节点，找到要操作的服务器并右击，可在弹出的快捷菜单中选择"停止"命令停止服务器的运行，也可通过选择"启动"命令，启动数据库服务器。

2. 管理数据库和数据。

（1）选择"开始"→"所有程序"→"Microsoft SQL Server2005"→"配置工具"→"SQL Server Management Studio"命令，打开"连接到服务器"对话框，登录到系统，出现如图6.7.2所示的"SQL Server Management Studio"窗口。

（2）通过左边的目录树窗口，可以展开、折叠目录，对数据库进行操作。

3. 创建数据库。

（1）在如图 6.7.2 所示的窗口中，右击"数据库"，在弹出的快捷菜单中选择"新建数据库"命令，将数据库命名为"scoreManager"。

（2）创建数据库时，应记录数据库文件存放的位置，以帮助操作者备份数据库。

（3）确认后，在企业管理器中可以看到创建的数据库 scoreManager。

4. 创建表。

设有如下的 3 个表：tblStudent、tblCourse、tblSelectCourse，各表的字段设计如表 6.7.1 ~ 表 6.7.3 所示。

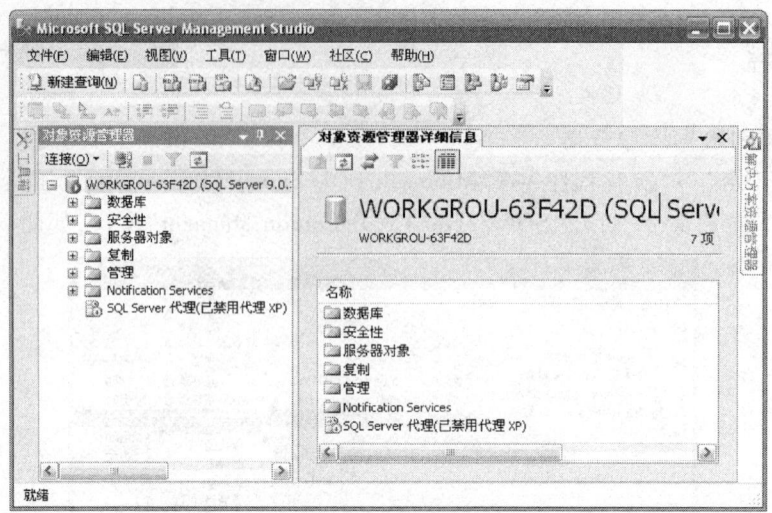

图 6.7.2 SQL Server Management Studio 窗口

表 6.7.1　tblStudent 字段设计

字段名	类型	限制	默认值
studentNo	char(6)	主键	
studentName	varchar(8)	非空	
birthday	datetime	允许空	
sex	Char(2)	非空	'男'

表 6.7.2　tblCourse 字段设计

字段名	类型	限制	默认值
courseNo	char(3)	主键	
courseName	varchar(50)	非空	

表 6.7.3　tblSelectCourse 字段设计

字段名	类型	限制	默认值
studentNo	char(6)	主键,外键	
courseNo	char(3)	主键,外键	
grade	int	允许空	

(1) 在如图 6.7.2 所示的窗口中,右击左侧窗口 scoreManager 数据库下面的"表",在弹出的

快捷菜单中选择"新建表"命令,按表 tblStudent 的设计,逐个输入字段名字。在数据类型中,通过下拉列表选择类型,在"允许空"列通过鼠标单击选择空或非空检测框,在默认值位置输入默认值。

(2) 单击 studentNo 字段左侧的小方块,整行选择该字段,再单击工具栏上的"钥匙"并将其设置为主键。

(3) 单击工具栏上的"保存"按钮,输入表名"tblStudent"。

(4) 按上述步骤建立表 tblCourse 和 tblSelectCourse。tblSelectCourse 中,studentNo 和 courseNo 联合主键,设置时,可通过按住 Ctrl 键并单击选择多字段,与 Windows 资源管理器中的操作一样,然后再单击工具栏上的"钥匙"按钮。

5. 设置参照完整性。

(1) 单击 scoreManager 下的"表",展开数据库表,如图 6.7.3 所示,可以看到建立的 3 个表。

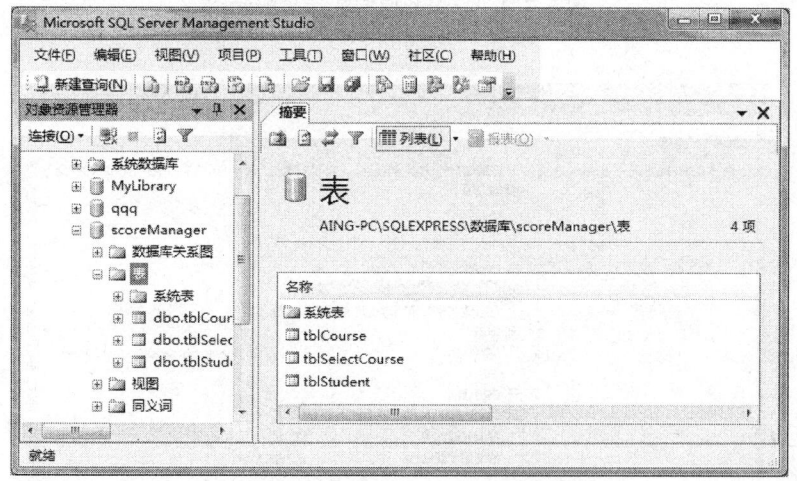

图 6.7.3 设置参照完整性步骤之一

(2) 找到 tblSelectCourse 表并右击,在弹出的快捷菜单中选择"修改"命令,出现如图 6.7.4 所示的界面。

(3) 选择工具栏上的"管理关系"按钮(圆圈所示按钮),出现如图 6.7.5 所示的界面。单击"添加"按钮,再在右侧的"表和列规范"行中单击"……"按钮,出现如图 6.7.6 所示的界面。

(4) 在图 6.7.6 中,在"主键表"中选择 tblStudent,选择其字段"studentNo",在"外键表"中选择 tblSelectCourse,并选择其 studentNo 字段,完毕后,单击"确定"按钮,关闭该窗口。

(5) 再次在图 6.7.5 中单击"添加"按钮,在"主键表"中选择 tblCourse,选择其字段"courseNo",在"外键表"中选择 tblSelectCourse,并选择其"courseNo"字段。

(6) 选择如图 6.7.5 中所示的"关闭"按钮,回到如图 6.7.4 所示的窗口,选择工具栏中的"保存"按钮,并对出现的对话框回答"Yes"。

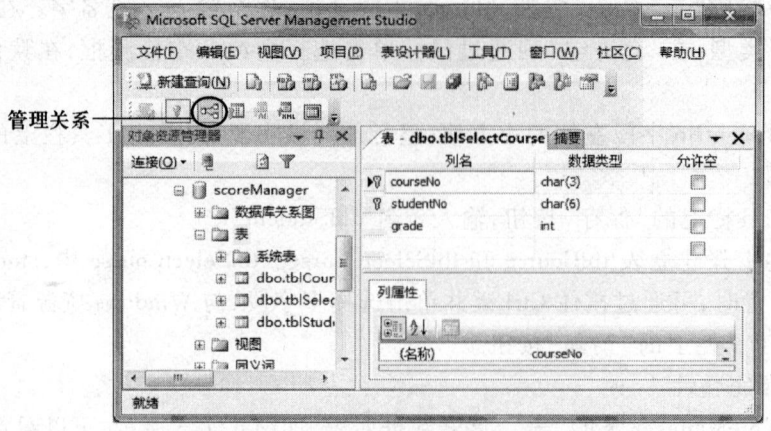

图 6.7.4　设置参照完整性步骤之二

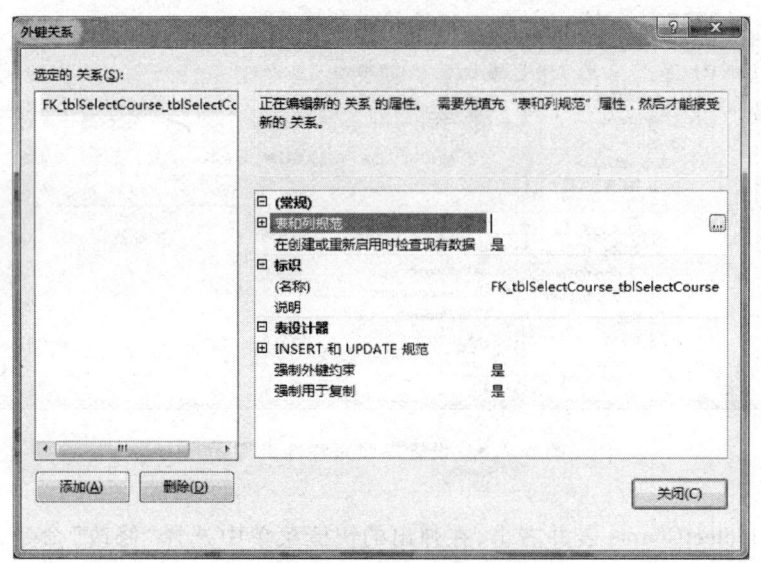

图 6.7.5　设置参照完整性步骤之三

6. 输入数据。

设 3 个表中的数据分别如表 6.7.4 ~ 表 6.7.6 所示。

实验 7　数据库操作

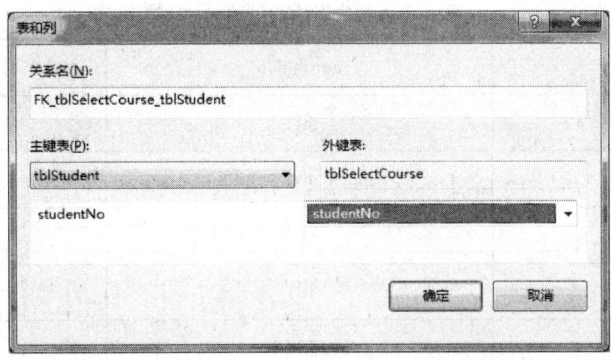

图 6.7.6　设置参照完整性步骤之四

表 6.7.4　tblStudent 数据

studentNo	studentName	birthday	sex
010001	李灿	1989-2-1	男
010021	张简	1988-3-1	女
020031	张名	1987-3-5	男
030051	许昌	1990-8-1	男
030052	刘志	1990-7-2	男
030038	古云	1991-9-7	女
020011	徐天	1989-9-9	男

表 6.7.5　tblCourse 数据

courseNo	courseName
J01	数据库
J04	操作系统
L02	数值算法
F09	德语
F01	日语
S01	高等数学一
S02	高等数学二

表 6.7.6　tblSelectCourse 数据

studentNo	courseNo	grade
010001	J01	99
010001	J04	89
010001	L02	78
010021	J01	78
010021	J04	91
020031	F09	98
010021	F09	100

（1）右击表"tblStudent"，选择"打开表"命令。

（2）按行输入数据即可，为验证参照完整性，请先为表 tblStudent 和 tblCourse 各输入第一行。

（3）打开 tblSelectCourse 表，为其输入"010001"、"J01"、"90"，表示可以输入该行。

（4）在为其输入"010021"、"J01"、"100"，该行不可以，请思考为什么。

（5）打开表 tblStudent，单击第一行左边的小方块，选择该行，按 Del 键，将其删除，此时系统拒绝，请思考为什么。

（6）为各表输入后续数据。

7．保存数据库文件。

（1）确认数据库文件存放的位置后退出 SSMS。

（2）进入 SQL Server Configuration Manager，关闭数据库服务器。

（3）进入数据库文件存放目录，找到 scoreManager_Data.MDF 和 scoreManager_Log.LDF 文件并复制。

8．恢复数据库。

（1）通过 SQL Server Configuration Manager 启动数据库服务器

（2）进入 SSMS，找到数据库 scoreManager 并右击，在弹出的快捷菜单中选择"删除"命令。

（3）右击左侧窗口中的"数据库"目录，在弹出的快捷菜单中选择"附加"命令。

（4）在弹出的对话框中单击"添加"按钮，然后选择 scoreManager_Data.MDF 文件，单击"确定"按钮后即可完成数据库的恢复，在数据库目录中，可以再次看到 scoreMananger 数据库。

实验 8 SQL 语句操作

一、实验目的

1. 掌握 SQL 语句的语法、函数的使用方法。
2. 理解内连接、左连接查询的不同,以及内连接、左连接的使用方法。
3. 掌握查询分析器中执行 SQL 语句的方法。
4. 掌握 SQL 语句的存储和打开方法。

二、实验内容

1. 罗列 tblStudent、tblCourse、tblSelectCourse 的所有内容。
2. 罗列每个同学的姓名、性别、年龄。
3. 统计男女生的人数。
4. 用内连接查询,罗列学生的姓名、学号、总分并按总分倒序排列。
5. 用左连接查询,罗列学生的学号、姓名、总分并按学号顺序排列。

三、实验指导

1. 按实验 7 最后描述的恢复数据库的方法,附加数据库 scoreManager。
2. 进入 SQL Server Management Studio,展开"数据库"分支,找到 scoreManager 数据库。
3. 右击 Score Manager 数据库,然后选择"新建查询"菜单,进入查询分析器,如图 6.8.1 所示。
4. 在窗口中输入"select * from tblStudent",然后单击工具栏上的"执行"按钮,执行结果如图 6.8.2 所示。
5. 将上述语句修改为"select studentNo,studentName,birthday,sex",然后再次执行,查看结果,仍然与如图 6.8.2 所示。理解"*"代表所有的字段。
6. 输入"select * from tblSelectCourse"并执行,得到如图 6.8.3 所示的结果。结果中缺少学生的姓名信息和课程名称信息,不直观,所以用内连接查询,将语句修改为:

图 6.8.1　查询分析器

图 6.8.2　查询学生 SQL 及执行结果

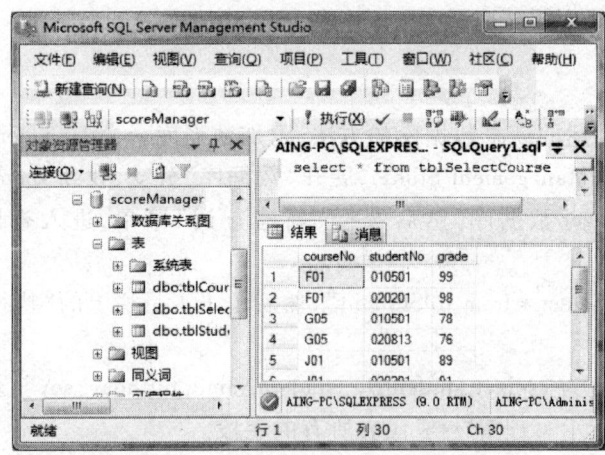

图 6.8.3　查询选课 SQL 语句及执行结果

select sc. studentNo,studentName,courseName,grade from tblSelectCourse sc

inner join tblStudent s on s. studentNo = sc. studentNo

inner join tblCourse c on c. courseNo = sc. courseNo

再查看结果,如图6.8.4所示。可以看出结果更为直观。

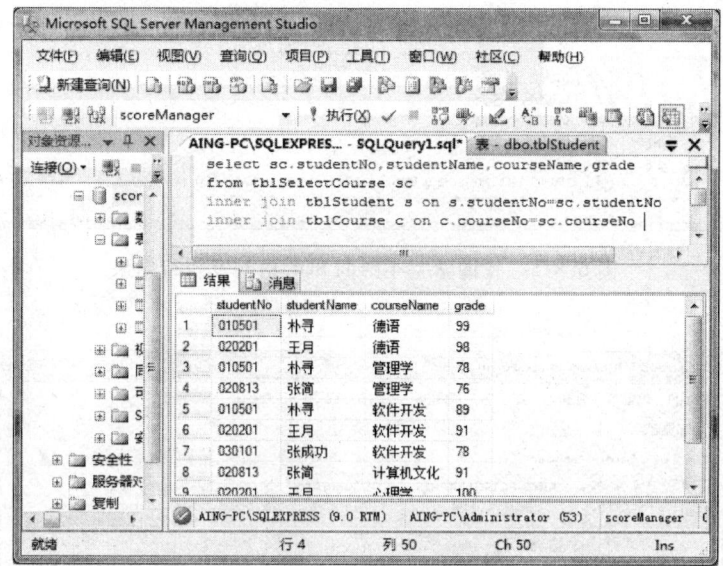

图6.8.4 带学生姓名的选课SQL语句及执行结果

7. 输入语句:

select studentNo,studentName,year(getDate( ))-year(birthday) as age from tblStudent

得到如图6.8.5所示的结果,通过函数计算得到了学生的具体年龄。

8. 输入"select sex,count(*) as num from tblStudent group by sex",得到如图6.8.6所示的结果,实现按性别分组统计。

9. 输入SQL语句:

select s. studentNo,studentName,sum(grade) as total from tblSelectCourse sc

inner join tblStudent s on s. studentNo = sc. studentNo

group by s. studentNo,studentName

order by total desc

得到结果如图6.8.7。求得了每个学生的总分,并按总分倒序排列。因为采用了内连接查询方式,所以只有4个学生有总成绩。

10. 将上述语句修改为:

select s. studentNo,studentName,sum(grade) as total

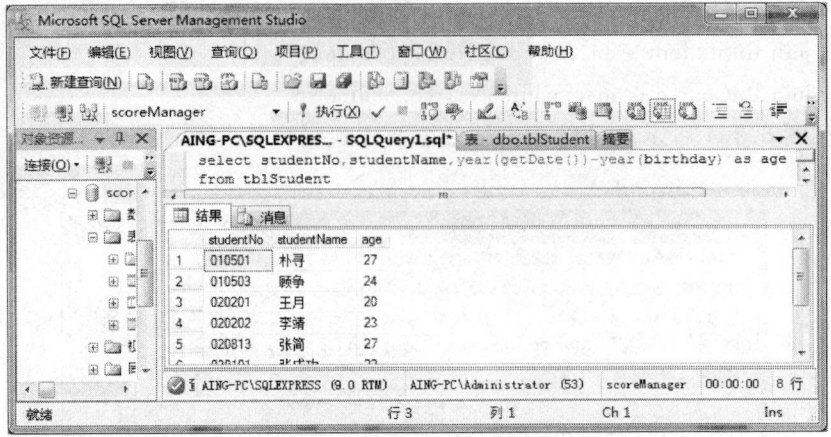

图 6.8.5 查询学生年龄的 SQL 语句及执行结果

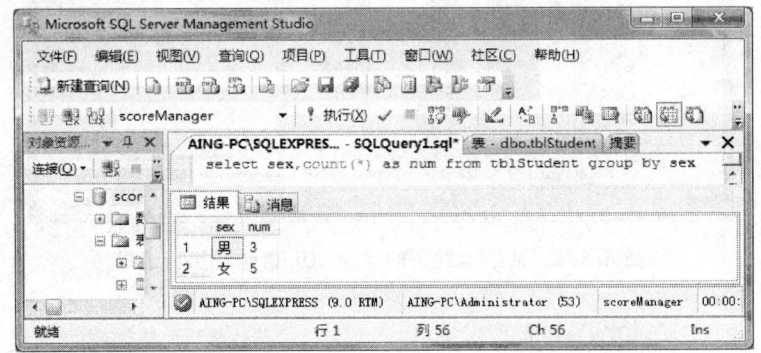

图 6.8.6 按性别分类统计人数的 SQL 语句及执行结果

  from tblStudent s
  left join tblSelectCourse sc on s.studentNo = sc.studentNo
  group by s.studentNo,studentName
  order by s.studentNo

用左连接方式实现,以 tblStudent 为左表,得到的结果如图 6.8.8 所示。对比图 6.8.7,可以看到学生人数为 8,并看出有 4 人没选过课。

11. 选择文件菜单,可以将生产的 SQL 语句以文件的形式保存在电脑上。下次使用时,只需通过文件菜单打开即可。

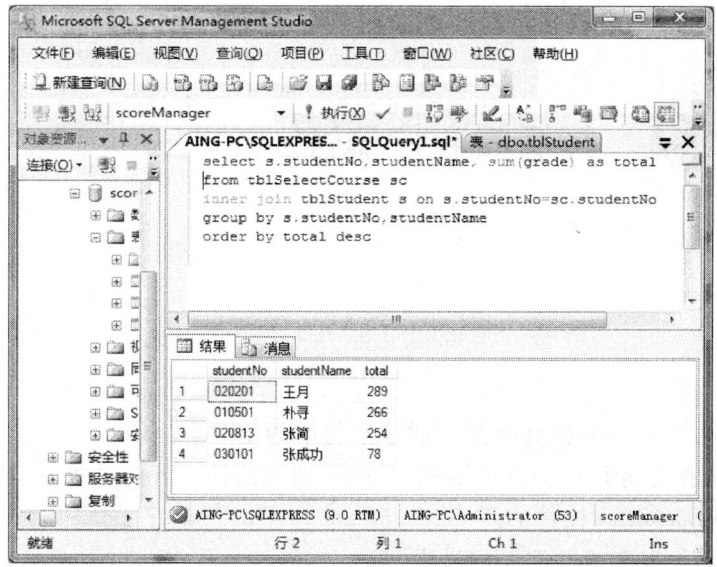

图 6.8.7　统计每个学生总分的 SQL 语句及执行结果

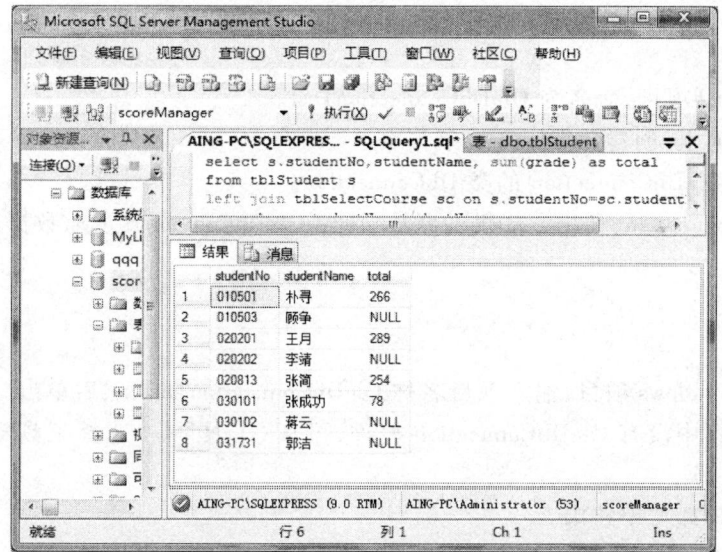

图 6.8.8　左连接查询

实验 9 数据库联接测试

一、实验目的

1. 掌握 OleDbConnection 控件数据库联接字符串的生成方法。
2. 掌握使用数据库链路层类查询数据库 Ntier 的方法。
3. 熟悉 OleDbCommand 控件的用法。
4. 理解 SQL 语句提交给数据库的过程。
5. 学习 ListView 列表视图的控制和使用方法。

二、实验内容

1. 创建一个 C#项目,命名为 OleDbConnectionTest。
2. 在设计界面上,创建数据库链接字符串。
3. 编写包装 OleDbConnection 的类 DbConnection。
4. 调用 DbConnection,利用它提供的联接,使用 OleDbCommand 读取数据库的数据。

三、实验指导

1. 创建 C# Windows 项目,输入项目名称 OleDbConnectionTest,然后单击"确定"按钮。
2. 如果工具箱中没有 OleDbConnection 控件,可从"工具"→"选择工具箱项"菜单中选择。该工作只需操作一次。
3. 生成数据库联接字符串

(1) 进入设计窗体,把工具箱中 OleDbConnection 控件拖放到主界面上,如图 6.9.1 所示。由于 OleDbConnection 控件属于不可视控件(即程序运行时不显示),所以它没有"长"在窗体界面上。

(2) 选中 oleDbConnection1 控件,在属性窗口中找到其 ConnectionString 属性,单击其右边的向下的小箭头(如图 6.9.1 中所示),出现如图 6.9.2 所示的窗口,选择"新建连接"项,弹出如图 6.9.3所示的界面。

实验 9　数据库联接测试

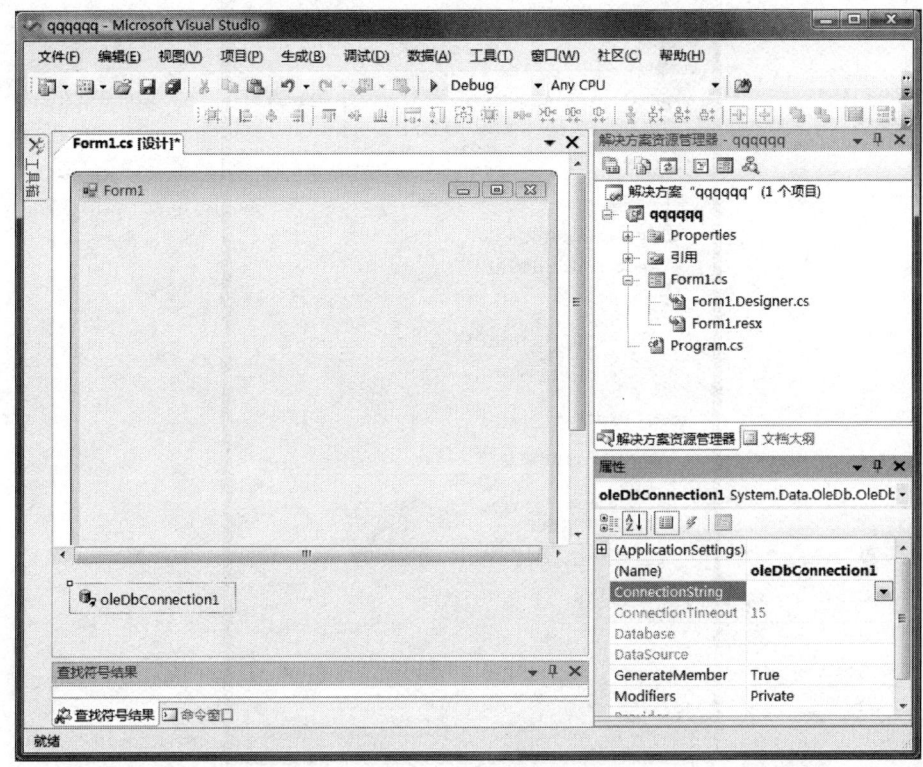

图 6.9.1　窗体上放置 OleDbConnection 控件

（3）在如图 6.9.3 所示的窗中选择数据库服务器、登录认证方式、操作的数据库。从数据库的安全性考虑，建议使用 SQL 认证方式，但如果在公共机房中，数据库的用户和登录密码是不知道，此时可以采用 Windows 认证方式。请实验者自行选择。

（4）设置好参数后，单击"测试连接"按钮，如果系统报告测试成功，则说明系统运行良好。单击"确定"按钮生成数据库联接字符串。如上例中生成的字符串为：

　　　Provider = SQLNCLI.1; Data Source = PSHCONG;
Integrated Security = SSPI; Initial Catalog = NTier

4. 编写 DbConnection 类：通过选择"项目"→"添加类"命令添加新类并命名为 DbConnection，完整的代码如下：

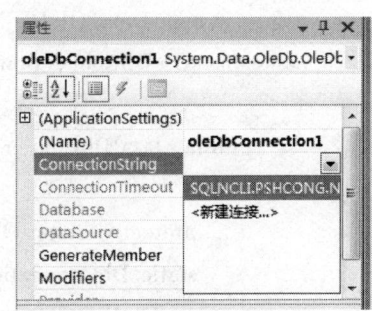

图 6.9.2　创建新数据库联接

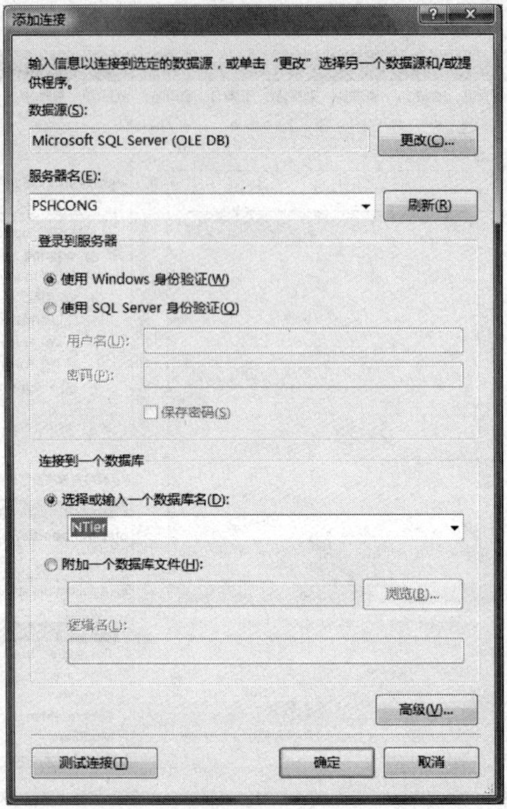

图 6.9.3 选择数据库服务器等信息

```
using System;
using System.Collections.Generic;
using System.Text;
using System.Data.OleDb;
namespace OleDbConnectionTest
{
    public class DbConnection
    {
        protected static OleDbConnection conn = new OleDbConnection();
        static DbConnection()
        {
            conn.ConnectionString = " Provider=SQLNCLI.1;Data Source=PSHCONG;Integrated Security=SSPI;Initial Catalog=NTier";
```

```
        //Windows 认证方式,连接字符串有两个关键值:数据库服务器计算机名和数据
          库名
        //如上述的 PSHCONG 和 NTier 修改这两个值
        //可以用 Windwos 认证方式连接到不同的计算机
        }
        public static System.Data.OleDb.OleDbConnection getConn()
        {
            return conn;
        }
    }
}
```

上面的类非常简单,只是将我们前面生成的数据库联接字符串赋给了 OleDbConnection 对象 conn,完成了数据库的联接。实际使用时,针对不同的数据库服务器,只需要为其产生连接字符串,然后取代 DbConnection 类中的连接字符串,就可以完成数据库的联接。

5. 主窗体逻辑

(1) 将主窗体上的数据库联接控件删除。

(2) 在主窗体上放置一个按钮和一个 ListView,命名为"lvStudentList"。如图 6.9.4 所示。

(3) 设置 ListView 的属性:GridLines true;FullRowSelect true;MultiSelect false;View Details。然后为其增加 4 列,分别为学号、姓名、性别、生日。如图 6.9.4 所示。

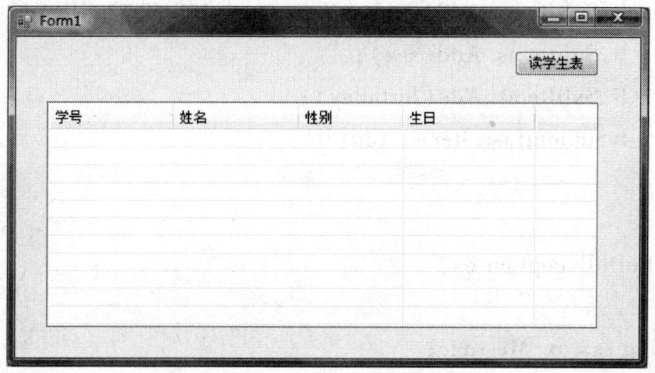

图 6.9.4　ListView 属性设置

(4) 进入窗体的代码窗口,在引用部分增加语句:
　　using System.Data.OleDb;
因为程序中要使用 OleDb 名字空间的控件操作数据库,故引用它。

(5) 回到设计窗体,双击"读学生表"按钮,生成其事件代码如下:

```csharp
private void btnReadStudent_Click(object sender, EventArgs e)
{
    string sql = "select studentNo,studentName,birthday,sex from student";
    OleDbConnection conn = DbConnection.getConn();//获得数据库联接
    OleDbCommand cmd = new OleDbCommand(sql,conn);    //生成SQL命令
    try
    {
        conn.Open();//打开数据库联接
        OleDbDataReader dbReader = cmd.ExecuteReader();    //执行查询语句select语句
        while(dbReader.Read())    //读结果集
        {
            string studentNo = dbReader["studentNo"].ToString();//当前记录的studentNo字段
            string studentName = dbReader["studentName"].ToString();
            string birthday = dbReader["birthday"].ToString();
            string sex = dbReader["sex"].ToString();
            ListViewItem li = new ListViewItem();    //生成一条列表视图表项
            li.SubItems[0].Text = studentNo;    //设置表项的第一列,注意格式
            li.SubItems.Add(studentName);    //后续项,用Add方法
            li.SubItems.Add(sex);
            li.SubItems.Add(birthday);
            lvStudentList.Items.Add(li);
        }
    }
    catch(OleDbException ex)
    {
        string ss = ex.Message;
        MessageBox.Show(ss,"Error",MessageBoxButtons.OK,MessageBoxIcon.Error);
    }
    finally
    {
        conn.Close();//执行完毕关闭数据库联接
    }
}
```

(6)运行程序,单击"读学生表"按钮,结果如图6.9.5所示。

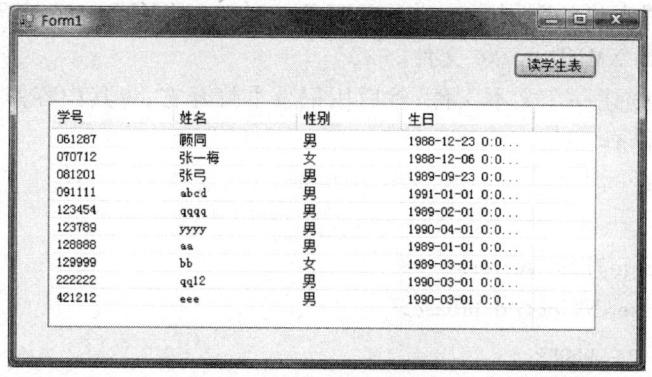

图6.9.5 程序执行结果

实验 10 读 XML 文件

一、实验目的

1. 掌握 XML 文件的结构,学会定义节点的方法。
2. 掌握编程获取应用程序所在路径的方法。
3. 掌握 C#解析 XML 文件的方法。

二、实验内容

1. 创建一个 C#项目,命名为 XMLTest。
2. 编写 XML 文件。
3. 读取 XML 的各节点值并显示在窗体上。

三、实验指导

1. 创建 C# Windows 项目,输入项目名称 XMLTest,单击"确定"按钮。

2. 直接启动运行程序,在出现主窗口后,关闭程序窗口。

3. 在资源管理器中找到刚创建的项目 XMLText 的...\XMLTest\XMLTest\bin\Debug 目录,在该目录下,可以看到 XMLTest.exe 文件。

4. 在该目录下,创建一个文本文件,然后用记事本打开它,将其内容修改为:

<? xml version="1.0"? >
<DBConfig>
　<setting>
　　<server>jd312</server>
　　<database>NTier</database>
　　<user>sa</user>
　　<password>sa</password>
　</setting>
</DBConfig>

5. 内容填写好了后,将文本文件的名字修改为 XMLTest.xml。

6. 回到主窗体,设计如图 6.10.1 所示的界面。

图 6.10.1　读 XML 文件程序主窗体界面布局

7. 回到主窗体代码窗口,增加引用"using System.Xml;"。

8. 双击"读取 XML 文件"按钮,在其事件方法中,填写如下的代码:

```
private void button1_Click(object sender,EventArgs e)
{
    try
    {
        string s = Application.ExecutablePath;
        tbAppPath.Text = s;
        int dotPos = s.IndexOf(".");    //应用程序以 path\xxx.exe 为名,找到.所在的位置
        s = s.Substring(0,dotPos);      //截取.exe 前面的部分
```

```
            s += ".xml";           //将文件后缀名从 exe 改成 xml
            tbXMLPath.Text = s;
            XmlDocument doc = new XmlDocument();
            doc.Load(s);    //加载 xml 文件
            XmlNode root = doc.DocumentElement;    //找到文件的根节点
            XmlNode setttingNode = root.SelectSingleNode("setting");//找到 setting 节点
            string server = setttingNode.SelectSingleNode("server").InnerText;
            tbServer.Text = server;
            //获得 server 节点的内容,即数据库服务器电脑名
            string db = setttingNode.SelectSingleNode("database").InnerText;//获得数据
                                                                            库名
            tbDatabase.Text = db;
            string user = setttingNode.SelectSingleNode("user").InnerText;
            //获得数据库登录账户
            tbUser.Text = user;
            string password = setttingNode.SelectSingleNode("password").InnerText;
            tbPassword.Text = password;
        }
        catch(Exception ex)
        {
            string s = ex.Message;
            MessageBox.Show(s,"Error",MessageBoxButtons.OK,MessageBoxIcon.Error);
        }
    }
```

9. 运行程序,单击"读取 XML 文件"按钮,界面上的信息如图 6.10.2 所示。

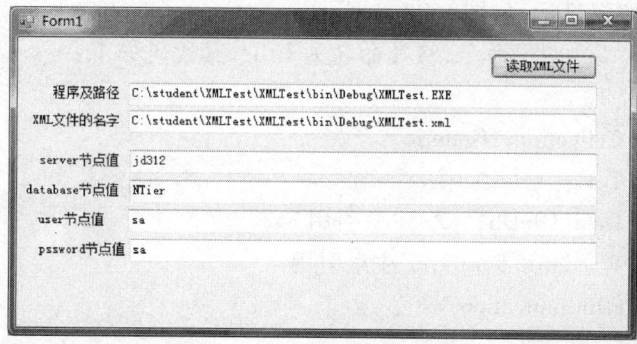

图 6.10.2　程序运行结果

10. 请对照程序中的语句与 XML 文件的格式,理解程序对 XML 文件节点值的读取方法。

实验 11 代码复用

一、实验目的

1. 掌握分析抽象代码共性的方法。
2. 掌握代码复用技巧。

二、实验内容

1. 在实验 9 OleDbConnectionTest 项目的基础上,实现对教师、课程的查询。
2. 编写公共代码类。
3. 调用公共类代码实现查询。

三、实验指导

1. 打开实验 9 项目 OleDbConnectionTest。
2. 调整窗体大小,将 lvStudentList 控件的列全部删除。
3. 将窗体上的按钮和 lvStudentList 控件选中,然后分别按 Ctrl+C 键、Ctrl+V 键复制 3 次,修改对应控件的名称和按钮显示,如图 6.11.1 所示。
4. 选择"项目"→"添加类"命令,将类命名为 Utils,其代码如下:

```
using System;
using System.Collections.Generic;
using System.Text;
using System.Data.OleDb;      //注意引用
using System.Windows.Forms;   //注意引用
namespace OleDbConnectionTest
{
    public class ColumnHeader   //定义 ListView 一列的显示控制信息
```

```csharp
    }
        public string title;      //列标题
        public int width;         //列宽
        public ColumnHeader(string title, int width)
        {
            this.title = title;
            this.width = width;
        }
}
public class Utils
{
        public static void dbReaderFillListView(ListView lv, ColumnHeader[] ch,
            string sql, OleDbConnection conn)
        {
            lv.View = View.Details;         //定义列表显示的方式
            lv.MultiSelect = false;//不可以多行选择
            lv.HeaderStyle = ColumnHeaderStyle.Nonclickable;
            lv.Visible = true;
            lv.GridLines = true;
            lv.FullRowSelect = true;
            lv.Columns.Clear();
            lv.Items.Clear();
        //针对数据库的字段名称,建立与之相适应的显示表头
        for(int i = 0; i<ch.Length; i++)
        {
            lv.Columns.Add(ch[i].title, ch[i].width, HorizontalAlignment.Center);
        }

        OleDbCommand cmd = new OleDbCommand(sql, conn);
        try
        {
            conn.Open();
            OleDbDataReader dbReader = cmd.ExecuteReader();
            object[] values = new object[dbReader.FieldCount];
            while(dbReader.Read())
```

```
                {
                    dbReader.GetValues(values);
                    ListViewItem li=new ListViewItem();
                    li.SubItems.Clear();
                    li.SubItems[0].Text=values[0].ToString();
                    for(int i=1;i<values.Length;i++)
                        li.SubItems.Add(values[i].ToString());

                    lv.Items.Add(li);
                }
            }
            catch(OleDbException ex)
            {
                MessageBox.Show(ex.ToString());
            }
            finally
            {
                conn.Close();
            }
        }
    }
```

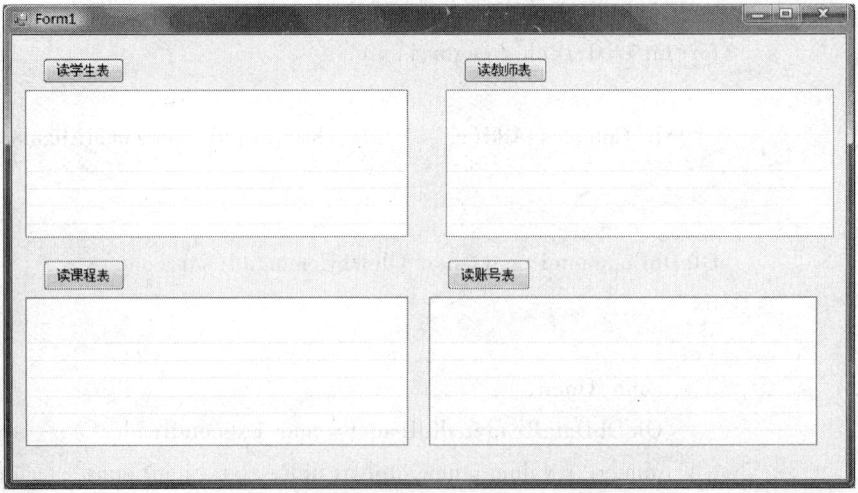

图 6.11.1　查询学生表、教师表、课程表、账号

5. 主窗体逻辑

(1) 在主窗体中双击"读学生表"按钮,事件代码如下:

```csharp
private void btnReadStudent_Click(object sender,EventArgs e)
{
    string sql = "select studentNo,studentName,sex,birthday from student";
    ColumnHeader[] ch = new ColumnHeader[4];
    //因为SQL语句中选取了4个字段,所以列表视图有4列,定义了4个列的表头
    ch[0] = new ColumnHeader("学号",80);   //列宽为80像素
    ch[1] = new ColumnHeader("姓名",80);
    ch[2] = new ColumnHeader("性别",60);
    ch[3] = new ColumnHeader("生日",100);
    OleDbConnection conn = DbConnection.getConn();
    Utils.dbReaderFillListView(lvStudentList,ch,sql,conn);   //调用通用的类
}
```

(2) 在主窗体中双击"读教师表"按钮,事件代码如下:

```csharp
private void btnReadTeacher_Click(object sender,EventArgs e)
{
    string sql = "select workerNo,workerName,sex from teacher";
    ColumnHeader[] ch = new ColumnHeader[3];
    //因为SQL语句中选取了3个字段,所以列表视图有3列,定义了3个列的表头
    ch[0] = new ColumnHeader("工号",80);
    ch[1] = new ColumnHeader("姓名",80);
    ch[2] = new ColumnHeader("性别",80);
    OleDbConnection conn = DbConnection.getConn();
    Utils.dbReaderFillListView(lvTeacherList,ch,sql,conn);
}
```

(3) 在主窗体中双击"读课程表"按钮,事件代码如下:

```csharp
private void btnReadCourse_Click(object sender,EventArgs e)
{
    string sql = "select courseNo,courseName from course";
    ColumnHeader[] ch = new ColumnHeader[2];
    //因为SQL语句中选取了两个字段,所以列表视图有2列,定义2个列的表头
    ch[0] = new ColumnHeader("课程号",80);
    ch[1] = new ColumnHeader("课程名",120);
    OleDbConnection conn = DbConnection.getConn();
```

Utils.dbReaderFillListView(lvCourseList,ch,sql,conn);
}

(4) 在主窗体中双击"读账户表"按钮,事件代码如下:
private void btnReadAccount_Click(object sender,EventArgs e)
{
string sql=" select accounted,password from Account";
ColumnHeader[ ] ch=new ColumnHeader[2];
ch[0] = new ColumnHeader("账号",80);
ch[1] = new ColumnHeader("密码",120);
OleDbConnection conn=DbConnection.getConn();
Utils.dbReaderFillListView(lvAccountList,ch,sql,conn);
}

(5) 运行程序,依次单击"读学生表"、"读教师表"、"读课程表"、"读账户表"按钮,结果如图 6.11.2 所示。

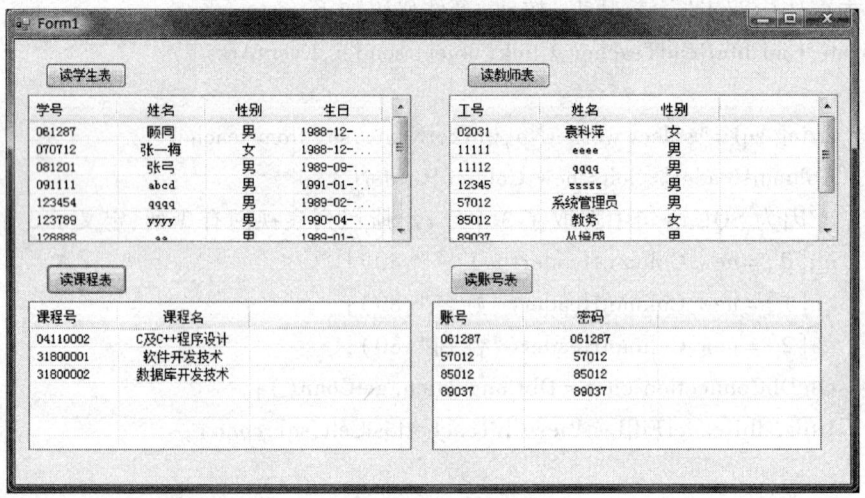

图 6.11.2 运行结果

四、程序易出错地方

1. 主窗体类代码中,要增加对 System.Data.OleDb 的引用。
2. 编写类 Utils 时,要增加对 System.Data.OleDb、System.Windows.Forms 的引用。
3. 生成视图列时,要根据 SQL 语句中选取的字段个数来定义表头数组的大小。

4. 表头数组的每个元素,要单独初始化。
5. SQL 语句书写时请对照数据库表的名字和字段。

实验 12 登录及身份认证

一、实验目的

1. 掌握多层体系构架中的边界类、控制类和实体类的创建方法。
2. 掌握登录者身份的关键因素如账号、权限、角色的创建方法。
3. 掌握根据权限设置用户可进行的操作的方法。
4. 掌握在窗体上编写主菜单的方法。
5. 掌握窗体间调用的方法。

二、实验内容

1. 建立主窗体、菜单。
2. 建立登录窗体。
3. 编写用户类 User。
4. 编写控制类 UserManagerAction,实现登录身份的认证。
5. 根据登录者的角色和权限,设置操作菜单。
6. 在主窗体中生成子窗体对象并显示。

三、实验指导

1. 新建 C# Windows 项目 loginTest。
2. 调整窗体大小,从工具箱中,拖动 MenuStrip 控件到窗体,然后按如图 6.12.1 所示的界面设置菜单,并为每个菜单对象命名,如将"输入"菜单定义为 miInputStudent,mi 为 menuItem 的缩写。
3. 通过选择"项目"→"添加 Windows 窗体"命令新建窗体并命名为 LoginForm(边界类),窗体如图 6.12.2 所示。

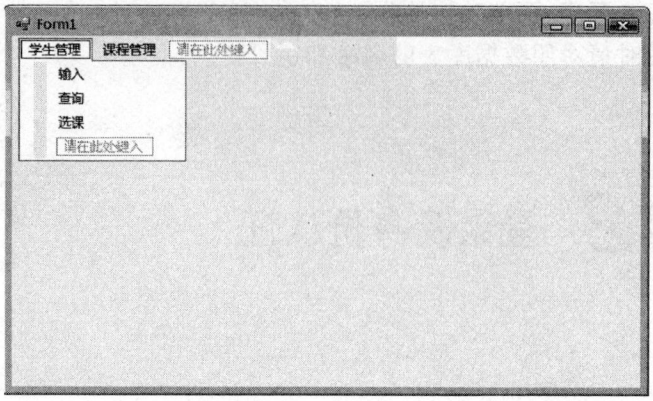

图 6.12.1　主窗体及菜单设置

4. 选中解决方案中的 LoginTest，通过选择"项目"→"新建文件夹"命令新建文件夹，将该文件夹定义为 UserManager。

5. 选中 UserManager 文件夹，通过选择"项目"→"添加类"命令添加类，类名为 User（实体类）。代码见第 5.3.4 节，请注意引用 System.Collections 名字空间。

6. 参照实验 9，为项目增加 DbConnection 类。

7. 选中 UserManager 文件夹，通过选择"项目"→"添加类"命令新建类，类名为 UserManagerAction（控制类）。代码参见第 5.3.4 节，请注意引用以下名字空间。

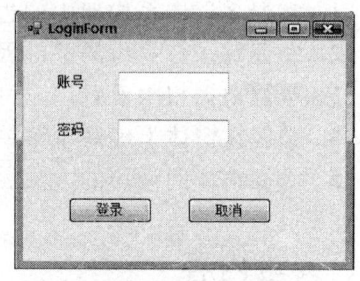

图 6.12.2　登录窗体

  using System.Data.OleDb;　　//增加引用
  using System.Windows.Forms;//增加引用
  using System.Collections;　　//增加引用

8. 进入主窗体代码，增加如下引用：
  usingLoginTest.UserManager

9. 在主窗体类中增加如下的私有成员：
  private User user;

10. 进入 LoginForm 窗体代码，增加如下引用：
  usingLoginTest.UserManager

11. 在 LoginForm 窗体类中增加如下私有成员：
  private User user = null;

12. LoginForm 窗体逻辑。

（1）双击"登录"按钮，编辑代码如下：
  private void btnLogin_Click(object sender,EventArgs e)

```csharp
    {
        string userAccount = tbAccount.Text;
        string pass = tbPassword.Text;
        user = UserManagerAction.validUser(userAccount, pass);
        if(user! = null)
        {
            this.Close();
        }
    }
```

(2) 为 LoginForm 窗体类增加方法:

```csharp
    public User getUser()
    {
        return user;
    }
```

(3) 双击"取消"按钮,事件代码如下:

```csharp
    private void btnCancel_Click(object sender, EventArgs e)
    {
        Close();
    }
```

13. 主窗体逻辑。

(1) 在找到主窗体的属性窗口中,双击 Load 方法,事件代码如下:

```csharp
    private void Form1_Load(object sender, EventArgs e)
    {
        LoginForm lf = new LoginForm();
        lf.ShowDialog();
        user = lf.getUser();
        if(user == null)
        {
            this.Close();
        }
        setMenu();
    }
```

(2) 为主窗体类增加私有方法如下:

```csharp
    private void setMenu()
    {
```

```
            if( ! user.isRole("教务员"))
            {
                this.miInputStudent.Visible = false;
                this.miSearchStudent.Visible = false;
                this.miInputCourse.Visible = false;
                this.miSearchCourse.Visible = false;
            }
        }
```

14. 运行程序,参见实验9中的账户列表,分别以85012(教务员角色)和061287登录(学生角色),查看主菜单的异同。

参 考 文 献

[1] 李继攀,黄国平. Visual C# 2008 开发技术实例详解[M]. 北京:电子工业出版社,2008.
[2] 龚沛曾,袁科萍,杨志强. Visual Basic. NET 数据库技术及应用[M]. 北京:高等教育出版社,2007.
[3] 何玉洁,苗明川,麦中凡. 计算机软件技术基础[M]. 北京:高等教育出版社,2007.
[4] GEORGE J,BATRA D. 面向对象分析与设计[M]. 龚晓庆,张远军,陈峰,译. 北京:清华大学出版社,2008.
[5] WATSAN K,NAGEL C. C#入门经典[M]. 齐立波,译. 北京:清华大学出版社,2007.
[6] LHOTKA R. Expert C# 2005 Business Object 中文版[M]. 王鑫,译. 北京:电子工业出版社,2007.
[7] 孙卫琴. Java 面向对象编程[M]. 北京:电子工业出版社,2006.
[8] 刘新航,王振铎. 软件工程与项目管理案例教程[M]. 北京:北京大学出版社,2009.
[9] 韩万江,姜立新. 软件项目管理案例教程[M]. 北京:机械工业出版社,2004.

郑重声明

高等教育出版社依法对本书享有专有出版权。任何未经许可的复制、销售行为均违反《中华人民共和国著作权法》，其行为人将承担相应的民事责任和行政责任；构成犯罪的，将被依法追究刑事责任。为了维护市场秩序，保护读者的合法权益，避免读者误用盗版书造成不良后果，我社将配合行政执法部门和司法机关对违法犯罪的单位和个人进行严厉打击。社会各界人士如发现上述侵权行为，希望及时举报，本社将奖励举报有功人员。

反盗版举报电话　　（010）58581897　58582371　58581879
反盗版举报传真　　（010）82086060
反盗版举报邮箱　　dd@hep.com.cn
通信地址　　北京市西城区德外大街 4 号　高等教育出版社法务部
邮政编码　　100120